秦岭生态景区暴雨灾害风险评价研究

王晓峰　著

国家自然科学基金项目（41371497）

陕西师范大学"211 工程"与学科建设项目

联合资助

科学出版社

北　京

内 容 简 介

本书以我国秦岭山地具有代表性的七大景区为研究对象，应用有限理性、GIS 时空分析、指数模型等先进理论和方法，分析暴雨灾害风险时空分布特征，构建暴雨灾害风险与游客风险感知评价体系，评价游客暴雨灾害风险感知能力、影响因素与差异性。

本书可作为高等院校自然地理学、旅游管理、环境科学、GIS 等专业学生的教材和参考书目，也可为旅游爱好者、旅游管理人员、政府灾害应急管理人员以及旅游企业经营者提供参考。

图书在版编目(CIP)数据

秦岭生态景区暴雨灾害风险评价研究 / 王晓峰著. —北京：科学出版社，2017.7

ISBN 978-7-03-053345-6

Ⅰ．①秦… Ⅱ．①王… Ⅲ．①秦岭－暴雨－风险评价－研究 Ⅳ．①P426.62

中国版本图书馆 CIP 数据核字（2017）第 133883 号

责任编辑：亢列梅 / 责任校对：桂伟利
责任印制：张 伟 / 封面设计：陈 敬

科 学 出 版 社 出版
北京东黄城根北街 16 号
邮政编码：100717
http://www.sciencep.com
北京建宏印刷有限公司 印刷
科学出版社发行 各地新华书店经销
*

2017 年 7 月第 一 版 开本：B5（720×1000）
2017 年 7 月第一次印刷 印张：17 5/8
字数：355 000

定价：108.00 元
（如有印装质量问题，我社负责调换）

前　言

　　人类社会不断进步，脆弱的生态环境却未曾改进，地震、暴风雪和洪涝、泥石流、干旱等突发性自然灾害依然层出不穷。这些"小概率、大事件"的自然灾害，在全球变化背景下趋于加重，严重威胁人们生命财产安全、社会安定和区域可持续发展。南通游客雪山罹难、广东珠海旅游团在台失踪、华阳古镇山洪灾害等事件不断说明，自然灾害已经给我国迅猛发展的旅游业带来了严重影响。随着联合国国际减灾战略（UNISDR）的实施，灾害感知研究被广泛关注。深入理解人地关系，成功实施风险管理，组织"有序的人类活动"已成为国内外研究的重点之一。而将旅游学、灾害地理学、心理学等学科结合起来开展基础应用的研究还比较少，亟须完善。

　　横亘于我国中部的秦岭山地，山清水秀，景色宜人，发展生态旅游条件优越。近年来，随着五条穿秦（岭）高速公路的建成通车，秦岭山地生态旅游发展迅猛。然而秦岭山地是我国自然灾害的高发区，由暴雨引发的山地自然灾害频发，旅游风险极大。例如，秦岭主峰太白山南北气候差异明显，具有典型的亚高山气候特点，近年来多次发生因强降雨导致游客迷路、失踪等旅游安全事故；地处秦岭深处的华阳古镇因暴雨引发山洪，游客和当地居民损失惨重等等。由此可见，进行秦岭山地暴雨灾害与旅游风险交叉研究具有现实意义。

　　基于以上背景，出于作者本科及硕士环境工程专业、博士自然地理学专业、旅游管理专业教学与科研的知识积累，作者近年来主要进行秦岭山地暴雨灾害与旅游风险研究。2013 年，"基于有限理性模式的秦岭暴雨灾害游客风险感知评价研究"项目（41371497）有幸获得国家自然科学基金委员会的资助。经过 4 年左右的研究，项目取得了较好的成果。在陕西师范大学"211 工程"与学科建设项目联合资助下，本书即将出版。现对本书做几点说明。

　　本书依据地理学、旅游学、心理学、灾害学等学科理论，以秦岭山地具有代表性的七大景区为研究对象，利用有限理性模式、Logit 模型、GIS 时空分析、TRMM 数据、问卷调查、指数模型、质性研究等方法，理论与实践相结合，探讨秦岭山地暴雨灾害风险时空特征与游客暴雨灾害风险感知定量化评价问题，为游客、景区降低暴雨灾害风险、当地政府灾害预警和应急预案制订提供决策支持和参考借鉴。

　　全书共 8 章：第 1 章为暴雨灾害与旅游业发展态势，主要论述国内外暴雨灾害及其旅游业发展态势，分析暴雨灾害对旅游业的影响以及两者进行交叉研究的意义；第 2 章为研究基础，主要从暴雨灾害、旅游感知、有限理性、秦岭区域等方面论述研究的内容、方法与存在问题，为后续研究提供理论基础和方法指导；第 3 章为数据来源，主要论述研究区域及其研究对象的数据获取、分析与预处理，包括暴雨灾害数据和游客风险感知数据两部分；第 4 章为理论与方法，主要论述本书使用的理论与方法，包括自然灾害相关理论、旅游感知相关理论、有限理性理论、时空分析方法以及评价指标权重确定方法等；第 5 章为秦岭生态景区暴雨灾害时空分析，主要从秦岭陕西段宏观尺度论述其暴雨时空分布特征、秦岭暴雨灾害风险分区以及 TRMM 降水数据在秦岭山地的应用；第 6 章为华阳古镇景区暴雨灾害风险评价，主要从秦岭内部景区微观尺度，定量评价其暴雨灾害风险空间分布特征；第 7 章为游客暴雨灾害风险感知评价体系的构建，包括评价体系的影响因素、体系框架、权重确定以及游客感知指数模型的确定等内容；第 8 章为游客暴雨灾害风险感知评价，主要从游客综合风险感知、具体评价指标感知、七大景区游客暴雨风险感知与游客个体特征差异性等方面进行评价，最后为实践应用提出对策与建议。

　　本书由王晓峰撰写并统稿，参与编写的人员有：吕金桥（第 1 章、第 2 章第 4 节）、洪媛（第 2 章、第 7 章）、曾昭昭（第 3 章）、任亮（第 4 章）、王莎（第 5 章）、王彦泽（第 6 章）、黄先超（第 8 章）。任亮、曾昭昭绘制了书中大部分图表。康丽玮、王磊、宋光飞、包珺玮等研究生也参与了书中部分基础研究工作。在撰写本书过程中得到了陕西师范大学地理科学与旅游学院（原旅游与环境学院）马耀峰教授、孙根年教授、李君轶教授、白凯教授及宝鸡文理学院周旗教授、郁耀闯副教授等专家的大力支持和帮助，在此对以上专家和学者表示衷心的感谢！

　　由于作者水平有限，书中难免存在疏漏和不当之处，恳请读者批评指正。

王晓峰

2017 年 2 月于古都西安

目　　录

第1章　暴雨灾害与旅游业发展态势 ··· 1

1.1　暴雨灾害 ··· 1

1.1.1　自然灾害及评价 ··· 1

1.1.2　暴雨灾害及其危害 ·· 4

1.2　旅游业发展态势 ·· 7

1.2.1　国际旅游格局与全球旅游业发展趋势 ··································· 7

1.2.2　我国旅游业发展现状及存在问题 ······································· 10

1.2.3　旅游理论与实证研究的紧迫性 ·· 11

1.3　暴雨灾害与旅游业交叉研究 ·· 12

1.3.1　暴雨灾害对旅游业的影响 ··· 12

1.3.2　秦岭暴雨灾害与旅游业交叉研究 ·· 13

第2章　研究基础 ··· 15

2.1　暴雨灾害研究 ·· 15

2.1.1　暴雨灾害研究内容 ·· 15

2.1.2　暴雨灾害研究方法 ·· 17

2.1.3　暴雨灾害研究存在问题 ·· 17

2.2　旅游感知研究 ·· 18

2.2.1　旅游感知研究内容 ·· 18

2.2.2　旅游感知研究方法 ·· 20

2.2.3　旅游感知研究存在问题 ·· 23

2.3　有限理性研究 ·· 24

2.3.1　有限理性研究内容 ·· 24

2.3.2　有限理性研究存在问题 ·· 25

2.4　秦岭区域研究 ·· 26

2.4.1　秦岭自然地理方面的研究 ··· 26

2.4.2　秦岭区域旅游发展的研究 ··· 26

2.4.3　秦岭自然灾害的研究 ·· 27

2.4.4　目前研究存在的问题 ·· 28

2.5　重点研究方向 ··· 28

2.5.1　数据的有效获取 ··· 28

2.5.2　研究尺度 ··· 28

2.5.3　研究方法 ··· 28

2.5.4　有限理性视角 ··· 29

第3章　数据来源 ··· 30

3.1　研究区概况 ··· 30

3.1.1　研究区自然状况 ··· 30

3.1.2　研究区社会经济状况 ··· 37

3.1.3　研究区旅游业发展状况 ·· 38

3.1.4　暴雨对研究区旅游业发展的影响 ································· 40

3.2　研究对象的遴选 ··· 40

3.2.1　遴选依据 ··· 40

3.2.2　七大景区概况 ··· 41

3.3　秦岭暴雨灾害风险数据获取 ·· 55

3.3.1　气象数据 ··· 55

3.3.2　TRMM 数据 ·· 57

3.3.3　其他数据 ··· 58

3.4　七大景区暴雨灾害游客风险感知数据的获取 ·························· 59

3.4.1　问卷设计 ··· 59

3.4.2　数据调查 ··· 61

3.4.3　数据检验 ··· 61

3.4.4　数据统计 ··· 64

3.5　华阳古镇景区暴雨灾害风险评价数据的获取 ·························· 64

3.5.1　调查数据的遴选 ··· 64

3.5.2　实地调研 ··· 65

3.5.3　数据整理 ··· 66

第4章　理论与方法 ··· 67

4.1　自然灾害相关理论 ·· 67

4.1.1　自然灾害系统论 ··· 67

4.1.2　自然灾害风险评估 ·· 69

4.1.3　自然灾害风险管理 ·· 74

4.2　旅游感知相关理论 ··· 76
　　4.2.1　社会交换理论 ··· 76
　　4.2.2　社会表征理论 ··· 77
　　4.2.3　旅游主客影响——态度模式 ······························· 78
　　4.2.4　旅游地生命周期理论 ······································· 79
4.3　有限理性 ··· 81
　　4.3.1　有限理性的提出 ··· 81
　　4.3.2　有限理性的内涵 ··· 82
　　4.3.3　行为经济学与有限理性 ····································· 83
4.4　时空分析技术方法 ··· 85
　　4.4.1　空间数据插值——克里格方法 ······························· 85
　　4.4.2　TRMM 数据处理方法 ·· 87
　　4.4.3　小波分析 ··· 89
4.5　指标权重确定方法 ··· 91
　　4.5.1　具体方法 ··· 91
　　4.5.2　方法比对与确定 ··· 99

第 5 章　秦岭生态景区暴雨灾害时空分析 ······························ 103
5.1　暴雨时空分布特征 ·· 103
　　5.1.1　年降水分析 ·· 103
　　5.1.2　暴雨时间分布特征 ·· 109
　　5.1.3　暴雨空间分布特征 ·· 112
　　5.1.4　暴雨周期及频率分析 ·· 114
5.2　暴雨灾害风险分区 ·· 118
　　5.2.1　体系构建 ·· 118
　　5.2.2　风险评价与分区 ·· 122
　　5.2.3　结果验证 ·· 128
5.3　TRMM 降水数据在秦岭山地的应用 ································· 129
　　5.3.1　TRMM 3B42 降水数据精度和适用性 ························· 129
　　5.3.2　TRMM 降水数据的降尺度 ···································· 140

第 6 章　华阳古镇景区暴雨灾害风险评价 ······························ 148
6.1　景区暴雨灾害防灾减灾能力评价 ··································· 148
　　6.1.1　景区暴雨灾害防灾减灾能力评价指标体系的构建 ············· 148
　　6.1.2　景区暴雨灾害防灾减灾能力的计算 ························· 150

　　　　6.1.3　景区暴雨灾害防灾减灾能力综合评价 ················· 152

　　6.2　景区暴雨灾害风险评价 ································· 153

　　　　6.2.1　景区暴雨灾害风险评价指标体系构建 ················· 153

　　　　6.2.2　景区暴雨灾害风险评价的计算 ····················· 170

　　　　6.2.3　景区暴雨灾害风险综合评价 ······················· 176

　　6.3　暴雨灾害风险防范对策 ····························· 180

第 7 章　游客暴雨灾害风险感知评价体系的构建 ················ 183

　　7.1　影响因素分析 ··································· 183

　　　　7.1.1　感知内容影响分析 ··························· 183

　　　　7.1.2　游客个体特征影响分析 ························· 183

　　7.2　评价指标体系构建 ······························· 190

　　　　7.2.1　评价指标体系的构建原则 ······················· 190

　　　　7.2.2　评价指标的类型 ··························· 191

　　　　7.2.3　建立评价框架的基本思路 ······················· 191

　　　　7.2.4　评价指标体系的设计 ························· 191

　　　　7.2.5　评价指标体系合理性预调查 ····················· 196

　　　　7.2.6　有限理性评价指标体系 ························· 197

　　7.3　权重确定 ···································· 198

　　　　7.3.1　评价指标重要性排序确定 ······················· 198

　　　　7.3.2　景区间指标重要性差异分析及规律探寻 ················· 207

　　　　7.3.3　评价指标权重计算 ··························· 215

　　7.4　模型建立 ···································· 220

　　　　7.4.1　风险感知评价模型 ··························· 220

　　　　7.4.2　有限理性模型 ···························· 221

　　　　7.4.3　基于有限理性的风险感知评价模型 ·················· 221

第 8 章　游客暴雨灾害风险感知评价 ······················· 223

　　8.1　风险感知综合评价 ······························· 223

　　　　8.1.1　秦岭游客风险感知综合评价 ····················· 223

　　　　8.1.2　七大景区游客风险感知综合评价 ··················· 225

　　　　8.1.3　游客有限理性评价 ··························· 236

　　8.2　秦岭七大景区游客暴雨灾害风险感知差异性 ················ 239

　　　　8.2.1　灾害知识部分游客暴雨灾害风险感知差异性 ············· 239

　　　　8.2.2　减灾态度部分游客暴雨灾害风险感知差异性 ············· 240

8.2.3　减灾行为部分游客暴雨灾害风险感知差异性 ································ 241

8.3　秦岭七大景区不同游客特征暴雨灾害风险感知差异性 ···················· 243

8.3.1　南宫山景区游客暴雨灾害风险感知差异性 ····························· 243

8.3.2　华阳古镇景区游客暴雨灾害风险感知差异性 ························· 245

8.3.3　翠华山景区游客暴雨灾害风险感知差异性 ····························· 247

8.3.4　瀛湖风景区游客暴雨灾害风险感知差异性 ··························· 249

8.3.5　金丝峡景区游客暴雨灾害风险感知差异性 ····························· 251

8.3.6　太平森林公园景区游客暴雨灾害风险感知差异性 ················ 253

8.3.7　太白山景区游客暴雨灾害风险感知差异性 ····························· 256

8.4　对策与建议 ·· 259

8.4.1　政府方面 ··· 259

8.4.2　景区方面 ··· 260

8.4.3　游客方面 ··· 261

参考文献 ·· 262

第 1 章　暴雨灾害与旅游业发展态势

1.1　暴　雨　灾　害

1.1.1　自然灾害及评价

1. 自然灾害的定义和分类

自然灾害指由自然力量或自然力量为主而造成的生命伤亡和人类社会财产损失的事件（黄崇福，2009）。《自然灾害灾情统计第 1 部分：基本指标》（GB/T 24438.1—2009）是这样定义自然灾害的：自然灾害是指给人类生存带来危害或损害人类生活环境的自然现象，包括干旱、高温、低温、寒潮、洪涝、积涝、山洪、台风、龙卷风、火焰龙卷风、冰雹、风雹、霜冻、暴雨、暴雪、冻雨、大雾、大风、结冰、霾、雾霾、浮尘、扬沙、沙尘暴、雷电、雷暴、球状闪电等气象灾害；火山喷发、地震、山体崩塌、滑坡、泥石流等地质灾害；风暴潮、海啸等海洋灾害；森林草原火灾和重大生物灾害等。自然灾害系统是由孕灾环境、致灾因子和承灾体共同组成的地球表层变异系统，灾情是这个系统中各子系统相互作用的结果。自然灾害是指由于自然异常变化造成的人员伤亡、财产损失、社会失稳、资源破坏等现象或一系列事件。它的形成必须具备两个条件：一要有自然异变作为诱因，二是要有受到损害的人、财产、资源作为承受灾害的客体。自然灾害是人与自然矛盾的一种表现形式，具有自然和社会两重属性，是人类过去、现在、将来所面对的最严峻的挑战之一。

根据《自然灾害分类与代码》（GB/T 28921—2012），自然灾害可分为气象水文灾害、地质地震灾害、海洋灾害、生物灾害和生态环境灾害五大类 39 种。标准中对自然灾害的划分，是依据灾害的成因而进行的。除此之外，还有其他不同的划分标准，如根据灾害的损害程度可将自然灾害划分为轻度灾害、中度灾害、重度灾害、巨灾等；根据灾害发生时间长短划分为缓发型自然灾害及突发型自然灾害；按是否有人为因素参与划分为人为诱发灾害和自然灾害。各种自然灾害划分体系相互联系，同一种灾害在不同的划分体系中可以相互交叉（彭珂珊，2000）。我国国土面积广大，气候分布多样，地形起伏大，空间上常见的自然灾害种类繁多，主要包括洪涝、干旱灾害，台风、冰雹、暴雪、沙尘暴等气象灾害，火山、地震灾害，山体崩塌、滑坡、泥石流等地质灾害，风暴潮、海啸等海洋灾害，森林草原火灾和重大生物灾害等。自然灾害是地理环境演化过程中的异常事件，已成为阻碍人类社会发展的最重要的自然因素之一。

2. 自然灾害的特征

自然灾害具有以下基本特征：

第一，自然灾害具有广泛性与区域性。一方面，自然灾害的分布范围很广。不管是海洋还是陆地地上或地下，是城市还是农村，是平原、丘陵还是山地、高原，只要有人类活动，自然灾害就有可能发生。另一方面，自然地理环境的区域性又决定了自然灾害的区域性。

第二，自然灾害具有频繁性和不确定性。全世界每年发生的大大小小的自然灾害非常多。近几十年来，自然灾害的发生次数还呈现出增加的趋势，而自然灾害发生的时间、地点和规模等具有不确定性，这在很大程度上增加了人们抵御自然灾害的难度。

第三，自然灾害具有一定的周期性和不重复性。在主要自然灾害中，无论是地震还是干旱、洪水，它们的发生都呈现出一定的周期性。人们常说的某种自然灾害"十年一遇、百年一遇"实际上就是对自然灾害周期性的一种通俗描述。自然灾害的不重复性主要是指灾害过程、损害结果的不可重复性。

第四，自然灾害具有联系性。自然灾害的联系性表现在两个方面：一方面是区域之间具有联系性。例如，南美洲西海岸发生厄尔尼诺现象，有可能导致全球气象紊乱；美国排放的工业废气，常常在加拿大境内形成酸雨。另一方面是灾害之间具有联系性。也就是说，某些自然灾害可以互为条件，形成灾害群或灾害链。例如，火山活动就是一个灾害群或灾害链。火山活动可以导致火山爆发、冰雪融化、泥石流、大气污染等一系列灾害。

第五，各种自然灾害所造成的危害具有严重性。例如，全球每年发生可记录的地震约500万次，其中有感地震约5万次，造成破坏的近千次，而里氏7级以上足以造成惨重损失的强烈地震每年约发生15次；干旱、洪涝两种灾害造成的经济损失也十分严重，全球每年可达数百亿美元。

第六，自然灾害具有不可避免性和可减轻性。由于人与自然之间始终充满着矛盾，只要地球在运动、物质在变化，有人类存在，自然灾害就不可能消失。从这一点看，自然灾害是不可避免的。然而，充满智慧的人类，可以在越来越广阔的范围内进行防灾减灾，通过采取避害趋利、除害兴利、化害为利、害中求利等措施，最大限度地减轻灾害损失。从这一点看，自然灾害又是可以减轻的。

根据我国自然、经济、生态发展现状，我国的自然灾害具有以下特点：①灾害种类繁多。我国地域辽阔，区域跨度大，地理环境复杂多变，有着复杂的孕灾环境。我国发生的自然灾害种类几乎包含了所有灾害类型。②灾害具有群发性。一种自然灾害的发生，往往会引起其他灾害的发生，引发多种次生灾害，形成多灾并发的局面，使灾害损失急剧扩大。例如，暴雨灾害往往引起洪涝灾害，并可能进一步引发滑坡泥石流等灾害。③灾情重，灾害损失大。我国的受灾人口和因灾死亡人口数量居世界前列。近 50 年来，我国每年平均有 2.3 亿人受灾，重灾年受灾人口达 4 亿以上。1949 年以来中国自然灾害直接经济损失总体上处于上升趋势。20 世纪 90 年代以来灾害损失急剧增长，一般均在 1000 亿元以上（王静爱等，2006）。④灾害时空分布不均。自然灾害的空间分布及其地域组合与自然条件和社会经济环境的区域差异具有很强的相关性。我国自然环境和经济发展水平的地域差异巨大，灾害的强度和灾害损失程度，在空间上有明显的区域分异规律。自然灾害横贯东西，纵布南北，或点状、带状集中突发，或面状迅速蔓延，存在空间分布集聚性和不平衡性。一般来说，旱、涝灾害和环境灾害（水土流失、沙化、盐碱化）呈大范围的面状分布；地震则又集中于活动构造带上，滑坡、泥石流、山崩多呈点状突发和带状集群分布。中东部地区由于人口密集经济也相对发达，受灾人口和因灾损失都较西部地区多。

3. 自然灾害风险评估

21 世纪以来，全球自然灾害频发。灾害问题已经成为区域可持续发展的主要阻碍因素，受到了国内外学术界和社会各界的高度关注（史培军，2002）。近年来自然灾害已成为制约我国旅游业可持续发展的重要因素之一。旅游地一旦发生自然灾害，会对游客、旅游管理人员及当地居民的生命安全造成损害，同时旅游地旅游业赖以生存发展的旅游资源和环境及旅游景观会遭到破坏。了解自然灾害发生的可能性大小，发生之后的危害程度，从而做到适度防范和减少自然灾害损失，对自然灾害进行风险评价是十分必要的。

在国内，风险评价和风险评估往往含义相同。对于风险评价的定义是仁者见仁，智者见智。本书采用薛晔等（2006）的定义方法，即灾害风险评价是指在一定的时期内，对某一区域自然灾害发生的可能性及其结果的可能性做出科学的评估，包括致灾因子的危险性评估、承灾体的脆弱性评估、损失结果可能性的评估及其之间的关系。自然灾害风险评估的内容主要包括总体上评价哪些灾害具有危害性、对每一种灾害威胁的地理分布和发生间隔及影响程度进行评价、估计评价最重要的人口和资源集中点的易灾性。自然灾害风险评估的灾种类型比较多样，多发的、危害较大的灾种都有涉及。国内主要研究的灾种涉及洪水、地震、滑坡、台风、干旱、风沙、风暴潮等自然灾害。自然灾害风险评估主要集中在地质灾害和洪水方面，对洪水灾害系统风险评估研究比较系统。国外报道较多的是地震、滑坡、火山爆发、全球变暖、台风、洪涝等自然灾害方面的研究。

目前自然灾害风险评估常用的方法有以下几种：①概率统计法。针对灾害随机不确定性，运用历史监测的样本估计灾害发生的概率。常用的统计方法有极大似然估计、区间估计、经验贝叶斯估计、直方图估计等。②指数法。根据研究区域和研究灾种选择影响因子，并确定各因子的权重，多采用层次分析法或专家打分法，最终加权各因子形成综合量化指标以评价风险。③模糊数学。通过构建模糊子集，判断选择的自然灾害风险指标的隶属度，并利用模糊变换原理综合各指标反映风险度。④信息扩散法。它是为了弥补信息不足，而对样本进行集值化的模糊数学处理方法。用这种方法可将一个给定的完备的样本扩散为一个模糊集。⑤灰色系统法。该法主要通过对"部分"已知信息的生成、开发，提取有价值的信息，实现对系统运行行为、演化规律的正确描述和有效监控。⑥人工神经网络法。通过划分评价单元，选定典型评价单元，将这些单元的评价指标值输入网络进行训练，然后将其余单元的指标值输入训练后的神经网络进行仿真，根据仿真结果得到每个单元的灾害风险度。⑦GIS 法。GIS 法以地理空间数据库为基础，采用地理模型分析方法，选择可以空间表达的风险指标进行数据库管理和空间分析，直接以二维或三维图像形式输出（巫丽芸等，2014）。

1.1.2　暴雨灾害及其危害

1. 暴雨的定义及时空分布

按照 24h 降水量来划分，降水量≥50mm 的降水为暴雨；降水量≥100mm 的降水为大暴雨；降水量≥250mm 的降水为特大暴雨。按照 1h 降水量来划分，降水量为 16mm 或以上的降水即为暴雨。按暴雨的成因可将暴雨分为 6 类：台风暴雨、梅雨锋暴雨、低涡暴雨、低槽冷锋暴雨、锋前暖区暴雨、热带云团暴雨。

我国地处东亚地区，欧亚大陆是地球上最大的大陆，面临地球上最大的大洋——太平洋，西南有被称为世界屋脊的青藏高原，季风气候异常发达。我国地域辽阔，气候条件复杂，暴雨的时空分布具有鲜明的地域特征。日最大降水量可以反映当地降水强度，而暴雨日数则反映了强降水出现的频率，它们共同反映暴雨的地域分布。我国西部地区除西藏东南和其他个别地点外，日最大降水量均不超过 50mm，基本上没有暴雨发生，而东部地区的日最大降水量普遍超过 50mm，且主要出现在夏季。漠河、乌兰浩特、大同到河套地区以南，银川、天水、康定到腾冲以东地区日最大降水量超过 100mm。海河平原、南阳盆地到华北平原东南部、四川盆地西南部、长江中下游部分山区以及东南沿海地区日最大降水量超过 250mm。广西东南部、雷州半岛和海南岛等地的日最大降水量超过 400mm。24h 降水量 50mm 以上暴雨日数的分布和日最大降水量的分布形式相似，西部仅北疆及雅鲁藏布江流域的个别地点会出现；沈阳、大同、运城、康定到德钦一线的东南地区，平均每年有一场以上暴雨出现；长江中下游地区以及东南沿海地区平均每年的暴雨日数可达 4～8d；广东和广西沿海是我国大陆暴雨最多的地区，平均每年有 8d 以上，中越边境的广西东兴平均每年的暴雨日数达 15.4d。

我国东部各地暴雨的发生主要集中在夏季风盛行期间，东北和华北主要集中在 7 月和 8 月，6 月和 9 月也有出现；黄淮流域从 4～10 月均可出现，以 7 月最多；华东和华中地区从 2 月到 11 月均可出现暴雨，以 6 月及其前后暴雨出现的最多；华南地区全年均可出现暴雨，受夏季风和台风的影响，主要出现在 4～10 月；西南地区的暴雨主要集中在西南季风盛行的 5～8 月（丁一汇，2013）。

2. 暴雨灾害的危害

暴雨灾害是我国最常见也是危害最严重的气象灾害之一，其特点是时间短、降水量大。暴雨灾害往往造成水土流失和洪涝灾害，也能够引发滑坡和泥石流，造成房屋坍塌、堤坝溃堤和农作物被淹，特别是对一些地势低洼、地形闭塞的地区以及城市的隧道、地下空间，由于大量积水无法及时排泄，易造成积水，从而引发更大的危害。

在城市地区，尤其是我国的北方城市，由于城市规划设计时未充分考虑排水问题，70%以上的城市排水系统只能承受低于一年一遇的暴雨，一旦发生暴雨往往会形成城市内涝，使城区成为一片汪洋，有人将这种情况戏称为在城市里"看海"。但是，这种"看海"没有一点点诗意，反而会给城市生活带来极大的不便，严重时甚至造成人员伤亡和财产损失。例如，2012 年 7 月 21 日，北京市发生 61 年来最大的暴雨，北京 90%的地区降水量都在 100mm 以上，全市平均降水量达 190.3mm，降水量最大的房山区河北镇达到 460mm。这次暴雨造成北京市区严重积水，大量路面、立交桥被淹，多人因积水而身亡。据统计，这次暴雨灾害造成北京市 77 人遇难，受灾人口达百万，因灾造成的经济损失超过百亿元（来源：人民网）。再例如，2016 年 7 月初我国南方地区多地暴雨，武汉、南京等城市受暴雨灾害影响严重，尤其是武汉市，全城被积水包围。武汉市虽然已经做出各种措施来预防暴雨灾害的发生，但是仍然出现"年年防涝年年涝"的局面。

在山地地区，暴雨可能诱发滑坡和泥石流灾害。连续的降水可以使土壤水分饱和，导致滑动层面润滑，摩擦系数降低，从而引发滑坡，因此滑坡多出现在多雨的夏季。夏季暴雨同样也是诱发泥石流形成的重要条件之一，暴雨使地表水变得丰富，大量的地表水在沟谷的中上段浸润、冲蚀沟床物质，随着冲蚀强度的加大，沟内某些薄弱段的块石等固体物体松动失稳，被猛烈掀揭、铲刮，并与水流搅拌混合而形成泥石流（陈颙等，2007）。例如，2003 年 8 月 25 日，四川省雅安市雨城区和荥经县遭受特大暴雨袭击，不到 5 小时的降水量达到 228mm，引发群发性滑坡，造成 18 人死亡和 3 人失踪。

大面积的连续暴雨是引发洪水灾害的最主要原因。暴雨引起江河水量迅增，水位急涨。暴雨所引发的洪水一般水量大、历时长、面积广。我国绝大多数河流的洪水都是由暴雨产生的，且多发生在夏秋季节，发生的时间由南向北推迟。我国是世界上受洪水灾害危害最严重的国家之一，历史上多次发生特大洪水灾害。例如，1975 年 8 月河南省淮河上游丘陵腹地，大面积的持续暴雨造成了板桥、石漫滩两座大型水库及一大批中小水库垮坝失事。垮坝后洪水席卷而下，大型拖拉机被冲到数百米外，合抱的大树被连根拔起，巨大的石撵被举在浪峰。大水冲入遂平县，40 万人半数漂在水中，一些人被电线勒死，一些人被冲入涵洞窒息而死，更多的人在洪水翻越京广铁路高坡时坠入漩涡。洪水将京广铁路的铁轨拧成麻花状，京广铁路被冲毁 102km，运输中断 18d。这次灾害受灾面积 1.2 万 km^2，受灾人口 1100 万，26000 人遇难，是一场伤亡惨重的特大灾害。

3. 暴雨灾害研究具有现实紧迫性

我国是世界上自然灾害最严重的国家之一，灾害种类多、分布地域广、发生频率高、造成损失重。我国的经济发展和可持续发展，受到多种自然灾害的严重影响。人类的发展脱离不了自然灾害的影响，如何将自然灾害对人民生命安全及经济社会的发展造成的损害降到最低，越来越受到政府的关注。

提供公共服务是现代政府的重要职能之一，防灾减灾具有明显的公共产品属性，因而防灾减灾是政府不可推卸的历史责任。一个国家或地区的政府在防治与减轻自然灾害中所表现出的行为、效能，已经成为评价其施政能力和水平的重要标志。对于我国来说，加强防灾减灾体系建设，切实保障人民群众生命财产安全，是贯彻落实以人为本、执政为民理念的根本要求。党的十七届五中全会明确提出，要坚持兴利除害结合、防灾减灾并重、治标治本兼顾、政府社会协同，提高对自然灾害的综合防范和抵御能力。把防灾减灾放到更加重要的位置，切实做到未雨绸缪、防患于未然，对于深入贯彻落实科学发展观、推动社会经济科学发展、保障和改善民生具有重要意义。

新中国成立以来，我国对于自然灾害的研究不断深入，政府对于防灾减灾工作也越来越重视，已将防灾减灾视为国家可持续发展战略的重要内容。我国政府目前设立的处理灾害事件的常设性机构有国务院应急办、国家减灾委员会、民政部国家减灾中心、国家抗灾救灾协调委员会等。在立法上，我国防灾减灾立法针对水灾、地震灾害、火灾、气象灾害等单独灾种，先后颁布和实施了与减灾有关的法律法规 30 余部，如《防震减灾法》、《防洪法》、《森林法》、《草原法》、《气象法》、《消防法》、《环境保护法》、《安全生产法》、《传染病防治法》、《突发事件应对法》等法律和《破坏性地震应急条例》、《地震预报管理条例》、《地震安全性评价管理条例》、《地质灾害防治条例》、《人工影响天气管理条例》、《防汛条例》、《汶川地震灾后恢复重建条例》、《突发公共卫生事件应急条例》等法规（张夏莲，2012）。自 2008 年 5 月 12 日汶川地震后，我国将每年的 5 月 12 日设为国家防灾减灾日。

我国的防灾减灾制度建设在法律体系、应急机构配置、预警预报、救灾资金投入拨付、灾后恢复重建、灾害救助国际合作等方面取得了显著的成就，但是亦存在着诸多的不足之处。主要表现在以下几个方面：①减灾防灾应急法律体系尚不完备，特别是缺乏统一的减灾防灾基本法。②减灾防灾各部门之间职能分散、交叉、缺位问题严重，机构管理制度不合理。③减灾防灾的资金投入机制存在不足，无法满足灾害救助的客观需要。④缺乏行之有效的灾害补偿保障制度，仅依靠国家补偿是远远不够的。⑤减灾防灾的国际合作缺乏机制化，与现实需要尚有较大差距（田钊平，2009）。

暴雨灾害研究不仅具有提高预报准确率和减少因灾造成损失的现实意义，还具有揭示暴雨灾害特征的科学意义。我国北方春季一般来说比较干旱，如果春季出现暴雨，往往能够缓解旱情，在这段时间加强对暴雨的监测和预报，提高对春季暴雨预测的准确性，能够提前安排农业生产，合理利用宝贵的淡水资源。深入分析春季暴雨发生的机制，对提高人民生活质量和对春季暴雨的认识以及预报的准确率具有十分重要的意义。夏季多雷暴天气，暴雨往往降水量大，短时间内的大暴雨即可成灾。加大对暴雨的研究，弄清因暴雨而引发的滑坡、泥石流等次生灾害的成灾机制，及时采取工程技术措施等手段，可降低灾害发生的可能性。通过研究暴雨灾害，能够提高对暴雨落区和强度预测的准确性，从而及时发出准确预报，提醒暴雨落区的政府和人民注意防范因暴雨带来的灾害，有效降低因灾带来的人民生命和财产损失。

1.2 旅游业发展态势

1.2.1 国际旅游格局与全球旅游业发展趋势

1. 当前国际旅游格局

根据世界旅游组织的数据，2015 年全球旅游业及其相关产业的经济总量已经占到世界总 GDP 的 10%，2015 年的国际出境旅游客流量增长了 4%，全球出境旅游的市场份额已经达到 1.4 万亿美元。因国际游客的住宿、餐饮、购物而带来的收入预计达到 1.232 万亿美元（1.11 万亿欧元）。国际到访游客人数（过夜游客）在 2015 年增加了 4.4%，达到 11.84 亿。国际旅游现在已经占世界出口份额的 7% 和服务出口份额的 30%。美国、中国、西班牙和法国是 2015 年旅游收入和接待国际游客数量的前四位。其中，美国因接待来访国际游客带来的收入为 1780 亿美元，中国 1140 亿美元，西班牙 570 亿美元，法国 460 亿美元。世界旅游组织对国际旅游的长期预测是，到 2020 年全球的国际旅游者将会有 14 亿人次（每年增长 1700 万人次），2030 年将达到 18 亿人次（每年增长 1800 万人次）。

在国际旅游接待市场方面，欧洲市场一直占据着世界旅游市场的首位，在国际旅游接待人次和国际旅游收入上都处于领先地位。2015 年欧洲国际旅游接待人数占全球的 51%，达到 6.09 亿人次。欧洲一直是全世界国际旅游的中心地区，是世界上旅游业最发达的地区，同时也是世界上最大的国际旅游客源地。但是，欧洲的旅游市场增长的速度已经放缓。亚洲和太平洋地区目前是世界上第二大国际旅游接待地区，随着经济的持续快速增长，这里已经成为增长最快和潜力最大的客源市场，并且亚太地区的这种增长趋势将持续下去。美洲的国际旅游接待量目前已经降到第三位。南美地区由于经济发展问题不断，国际旅游接待和出国旅游都受到一定的影响。但是北美地区，特别是美国，经济仍然充满活力，加之北美和欧洲地区互为客源地和目的地，仍然是国际旅游的热点地区。非洲拥有独特的旅游资源，吸引了越来越多的国际旅游者前来，国际旅游接待量增长较快。但是，由于非洲地区的经济发展落后，出国旅游的人较少，国际旅游客源产生的量不大，市场规模还有待开发，占国际旅游市场的份额小。中东地区由于石油资源丰富，很多石油生产国十分富裕，因此中东地区的出境旅游市场一直受到世界的重视。但是中东地区富裕国家的人口基数小，因此产生的国际旅游客源也有限。近年来，叙利亚危机、巴以冲突等造成地区局势动荡，国际旅游接待量减少。

2. 全球旅游业发展七大趋势

（1）旅游活动越来越大众化。19 世纪以来，旅游不再是以少数富有者和商务人员为主的活动，而是一种面向大众的综合性社会文化与经济活动。在当今社会，随着社会生产力的提高、人们可支配收入的增加，以及闲暇时间的增多，许多人不仅具有外出旅游的能力，而且拥有外出旅游的时间和消费动机。交通运输条件的改善和旅游资源所在地服务接待设施的完善，可以为广大旅游者提供更为方便的旅游服务。再加上各国各地政府对人们来本国本地旅游的鼓励和宣传，越来越多的人在假期选择外出旅游度假。旅游已经成为现代人们放松身心、休闲娱乐的重要选择。旅游正在成为人类社会的基本需求，旅游活动的参加者已经扩展到普通劳动大众。

（2）国际旅游业将保持持续增长。自 20 世纪 50 年代以来，全球旅游业的发展盛况空前，始终保持着高于世界经济的增长率而持续发展。虽然中途由于自然灾害、世界政治局势的变动以及局部战乱的影响而波动不断，但是总体上仍然保持强劲的发展态势。随着国际旅游业的迅速发展，不仅旅游活动成为人们生活中的重要组成部分，而且旅游业在国民经济中的地位和作用也越来越重要。

（3）旅游产品趋向多样化。为了满足全球经济发展和人们生活水平提高引起的日益增长的多样性旅游需求，克服由于同质化旅游对国际旅游业发展带来的不利影响，目前国际旅游产品呈现出多样化的发展趋势。以大众观光旅游、文化旅游、休闲度假旅游为主的传统旅游产品仍将持续发展，并且其内容和范围将不断增加和扩展；以生态旅游、会展旅游、奖励旅游等为代表的新兴旅游产品将迅速发展；各种特种旅游，如科考旅游、探险旅游将异军突起。可以预见，在以后的国际旅游业发展中，无论何种旅游产品都必将特色鲜明、内容丰富，全面展现旅游的多样化特点和趋势。

（4）国际旅游活动立体化趋势更加明显。随着科学技术的发展，人类活动的空间进一步向广阔的陆地、海洋和外太空进发，旅游活动的开展也不再局限在容易到达的旅游热点地区。随着陆地旅游产品的多样化发展，各种新型的旅游产品层出不穷，攀登高山、横穿沙漠、体验神秘的原始森林等已都成为富有吸引力的国际旅游活动。随着海洋技术的发展和潜水艇的改善及广泛应用，更多的人领略到了神秘的海底风光。随着航天技术的进步，欧洲航天局已经开始推出个人前往外太空的旅游项目，并且报名者众多。可以预见，在不远的将来，人类的旅游足迹将遍布地球各个角落。

（5）旅游方式趋向个性化。这种趋势主要表现在三个方面：一是散客旅游相对于团队旅游急剧上升，越来越多的国际游客更倾向于单个或者小群体的外出旅游；二是团队旅游日趋小型化，以大规模组团旅游为主的方式日渐减少，而以家庭为单元的小团队旅游变得更多；三是各种各样的自助旅游迅速发展，随着生态旅游、会议旅游、奖励旅游以及自驾旅游的发展，越来越多的旅游者更加倾向按照自己的喜爱和兴趣来选择游览地。

（6）国际旅游业将更加注重可持续发展。可持续发展是 21 世纪的主题之一。一些地区在发展旅游业的时候由于不注重环境保护，旅游者的旅游活动不仅破坏了当地的环境，给当地居民带来了不利影响，而且环境破坏后，旅游者也不愿意再来旅游。目前，人们已经认识到可持续旅游发展的重要性，更加注重旅游的公平发展，改善旅游接待地区的生活质量，同时保护未来旅游开发赖以存在的环境。

（7）休闲旅游占旅游经济的比重越来越大。近年来，随着科技与经济的迅猛发展，人们可自由支配的收入和闲暇时间增加，休闲消费需求日益增长，在工业经济和服务经济的基础之上产生了休闲经济（赵霞等，2013）。人们的休闲消费需求日益增长，精神愉悦与审美体验成为高层次追求，休闲与旅游的结合以及休闲旅游的繁荣是当前旅游业发展的重要趋势。据国际生态旅游协会（TIES）统计，21 世纪生态旅游已成为整个旅游市场中增长最快的部分。我国将 2009 年定为"中国生态旅游年"，2016 年 3 月发布的《中国国民经济和社会发展第十三个五年规划纲要》中更是明确提出要"支持发展生态旅游"（钟林生等，2016）。休闲旅游、生态旅游等旅游模式受到旅游自然灾害的影响更明显，因此对旅游自然灾害的研究显得尤为重要。

1.2.2 我国旅游业发展现状及存在问题

1. 发展现状

改革开放以来，我国实现了从旅游短缺型国家到旅游大国的历史性跨越。"十二五"期间，旅游业全面融入国家战略体系，走向国民经济建设的前沿，成为国民经济战略性支柱产业，其主要成就是战略性支柱产业基本形成。2015年，旅游业对国民经济的综合贡献度达到10.8%，国内旅游、入境旅游、出境旅游全面繁荣发展，我国已成为世界第一大出境旅游客源国和全球第四大入境旅游接待国。旅游业成为社会投资热点和综合性大产业，综合带动功能全面凸显。"十二五"期间，旅游业对社会就业综合贡献度为10.2%。旅游业成为传播中华传统文化、弘扬社会主义核心价值观的重要渠道，成为生态文明建设的重要力量，并带动大量贫困人口脱贫，绿水青山正在成为金山银山。同时，现代治理体系初步建立。2013年，《中华人民共和国旅游法》颁布实施，依法治旅、依法促旅加快推进。建立了国务院旅游工作部际联席会议制度，出台了《国民旅游休闲纲要（2013—2020年）》、《国务院关于促进旅游业改革发展的若干意见》（国发〔2014〕31号）等文件，各地也出台了旅游条例等法规制度，形成了以旅游法为核心、政策法规和地方条例为支撑的法律政策体系，国际地位和影响力大幅提升。出境旅游人数和旅游消费均位于世界第一，与世界各国各地区及国际旅游组织的合作不断加强。积极配合国家总体外交战略，举办了中美、中俄、中印、中韩旅游年等具有影响力的旅游交流活动，旅游外交工作格局开始形成（国务院，2016）。

我国拥有极其丰富的旅游资源，又拥有世界上规模最大的国内旅游市场。我国国内旅游发展具备良好的条件：我国城乡居民可自由支配的收入不断提高；假日制度的完善，使我国居民拥有更多的闲暇时间来开展旅游活动；经济条件的改善和教育的发展，使人们的消费观念发生了改变，旅游作为一种休闲方式，被越来越多的人所接受，成为他们生活的重要组成部分；进入21世纪，国家将旅游业确立为国民经济的重要产业，抓紧进行国民经济结构的优化升级，加大旅游业的投入力度，出台了各种有利于旅游业发展的新举措和新办法。可以预言，我国的国内旅游具有广阔的发展前景。

2. 存在问题

（1）我国在国际旅游市场竞争中存在的问题。第一，我国距离世界上大多数主要客源产生地较远。欧洲各主要客源国与我国之间的平均距离在1.2万km左右，交通运输费用占欧洲游客来华旅游全部费用的比例较高。在大多数人收入有限的情况下，很多欧美家庭很难有经常来我国旅游度假的支付能力。如果采用乘火车的方式来我国旅游，虽然费用比较便宜，但是从莫斯科到北京就要7d，从西欧国家乘火车来我国则需要花费 15～25d，并且需要办理多次签证，因此乘坐火车并不是一个现实的选择。距离主要客源国较远，使我国容易受到国际油价上涨的影响。我国目前的国际旅游十大客源国中已经没有西欧国家的身影就与上述原因有密切关系。第二，在国际旅游市场上，我国同周边国家存在着激烈的竞争。我国旅游业所处的区域性环境为东亚和太平洋地区，这一地区各主要目的地国家在国际客源市场选择方面具有很大的一致性。这些周边国家旅游业起步早，在从业经验、服务质量、交通运输和产品价格上有一定的优势。第三，我国旅游产品的质量还不高，在海外市场的宣传和促销工作也有待改进。长期以来，我国入境旅游市场的经营一直依赖于团体观光旅游，产品类型单一。就一个旅游目的地的观光旅游而言，一种产品很难吸引游客多次购买和故地重游。同时我国旅游产品在质量方面存在很多明显的不足，如清洁卫生条件差、旅游安排变故多、接待散客的能力不足。我国旅游业的对外宣传和海外促销存在营销经费不足和营销促销水平需要改进的问题。

（2）我国在国内旅游市场竞争中存在的问题。第一，为了争取客源，很多旅游企业采取低价竞争的策略；为了降低成本，很多旅行社只雇佣临时导游，并推出了零团费甚至负团费的旅游项目；为了不亏本，旅行社和导游只能将成本转移给顾客，想方设法诱导甚至强迫游客购物。导游为了让游客购物而辱骂游客的事件多有发生。在这样的事件中，导游既是作恶的一方，又是受害的一方，他们没有基本工资，为了生存只能从旅行社买团，收入全靠游客购物的回扣。而游客参加这样的旅行团，权益很难得到保障，旅游行程变故多，购物安排多，并且所购买的产品基本都存在价格虚高、质量低劣的问题。这极大地降低了游客的旅游体验，对整个旅游行业带来了很大的负面影响。第二，旅游监管职责不清，监管力度不够，对景区存在的欺诈游客、损害游客利益的事件处置远不能令人满意。旅游景区缺乏专门的旅游监管机构，很多时候事前监管不力，事后危机公关不足。例如，2015 年发生的青岛天价小龙虾事件，景区物价部门事前没有尽到监管责任，对景区龙虾价格做出规范指导。在游客与店家因龙虾价格问题发生争执之后选择了报警，当地民警出警后也只是建议双方私下解决，最后游客还是不得不为天价小龙虾买单。该事件在网上迅速发酵，对青岛乃至整个山东的旅游形象造成了不可弥补的损害，38 元一只的小龙虾毁了山东花费几亿元营造的"好客山东"形象。

1.2.3　旅游理论与实证研究的紧迫性

1. 消除旅游发展带来的负面影响

随着旅游业和旅游活动规模的不断扩大，旅游现象变得越来越复杂，而且充满着矛盾，旅游的各种负面影响开始日益显现。尤其是在经济不发达的国家或地区，这类负面影响给当地带来的冲击更为严重。虽然旅游业能够带动旅游地经济发展，提高旅游目的地居民的经济收入，但是旅游业的发展也不可避免地会带来一定的不利影响：旅游目的地的承载能力是有限的，随着外来旅游者的大量涌入和游客密度的增大，当地居民的生活空间不可避免地被压缩，从而影响当地居民的生活；大量游客的来访也会造成旅游目的地物价上涨；为了满足旅游者的观赏需要，很多旅游目的地的民俗活动逐渐失去了原来的文化内涵，当地文化被过度商业化；长期大量接待旅游者会使历史文化古迹等旅游资源的原始风貌甚至寿命受到影响；大规模的旅游活动将加剧对自然环境和生态系统的损害及破坏；旅游接待设施的不合理建设和过度开发会使旅游目的地的自然景观遭到破坏；旅游业由于受各种不确定因素的影响，本身具有脆弱性。旅游研究能够使我们更加清楚地认识到旅游发展消极影响的产生原因，在享受旅游业发展所带来的便利和利益时，减少旅游业发展所带来的负面影响，做到趋利避害。

2. 丰富旅游理论研究内容

旅游学研究已经有 100 多年的历史，经过不断的探索，人们对旅游活动、旅游业、旅游者等研究对象都有了一定的认识，初步构建了旅游学的理论基础。但是，目前学术界对旅游学是不是一个学科，是哪个层次的学科以及旅游学科的性质等都存在争议。关于旅游学在本质上到底是多学科还是跨学科的问题，存在着各种各样的争论。旅游研究能够阐明旅游学的学科地位，建构旅游学的理论知识体系和学术研究框架。

3. 为旅游发展提供决策支持

旅游业虽然是一门操作性很强的行业，但是其长期的发展离不开正确的理论指导。旅游研究能够及时了解和预测旅游业的最新发展方向，为旅游业发展的转型升级提供智力支持。主要表现在：旅游研究可以为地方政府和各级行政部门的旅游发展规划和管理决策提供数据支持，确定旅游对社会、环境和经济所产生的影响，考查旅游者的动机、需要、期望以及满意度，明确旅游业经营者和服务提供者及雇员的教育、培训的需求，开发实时数据信息库，为政策的制定提供数据（盖尔·詹宁斯著，谢彦君等译，2001）。

1.3　暴雨灾害与旅游业交叉研究

1.3.1　暴雨灾害对旅游业的影响

旅游业的综合性、依赖性和季节性的产业特征，决定了旅游业的高敏感性。旅游系统中，某旅游因素的负向变化或外界依托因素的负向变化，都有可能引起旅游业的波动振荡。

旅游地自然灾害风险可以定义为一定概率下灾害造成的破坏或损失。旅游地自然灾害的损失，具体可以划分为四大类型（叶欣梁，2011）：一是直接的人员伤亡，具体体现为游客、管理员工及社区居民的受伤甚至死亡。这种损失是一种有形的损失，出现在自然灾害当事旅游地，易被社会重视。二是直接的财产、建筑物等经济损失，具体体现为各类旅游设施及附属资产所遭受的毁损。这种损失是一种物质性的损失，出现在自然灾害事故的当事旅游地，在一次自然灾害事故中易被人们察觉。三是直接的旅游资源价值损失，具体体现为旅游资源美学观赏价值、康娱价值及历史文化与科学价值的降低。这种损失难以用货币去衡量，对旅游地的旅游需求会产生重大影响，但往往在一次灾害风险事故中不甚明显，需要经过日积月累才会凸现出危害性。这种损失形式亦出现在自然灾害事故的当事旅游地。四是间接的经济损失，主要包括因设施毁损导致的经营收入丧失，旅游地因游客安全考虑被迫封闭而导致的接待收入丧失，以及因原有组团游客取消出行计划而导致的旅游地接待收入的丧失。其中，因游客取消出行计划而造成的旅游地经济损失，对于未发生自然灾害事故的灾害波及旅游地而言，也是风险考虑的重要因素。

暴雨会对整个旅游业造成冲击。暴雨灾害可能使灾害发生地的旅游者受到伤害或者遭受财产的损失，也可能导致旅游资源和旅游设施的破坏，进而影响旅游业的正常经营。暴雨会造成旅游交通受阻，很多游客可能因为航班延误、雨量过大等原因无法成行，不得不取消原定的旅游计划。暴雨灾害事件影响的关键是旅游目的地的形象，触动了人们出游是否安全这根最敏感的神经，影响到人们对旅游目的地的环境感知，形成了带有主观态度的目的地旅游消极形象，使计划旅游者、潜在旅游者形成对旅游目的地不安全的心理图谱，进而影响到旅游者风险决策的结果，即绝大部分旅游者取消或改变他们的旅游计划。随着游客量的减少，物流、资金流相应减少甚至停顿（李峰等，2007）。而如果暴雨发生在"十一"黄金周等旅游旺季，对旅游业造成的损失就会更加明显。

1.3.2 秦岭暴雨灾害与旅游业交叉研究

本书主要是在特定区域——秦岭旅游景区，对特定自然灾害——暴雨灾害进行多学科交叉研究。在不同时段，不同旅游景区暴露的具体脆弱性的表现形式不同。旅游景区内旅游资源稀缺性、旅游设施复杂性、游客流动性及游客的异地性，都决定了其面临自然灾害时具有不同于普通地区的脆弱性。通过本书可以加深对秦岭生态景区自然灾害的了解，尤其是对秦岭各生态景区容易发生的暴雨灾害的成灾机制、孕灾环境和灾害程度，能够对各景区的暴雨灾害风险做出较准确的评估。该研究结果不仅对秦岭地区的生态景区，对全国其他地区的旅游景区也具有参考意义。当前地球气候复杂多变，厄尔尼诺等反常气候现象出现的频率和强度更大，影响范围更广。秦岭是我国气候的重要分界线，对秦岭地区暴雨灾害的研究，能够为全国暴雨等极端天气的预报提供数据。对秦岭生态景区暴雨灾害的研究能够帮助建立起旅游风险预警系统，帮助旅游景区的经营管理部门了解本景区自然灾害发生的可能性大小，通过加强监测和信息收集，及时了解和分析可能引发旅游安全事故的各指标状态，从而制定有效的防范措施，预防灾害事故的发生。及时的旅游安全风险预警，可以有效消除或降低旅游危害的损失，树立较好的景区形象，有利于景区管理及可持续稳定发展。如果在景区内发生暴雨灾害等自然灾害，对景区和游客的伤害在所难免。而在事故发生期间，对事态影响扩大的规避以及对游客的救援是十分必要的。根据本书可以提前在旅游安全风险管理中设置救援系统，及时提出应急预案，有效协调各个组织机构，在旅游救援工作中分工协作，提高救援工作的效率，达到最大限度降低损失的目的。

很多旅游安全事件的发生都是由于游客对旅游中发生的风险认识不足导致的。通过本书，同时加大宣传，增强旅游者对旅游探险中发生暴雨灾害危害的认识，可以有效减少旅游事故的发生。

第2章 研究基础

2.1 暴雨灾害研究

根据降水的强度，暴雨分为三个等级，分别是暴雨、大暴雨、特大暴雨。灾害是对能够给人类和人类赖以生存的环境造成破坏性影响的事物总称。暴雨并不一定会产生灾害，只有暴雨对人类和人类赖以生存的环境造成破坏时，才会成为暴雨灾害。

作为自然灾害的一种，暴雨灾害具有突发性强、难控制的特点，常伴随泥石流、滑坡崩塌等次生灾害的发生，严重威胁人类生命安全，给国家造成巨大经济损失。例如，2012 年 7 月 21 日北京特大暴雨灾害造成大批游客滞留事件；2012年神农架景区暴雨灾害，引发山体滑坡造成多处道路受堵、涵洞受损、房屋倒塌。近年来大范围、长时间的暴雨，破坏程度超出环境自愈能力，短期内自然环境无法得到恢复，阻碍了政府在旅游事业决策的进展和地方旅游业的发展（孙华，2010）。

2.1.1 暴雨灾害研究内容

对于暴雨灾害的研究，国外的相关部门和学者进行了大量的研究工作。美国因强对流天气频繁，多为突发性暴雨，降水量能够在短时间内达到极大值，从而引起严重的洪涝灾害。因此，美国大量专家学者制订了一个为期 10 年的风暴计划，同时在超短期天气预报系统和中尺度数值模式方面取得了显著进展（Brooks et al.，1917）。日本受海洋性气候和季风气候影响，雨量丰富，夏季降水特点明显，梅雨期持续时间长，深受梅雨期暴雨的影响。日本从 20 世纪 70 年代开始就对梅雨期暴雨的特征以及天气尺度特征做了大量工作，还专门进行了梅雨研究，获得了大量的研究数据。之后日本在暴雨预报方面使用了细网格的预报模式，并取得了一定的成功（郭燕娟等，2002；江志红等，2001；Ninomiya，1999；Trenberth，1996；Trenberth et al.，1994）。

国外在暴雨灾害风险评估领域的研究较早，相对来说较为成熟。早在 20 世纪70 年代，欧美等国家利用水文、水力学数值模拟方法编制出洪水风险图（Dilley et al.，2005）。另外，国际气候变化组织利用七步 CM 脆弱性评价法对沿海城市的环境和经济进行了评价，取得了重要成果（Newell et al.，2005）。地理学的分支学科如心理学、社会学等学科的兴起使得自然灾害风险的研究范围涉及灾害的自然属性和自然灾害中的人文因素，有效推动了灾害风险研究（刘建琼，2009；Kurita et al.，2006；Ologunorisa et al.，2005；Islam et al.，2004；Wilhite et al.，2000； Olczyk et al.，1993；Jackson et al.，1981）。起初国外的研究重点在于自然灾害和气候变化对旅游风险感知的影响，后期逐渐发展到以旅游者和管理者角度出发，制定旅游风险评估和管理层面（叶欣梁，2011；白绢，2009；李峰，2007；焦彦，2006；Daye，2005；Dombrowsky，2003；Lepp et al.，2003； Carter，1998；Curtis，1996）。国外自然灾害损失领域相关研究开始较早并且成果丰富（石勇等，2011；Birkman，2006；Newell et al.，2005；Shi et al.，2005）。承灾体脆弱性研究逐渐成为防灾减灾背景下的主要内容，灾害研究领域的脆弱性包括受灾体敏感性以及暴露性等概念的多尺度范围（Pelling，2011）。

我国气象工作者和科研学者对暴雨灾害做了大量工作，尤其是在暴雨灾害的天气学成因和时空分布上，使得这些年来对暴雨的分析和预报水平有了很大的提高。20 世纪 50 年代开始，我国对暴雨的研究进入了初级阶段，对暴雨有了一定的认识，但大多只是对天气学方面的分析，主要是在大尺度环流和降水系统上的研究（游景炎，1965；巢纪平，1962；陈汉耀，1957）。随着科学技术的快速发展和各地暴雨灾害的相继发生，我国对暴雨的研究逐渐加快了脚步，在暴雨预报及成因分析、暴雨灾害风险评价等方面取得了显著的进展，特别是 1999 年实施的"我国重大天气灾害的形成机理和预测理论研究"项目，使我国在暴雨方面的研究进入了快速发展阶段（陈少勇等，2011；冯强等，1998）。在降水的特征分析方面，我国学者取得了一系列的科研成果（蔡新玲等，2010；陈冬冬等，2009；陈隆勋等，1998）。在全国范围内的暴雨时空分布特征研究较少，相对来说，对区域性的暴雨时空分布规律的研究较多（张弘等，2011；林纾等，2008；毕宝贵等，2006；殷志有等，2004；刘小宁，1999；李翠金，1996）。由于我国社会、经济、政治、文化背景等的差异性，风险认知研究起步时间晚。国内对旅游景区风险的研究相对滞后，相关实证研究成果相对较少（邹统钎等，2009）。起步阶段主要研究旅游风险、旅游安全、灾害危机、自然灾害风险等问题（时勘等，2003；佟守正等，2002；李锐，2001）。随着旅游业的发展，一些学者逐渐关注游客的风险感知研究（李艳等，2014；赵凡等，2014；仵焕杰等，2013；庄天慧等，2013；孟博等，2010；苏筠等，2009；郁耀闯等，2009；伍国风等，2008；岳丽霞等，2005）。为了更好地预防和管理自然灾害，许多学者结合 GIS 空间分析和显示功能，制定了风险评估模型，对社会防灾减灾工作提出了建议（王林刚，2013；殷杰等，2009；栗斌等，2006）。众多专家学者逐渐把研究重点集中在风险感知模型的建立上，有效地对旅游地灾害风险评估提供多种方法，及时将研究成果用于实际（周忻等，2012）。随着对旅游地风险感知研究速度的加快，相信国内学者对风险感知的研究范围必将拓宽。目前，针对暴雨灾害的风险性评价研究开展较多，以暴雨特征、风险区划及暴雨致灾指标方面的研究较为常见（朱政等，2011；刘荆等，2009；万君等，

2007；唐川等，2005）。

总体上看，我国总降水量变化不大，但强度在增强，极端强降水事件有区域差异。从区域研究来看，东北地区东部及华北地区大部地区有所减少，西北大部分地区、长江流域、淮河流域降水强度和降水量增加，极端降水事件频率显著增加（蔡新玲等，2012）。秦岭地区气候变化明显，不仅是我国地理环境的重要分界线，而且也是生态环境脆弱区，研究秦岭地区的暴雨变化特征显得尤为重要。

2.1.2　暴雨灾害研究方法

目前国外许多研究者对暴雨洪涝灾害风险评估进行的研究中多侧重于灾害的危险性、暴雨灾害预报与区划等，并取得了系列研究成果（Islam et al.，2000；Shidawara，1999）。国外对洪水灾害进行预报已经做了大量的研究（刘新颜等，2013；Nayak et al.，2005；Zhu et al.，1994），而且对区域易损性及灾害风险的研究也在逐渐开展（王静静等，2010；Saeed et al.，2010；Patro et al.，2009；黄崇福，2005；Mukhopadhyay et al.，2003；刘新立，2000；毛德华等，2000）。国内暴雨灾害区划研究是建立在灾害风险评估的基础之上，而目前常用的评价方法是根据暴雨灾害风险的组成因子选取适用指标，对指标赋权，根据确定的指标以及权重建立综合评价模型进而对风险区域进行评价（李娜等，2011；刘少军等，2011；孙阿丽等，2011；张新主等，2011；张俊香等，2011；朱政等，2011；陈家金等，2010；刘荆等，2009；邵末兰等，2009；邓国等，2006；Veronique et al.，2004）。灰色关联度分析法对数据要求较低且计算量小，能够对不同种类灾害的灾情进行比较，也可用于比较同一灾级中的不同灾情差异，该方法对评估指标没有限制，模型对指标的数量也没有限制，可以避免人为的主观任意性（龚祝香，2008；李春梅等，2008；陈艳秋等，2007；刘伟东等，2007；万君等，2007；姚长青等，2006；何报寅等，2002；魏一鸣等，2002；周成虎等，2000；陈亚宁等，1999）。随着 GIS 技术的发展，承灾体易损性（Cutter，2003）的精确化研究在暴雨灾害中得以广泛的应用（景垠娜等，2010；张斌等，2010；蒋新宇等，2009；张斌等，2008；罗培，2007；万君等，2007；樊运晓等，2001）。

2.1.3　暴雨灾害研究存在问题

暴雨灾害评估按过程可分为灾前预评估、灾中跟踪评估和灾后调查评估。评估步骤包括建立历史灾情数据库、选取评估指标、选取评估方法、建立模型和模型检验。概率统计法比较适合于灾前快速预评估。主成分分析法也可用于灾前预评估，在确定致灾因子权重时可有效避免人为主观因素的影响，在实际应用中如果与概率统计法结合使用可能会取得更好的效果。在以后的研究中，各种指标历史数据的收集整理、评估指标和评估方法的选取是研究的重点和难点。

虽然对暴雨洪灾风险评估做了大量研究，但仍有诸多问题需要解决。评估指标体系是洪灾风险评价的重要组成部分，而指标体系的建立是洪灾风险综合评价的关键。复杂的洪灾风险评价必须首先通过一系列指标，才能评价综合风险度变化的程度。目前很多科研工作者对区域洪灾风险评价进行了定性和定量的探讨，但尚未建立统一的指标体系，这是因为洪灾风险实际上是一个多因素指标的综合过程。研究方法不同，建立的洪灾风险评估指标体系就不同。因此，需建立统一的评估指标体系标准。

随着灾害研究的不断深入以及各种新技术的不断应用，灾害风险评估技术与方法也不断增加，并由定性分析逐步走向定量评估。目前成熟方法较多，无论何种方法，确定各项评价指标的权重始终是综合评价工作的重要环节，也是较难解决的问题。迄今为止，学者们对权重的确定方法归纳起来有两类：定性权重和定量权重确定方法。定性权重确定方法以实践经验和主观判断为主，而定量权重确定方法以多种数学方法为主。数学方法确定权重可以对其进行准确性检验，以减少确定权重的主观随意性，因此采用各种数学方法确定权重渐趋广泛。但数学方法本身在应用时有一定的要求和局限性，在选择研究方法、原始数据的收集以及应用上也带有主观性。

暴雨洪灾风险演变是一个复杂的系统过程，涉及自然、社会、经济等众多领域，由于所选取的指标因素对风险演变的作用方式、范围和程度不同，并且两者在空间尺度上相互作用，导致风险演变时空研究具有复杂性和不可预测性。目前对洪灾综合风险评价研究较多，但对灾害风险演变时空格局研究较少，特别是对自然、人为因素与洪灾风险之间的关系，对指标因素如何作用洪灾风险演变等方面的研究不够深入。对洪灾风险演变驱动机制研究甚少，相关研究也仅从自然、社会经济两个角度以一定研究区为研究对象，选取不同指标因素利用多元统计方法，对不同时期风险演变指数进行统计，探讨其内在规律及驱动因素之间的关系，而没有考虑不同时间尺度、不同区域之间相互作用对洪灾风险演变及驱动机制的影响。

2.2 旅游感知研究

2.2.1 旅游感知研究内容

旅游感知和旅游认知是旅游者行为研究的主要内容，旅游感知是国内旅游学研究中一个比较热门的领域。在中国知网（CNKI）上，以"旅游感知"为主题，将检索范围限定在核心期刊，时间限定在 2006～2016 年，共检索出文献 122 篇，见图 2.1。国内学者对于旅游感知的研究主要集中在旅游感知的概念、游客对旅游地的旅游形象感知、旅游地居民对于旅游发展影响感知及游客的旅游安全感知等几个方面。

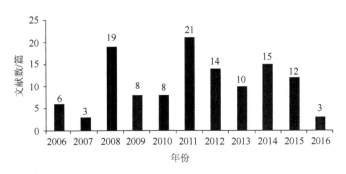

图 2.1　2006～2016 年 CNKI 上旅游感知研究文献数量

1. 内涵界定

在旅游感知的概念研究方面，很多学者都做了研究，但目前还没有一个比较公认的旅游感知定义。但有三点共识：①旅游感知是旅游者对目的地形成认识的一种心理过程。②该过程不仅与旅游地客体因素密切相关，还受到旅游者经验、体验、活动等主体因素影响。③旅游感知能够作用于旅游行为。

2. 旅游感知内容

国内关于游客对旅游地旅游感知的研究主要集中在对具体的旅游地形象的感知上（孙洁等，2014；吴剑等，2014；王鑫等，2012；高军等，2010；陈楠等，2009；高静等，2009；李玺等，2009；李飞等，2007；陈玉英，2006；刘旭玲等，2006；郭英之，2003）。作为旅游发展的重要利益群体，目的地居民的支持对旅游业的成功开发具有举足轻重的意义。不同居民在不同时期对旅游发展的感知也不同。旅游地居民的旅游感知是研究旅游影响性质及程度的重要途径（江增光，2016；卢小丽等，2008；卢松等，2008；赵玉宗等，2005）。国内学者对某些具体旅游地居民的旅游感知做了较多的研究（杜宗斌等，2011；胡小海等，2011；唐晓云等，2010；李婷婷等，2009；杨学燕，2008）。旅游安全作为旅游活动顺利开展的保证，受到旅游者的广泛关注。游客对旅游地的旅游安全感知，是影响人们旅游决策的重要因素之一。国内目前对旅游安全感知所做的研究不是很多，但如食品安全、雾霾等影响旅游安全的社会敏感问题都有涉及（李静等，2015；许晖等，2013；岑乔等，2011；陈金华等，2010；刘宏盈等，2008）。除上述研究外，一些学者也尝试了进行旅游感知风险相关研究，取得了一定的成果，如贺涵（2015）做的关于"驴友"的旅游感知风险研究，杨园园（2012）研究了参照群体对旅游感知风险的影响，李艳（2015）研究了旅游者旅游前后对于西藏旅游风险感知的变化等。

2.2.2　旅游感知研究方法

1. 问卷调查法

问卷调查法是旅游感知研究中最常用的方法。问卷调查法将要调查的内容以问题的形式提出，设计成问卷，然后发放给特定的被调查者，借此来收集旅游感知研究所需要的材料。问卷调查法省时省力，能够在短时间内了解被调查者对某些方面的想法、态度和倾向。

在问卷的设计上，要采用恰当的格式，不恰当的格式会造成答案的遗漏、混淆甚至导致调查对象拒绝回答问题。问卷首先要表明调查题目，在问卷的开始部分一般要对调查加以说明，通过说明调查的意义引起调查对象兴趣，如果问卷中涉及被调查者的隐私内容，问卷要说明为调查对象的回答保密，让他们能够放心地填写真实想法。问卷的中心部分是问题和回答，根据要研究的内容进行设计。一般先提简单问题和容易引起调查对象兴趣的问题，后提开放式问题，这类问题费时较多，如果放在后面则调查对象可能失去耐心，无法完成问卷。内容上相互有联系的问题应该放在一起。问题的形式和长短排列要适当进行变化，这样可以保持调查对象的注意力，也可以防止对不同的问题进行相同的反应。最后，一般都会记录调查对象的人口特征（吴剑等，2014）。

为提高问卷的可靠性，问卷初稿设计完成之后和正式调查之前，必须要先经过测试和修正。预测试的对象可以是相关专家、同行或真正的受测对象，目的在于改进问卷，提高问卷质量。通过预测试，研究者可以评估问卷是否合适，哪些方面需要修正（张志华等，2016）。通过测试和修正，可以评估问卷问题内容是否恰当、语言是否清晰易懂等。另外还可通过多种统计分析方法，发现并剔除问卷中信度与效度不高的题项，以提高问卷的整体质量。

问卷设计完成后，要选择合适的调查对象发放问卷。在被调查者的对象选取上，有等概率抽样和不等概率抽样，等概率抽样又可以分为简单随机抽样、分层等概率抽样、等概率整群抽样、等概率系统抽样和等概率多阶段抽样（即通常所讲的简单随机抽样、分层抽样、整群抽样、系统抽样和多阶段抽样），不等概率抽样也可以分为简单不等概率抽样（即通常所讲的不等概率抽样）、分层不等概率抽样、不等概率整群抽样、不等概率系统抽样和多阶段不等概率抽样（卢宗辉等，2005）。在旅游感知研究中，有的是在被调查区域内随机偶遇抽样（马耀峰等，2007）。

问卷发放完成后，待调查对象填写完毕，将问卷进行回收并进行有效性分析。有的研究通过设置排除性问题进行排除，如刘力（2013）在研究韩国影视剧对旅游者的旅游目的地形象感知的影响与旅游意向时，在问卷设计的第一部分包括两道过滤题"是否看过韩国电影或电视剧"和"是否去过韩国"，因为其研究的主要目的是分析影视剧对潜在游客目的地形象感知和旅游意向的影响，两个过滤题只要有一个不符合要求的问卷就被删除，不作为研究的对象。

问卷调查获得的原始数据，往往不能直接说明问题，需要对其进行统计分析，才能够发现数据的规律，进而描述、解释现象及问题。在数据处理过程中，应根据研究目的及数据的特点，使用恰当的统计分析方法。一般而言，在旅游问卷调查研究中，描述性研究多使用频率、均值等简单统计分析，而解释性研究多使用相关分析、回归分析、因子分析、聚类分析等高级统计分析方法（张志华等，2016）。在分析问卷结果时，大多采用 SPSS 20.0、AMOS 20.0 等一些专业软件进行验证和分析（李静等，2015）。

2. 访谈法

访谈法是研究旅游感知的重要方法之一。访谈法是研究者通过与研究对象有目的、针对研究对象的个别化的交谈来收集研究资料的一种方法。访谈法的特点是具有目的性与规范性、交互性与灵活性。访谈法可以作为问卷调查法的补充，来了解调查对象的旅游感知，并且较问卷调查法来说有很多明显的特点。访谈虽然是按一定目的进行，但访谈的内容、顺序等有一定的灵活性与机动性。访谈法收集的资料可以保证具有较高的可靠性。访谈法是访谈者与被访谈者面对面进行的，是双方相互作用、相互影响的过程，因此当被访谈者不理解访谈者提出的问题，或者研究者认为被访谈者的回答不完整、不明确时，可以通过追问来获得更确切的信息。采取访谈的形式，更有助于了解被访谈者真实的想法，更有可能了解到研究者事先没有想到的一些问题。访谈法可以对研究的现象获得一个比较广阔、整体性的视野，并且可以起到检验问卷分析结果的作用。被访谈者能够充分发表自己的看法，访谈者也容易控制访谈情境和访谈进程，使访谈的问题更有针对性，更便于挖掘影响被访谈者旅游感知的深层因素。

3. 文献综述法

文献综述法是通过搜集大量相关资料，进行分析、阅读、整理，提炼出旅游感知研究的最新进展和学术见解，进而做出综合性介绍和阐述。文献综述法是对旅游感知研究领域的现状、动态和发展前景的综合分析、归纳整理和评论。研究者对以往研究进行综合整理和陈述，根据自己的理解和认识，对综合整理后的文件进行全面深入的论述和相应的评价。例如，钟栎娜等（2013）在做国内外旅游地感知研究时，先对旅游地感知的发展历程、研究方法、研究视角、研究内容等方面进行了梳理与介绍，并将国外旅游地感知研究划分为四个阶段，深入分析各个阶段的研究特点，按时间顺序对旅游地感知研究的主要方法进行综述，将国外旅游地研究的切入视角分为心理行为视角和时空差异视角，分析了从不同学科角度进行旅游地感知研究的重点与思路，对国外旅游地感知研究的主要领域进行了总结，从旅游者和旅游地的角度分别分析了旅游者相关要素以及旅游地相关因素对旅游地感知的影响，最后对国外旅游地研究的动向作出了全面的观察，结合国内研究的适用性提出了建议。

4. 文本分析法

文本分析法也称为内容分析法，它是一种将不系统的、定性的符号性内容如文字、图像等转化成系统的、定量的数据资料的研究方法。在网络上存在着大量的旅游者或旅游地居民的自述文本，他们通过各种渠道分享自己的旅游体验或者对旅游开发的看法，这些文本具有客观、数量大、方便获取的特点。通过分析这些文本，对文字性的内容进行量化，可以发现这些资料中所隐藏的规律性问题。徐小波等（2015）利用携程网上旅游者对旅游地的评价，来研究旅游者的旅游地感知。首先是获取文本，通过编写程序，在携程网的目的地指南频道中获得旅游者关于该旅游地的所有点评信息，连续抓取一年的数据用作基本的原始材料。然后分析文本，对于原始材料采用归纳方法建立代码，获得系统的理论编码，这些理论编码是研究中分析得出的构成旅游地感知的要素。最后将网络文本转换为感知要素构成的码表，通过矩阵运算，转置成要素与要素之间的共现关系。运用网络分析软件 UCINET 的运算，分析感知要素的内在耦合关系。

5. IPA 法

IPA（importance-performance analysis）法，即重要性及其表现分析法，该方法具有通俗易懂、形象直观、方便诊断和决策等特点。传统的 IPA 矩阵通常包括以 X 轴（绩效轴）和 Y 轴（重要性轴）交叉划分的四个部分，见 X、Y 轴。第 I 象限为高/高区域，可解释为重点突出，成效显著，相应的对策为继续努力（keep up the good work）；第 II 象限为高/低区域，可解释为重要性高，但表现差，对策

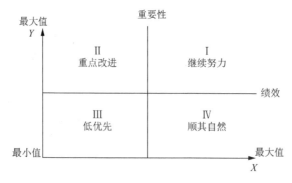

图 2.2　IPA 架构

建议为聚焦此处,下一步需重点改进(concentrate here);第Ⅲ象限为低/低区域,可解释为表现不好且重要性低,建议列入低优先(low priority)事项;第Ⅳ象限为低/高区域,可解释为重要性不高,但成效显著,相应的建议为不要刻意追求,适宜顺其自然(possible overkill)。近年来,IPA 法在旅游研究中使用较为普遍,对 IPA 法加以修正后使用的研究成果不断涌现(程德年等,2015)。

IPA 法能够帮助研究者更好地理解旅游者实际看法,对旅游行业管理者和相关部门进行有效评价,从而有针对性地促进营销工作逐步完善。一般而言,IPA 法的实施步骤为:①确定所要考核的观测变量和考核分值范围。②分别确立各观测变量的重要性(I)及其表现(P)的分值,画出标有刻度的 IP 图。③分别求出观测变量重要性及其表现的平均数或中值,并且找出以上两个平均数(或中值)在 IP 图中的确切交叉点。然后,基于该交叉点进一步画出一个十字架,纵轴代表的是重要性(I 轴),横轴代表的是绩效(P 轴),此时 IP 图的四个象限便清晰地显示出来。④分别将各观测变量根据其重要性和绩效,逐一地定位在四个象限相应的位置。⑤对四个象限的观测变量进行解释(周永博等,2013)。

任何一种模型在应用过程中都存在一定的局限性,IPA 分析法也不例外。首先,IPA 分析法的假设前提是重要性与满意度两个维度上的变量相互独立并与受访者的总体感知呈线性相关。然而在现实调查中,受访者的评价一般为主观感受,其重要性评价和满意度评价很难成为互相独立的变量,得出的要素象限分布并非总能找到合理的解释。其次,IPA 分析法要求受访者对同一问题做出两次判断,当问卷题量较大时,访问时间则成倍增长,访问质量有可能下降(陈旭,2013)。

2.2.3 旅游感知研究存在问题

虽然目前旅游感知是旅游研究的热门领域,关于旅游感知的研究成果也比较多,但是存在着一些问题。首先,理论创新不足。旅游感知研究多是将一些其他学科的理论挪用过来直接使用,应用这些理论来研究具体的旅游感知案例,除了案例研究的数量增加以外,理论创新较少,这也是整个旅游学研究中存在的普遍问题。除此之外由于旅游学尚未形成完整的学科体系,缺乏自己的方法论,用其他领域的理论来研究旅游感知问题,缺乏专门的针对性;其次,问卷调查法在旅游研究中存在应用不规范问题,很多研究在使用问卷调查法时存在调查问卷设计不规范、调查的组织缺乏经验、样本的控制缺乏科学性等问题。许多调查抽样样本太少以至于样本代表性低,并且许多研究者没有对抽样方法及过程进行必要说明;最后,以往的旅游感知定性研究较多,而定量研究则明显不足。目前对旅游地感知的相关探讨集中在社会性、整体性感知方面,针对特定分众及微观感知的研究不足。

2.3　有限理性研究

2.3.1　有限理性研究内容

西方国家对于理性的研究最早起源于古希腊时代。那个时期，人们对理性还没有明确的认识，只是认为理性即合理、理智等，各个学派对理性有不同认识和定义，发展到古典经济学时代时，人们对理性有了进一步的认识。帕累托提出了"经济人"的概念，认为人都是"经济人"，间接地认为人类是完全理性的，遵循最优化的原则，这一点亚当·斯密在其著作《国富论》中有所印证。到新古典经济学时代，虽继承了"经济人"的理论概念，但是认为理性就是人类追求利益的最大化。随着行为科学的发展，"理性"的概念受到各个派别经济学家的不断修正和批判，即人们并非是完全理性的，但也并非是完全不理性，追求最优，但其实是自己认知范围内的最满意效果，并非科学角度上的真正最优，继而阿罗提出"有限理性"（bounded rationality）的概念，认为人类的理性是有意识的，但也是有限的。到了 20 世纪 40 年代，西方经济学家西蒙，对新古典经济学的不现实之处提出了批判和修正，他认为人类是有"经济人"的特质，但是出于各自对环境认识的有限，认知能力具有自己的偏好体系，即人类追求的最大利益并非真正意义上的"最大"或者"最优"，只是自己有限认知范围内认为的"最满意"选择。

20 世纪 80 年代行为决策理论的正式兴起并真正成为一门独立的研究学科时，人们才开始着手研究以有限理性为前提来描述人们实际决策行为的决策模型，以期能有效地处理决策主体的系统偏好差异，并得到较广泛的应用（邵希娟等，2006；子青，2006；Rubinstein，1998；Luce，1959）。在有限理性的应用方面，Birkholz 等（2014）将有限理性的概念引入到了泥石流灾害研究当中，但仅限于定性描述，未做定量研究。

在理论研究方面，黄建军（2001）对西蒙管理理论的形成及其基本思想进行了分析，并指出"有限理性"理论具有重大的现实意义。邓汉慧（2002）对西蒙的有限理论进行了研究综述。郭旭新（2003）针对情绪对人有限理性的影响进行了详细研究。李亮（2005）针对影响有限理性实现程度的因素进行了分析，得出影响因素对理性的作用机制，并对有限理性实现程度的一般机理模型进行了描绘。张学军（2008）和朱晓平（2009）分别从心理学角度和国内外研究的相关文献对有限理性的根源进行了研究。张杰（2009）将西蒙的有限理性说与卡尼曼的行为经济思想的理论内容进行了比较研究。王清（2009）对一类定性测量有限理性程度而建模的问题进行了探讨，在一定程度上突破了理性程度不可度量的瓶颈，从而为复杂问题的决策分析提供了新的途径和方法。陈彩虹等（2010）对典型有限理性模式的两个模型进行了研究。

决策理论方面的研究离不开有限理性的研究,并与有限理性的研究相伴相随。周菲（1996）详细分析了有限理性对决策行为学的贡献。方芳（2005）讨论了有限理性和理性的不同,并阐述了两种理论四种模型构成的决策理论的统一体。秦勃（2006）认为,在实际的决策过程中,人类要求的那种理性会受到诸多因素的影响,从而提出了"有限理性决策模式"。吴君（2008）从投资者的有限理性出发,对创业投资公司的投资行为进行了研究。李秀华（2009）从完全理性到有限理性论述了有限理性的有效性,指出以"满意"为效用准则,提出了西蒙决策理论的实践价值。

在有限理性模式的应用方面,大部分集中在经济学、管理学和心理学领域,涉及投资决策、金融管理、幼儿园管理、电信产业对政府的管制行为、师资创新管理、出行者决策行为等,应用越来越深入和广泛（吕淑芳等,2014；施建刚等,2014；周恩超,2014；朱朝晖,2014；刘诗序等,2013；周游,2013；刘玉印等,2011；徐红利,2011；韩蓉,2010；白冰,2008；殷一平等,2008；李广海,2007；杨德磊,2007；李海涛,2006；王伟华,2006；李平,2005；杨宁,2001）。

2.3.2　有限理性研究存在问题

有限理性的提出打破了完全理性一统天下的局面,同时也犹如一股清风给社会科学的发展注入了新的活力。但随着研究的深入,人们发现,有限理性的发展存在着严重的困境,并且有限理性也并不是一把开启智慧之门的神奇钥匙,不是一个放之四海而皆准的真理,它也有其解释和适用范围,其理论内核也存在着逻辑缺陷,从而导致了其作为一种方法论的困境。一般说来,有限理性的困境有两层含义:一是指由于理性本身的限度,导致人们在发挥理性解决问题的过程中遇到了一系列的障碍和困难,这种困境指的是理性本身的缺陷,也即是理性之所以被称之为有限理性的缘由,是难以避免的;二是指有限理性作为一种研究思路和解释逻辑（方法论和认识论）在组织研究中的困境。西蒙、马奇、卡尼曼等对人类的理性行为及非理性行为做了大量深入细致的研究,为当代经济学和社会学构建了一个人性化的理论框架,但是有限理性学说并未阐释在人类决策过程中如何对理性与非理性进行合理配置或者是在"有限"的理性领域之外应该如何行动以及如何弥补"有限"的缺陷。另外,在信息技术大发展的今天,作为集群组织,其有限理性的最初困境——信息获得和加工的局限性是否还存在呢?毫无疑问,信息泛滥选择所导致的信息选择问题仍然是有限理性所无法解决的。

有限理性在理论上的研究,多见于管理学、经济学、心理学方面,在风险感知方面很少,在灾害风险感知方面的研究以及以游客为出发点的研究几乎都是空白。有限理性模式在灾害风险中的应用少之又少,卓志等（2013）在有限理性模式下，对巨灾冲击带来的情绪变化引起的风险感知变化显著影响人们的行为方式进行了研究。但有限理性模式在灾害风险感知中的应用仅限于定性描述，而未量化，因此，有限理性模式的量化研究迫在眉睫。

2.4　秦岭区域研究

2.4.1　秦岭自然地理方面的研究

1. 地质地貌方面的研究

秦岭地质地貌的研究在我国起步较早，并且一直是地质学研究中的一个热点问题。根据余显芳（1958）的研究，秦岭山地包括两个不同的地质单位，北部是秦岭地盾部分，南部是秦岭褶皱带，它们的分界大致在太白山至柞水县一线。根据地质学家的研究，秦岭山脉的基础在古生代就已经形成，以后经历了各项运动，山脉的规模不断扩大，山脉高度也不断增加。在最新的构造运动中，秦岭山脉更表现出强烈的上升趋势。秦岭北部多为古老坚硬的结晶变质岩和花岗岩，它构成了秦岭山脉的骨干。秦岭南部的岩层多数是年代较新的沉积岩和变质岩，这种岩石特性及地质构造，在地形的发育上有一定程度的反应。秦岭是在秦岭褶皱系基础上形成的褶皱断块山，以变质岩、火成岩为主。秦岭是一条褶皱山脉，更确切些说，是一条久经侵蚀破坏的褶皱山脉（张保升，1981）。张国伟等（1996）研究了秦岭造山带的造山过程及其动力学特征。

2. 秦岭气候的研究

目前对于秦岭气候的研究主要聚焦在气候变化对秦岭地区的影响方面。高翔等（2012）研究了1959～2009年秦岭山地气候的变化趋势，发现秦岭地区气温总体呈增加趋势，1993年后秦岭地区气候暖化趋势显著。宋佃星等（2011）的研究表明：近50年来，秦岭南北平均气温呈上升趋势，但在突变时间与幅度方面存在一定的差异；秦岭北部在1989年发生突变，升温幅度为0.03℃/a，夏冬两季升温幅度大，而秦岭南部在1992年发生突变，升温幅度为0.01℃/a，同样夏冬两季升温幅度大；降水量秦岭南北呈减少趋势，北部与南部降水量减少幅度分别为1.36mm/a和2.66mm/a，北部夏秋季减少幅度大，南部春秋季减少幅度大。

2.4.2　秦岭区域旅游发展的研究

秦岭有着发展生态旅游的独特资源，加上秦岭地区总体经济较为落后，发展旅游业成为必然的选择。在旅游发展模式方面，刘宇峰等（2008）探讨了陕西秦岭山地旅游资源的特征及其开发模式，认为秦岭旅游应采取森林公园生态旅游开发模式、地质地貌公园生态旅游开发模式、生态主题公园旅游开发模式和乡村山地生态旅游开发模式等。在旅游发展对当地居民的影响方面，喻忠磊等（2013）研究了秦岭金丝峡景区附近乡村农户对旅游发展的适应性，发现旅游业推动小河流域农业商品化，而农业生产功能大幅衰退；农户以旅游经营和常年务工作为主要对策，形成了旅游专营型、主导型、均衡兼营型及务工主导型四种差异显著的适应模式；农户适应旅游发展的影响因素包括认知因素（机会和政策认知）、劳动力（劳动力总量、聘用人数）、地理区位（可达性与区位优势度）、自然资本（耕地面积）、物质资产（房屋类型）和社会资本（邻里关系）；旅游开发导致的自然生计资源缺失与农户生存理性之间的矛盾是旅游发展的根源，社区补偿制度是重要推动力量；农户社会理性与经济理性偏好决定着其适应模式选择；适应效果受适应力驱动因素影响。

2.4.3　秦岭自然灾害的研究

秦岭位于我国气候的过渡区，秦岭以北为暖温带气候，秦岭以南为亚热带气候；在中东部东西向山脉中最高，受季风气候和山地地形的影响，降水强度大，引发暴雨灾害概率大。由于暴雨具有来势迅猛、强度较大等特点，经常会引发严重的洪水、滑坡、泥石流等自然地质灾害。陕西段秦岭地区更是泥石流和洪水的多发地带，是陕西暴雨灾害防治的重点地区。

受特定地质环境和地理位置的影响，秦岭山地自然灾害活动十分活跃。因高强度大气降水而带来的洪水（山洪）、滑坡、泥石流等灾害群和灾害链，是我国山地然灾害的重灾地区之一（韩恒悦等，1995）。秦岭地区在多期构造运动的影响下，地质构造复杂多样、岩层褶皱、断裂发育等特点、为山地自然灾害的发生提供了条件。

在广义的山地自然灾害中，除了山地特有灾害外，还有其他类型的自然灾害，如地震、干旱和地面塌陷等。在山地非特有灾害中，有些灾害发生在山区时，会造成比平原地区更为严重的灾难后果，即山区环境会加重自然灾害的灾难后果。例如，发生在山区的地震，除了造成一般地震所引发的财产损失和人员伤亡外，还会引发山体滑坡和崩塌，形成堰塞湖溃坝等各种次生灾害，加重灾害的损失。有时山地灾害所诱发的次生灾害损失远大于原生灾害（陈勇等，2013）。长期构造变形作用下的地层奠定了灾害发育的物质基础，多种结构面对崩滑灾害的形成起着控制作用，斜坡结构类型控制着崩滑灾害的成灾模式，构造断裂控制着崩滑灾害的空间分布，人类工程活动加剧了崩塌和滑坡的发育程度，而极端降雨是崩滑地质灾害发生的主要诱因（黄玉华等，2015）。

2.4.4　目前研究存在的问题

目前对于秦岭的研究虽然较多，但基本集中在传统的研究领域，对交叉领域的研究不多。对于秦岭暴雨灾害游客风险感知评价研究目前基本空白，而秦岭山地旅游景区自然灾害多发，如果游客与旅游景区不能提前采取必要的预防措施，所带来的损失将难以承受，因此亟须加强相关方面的研究。

2.5　重点研究方向

2.5.1　数据的有效获取

由于暴雨洪灾风险涉及危险性、稳定性、易损性、防灾减灾能力等诸多方面，需要大量的数据。数据获取及精度，直接影响着洪灾风险评估的精度。在数据处理方面，考虑到数据统计的现实，通常选用常见的社会经济统计指标，来评价社会经济易损性如行政单元内的人口密度、GDP 均值等，这种方法简化了易损性评价的众多因子，但对于行政单元内部社会经济数据空间差异则无法表现。随着统计数据空间化研究的发展和 GIS 技术运用,数据空间化将是今后研究的主要方向。

2.5.2　研究尺度

尺度是研究客体或过程的空间维和时间维，时间和空间尺度包含于任何的洪灾风险过程中。洪灾风险评价具有区域性，各区域之间往往彼此影响。随着危险性、稳定性、易损性和防灾减灾能力等综合因素的改变，洪灾风险的影响度大小和空间格局分布也随之改变。目前缺乏对洪灾风险时空尺度耦合关系的研究，洪灾风险时空尺度耦合关系将是未来的研究方向（黄大鹏等，2007）。

2.5.3　研究方法

在确定暴雨灾害评估指标后，如何确定评估方法是一个十分关键的问题。根据国内外的研究状况看，暴雨灾害的风险评估方法大致有以下 4 类（葛全胜等，2008）：一是以历史灾害频率分析为主的单因子评估法；二是综合考虑分析历史灾害强度、频率，甚至包括孕灾环境等的多因子指标评估法；三是利用计算机技术及数学模型进行灾害情景模拟的评估法；四是基于相关人员经验的专家评分法。各类方法适用于不同的资料拥有程度、评估要求及评估空间尺度。随着空间信息技术的发展，将多种评价方法与遥感、地理信息系统、全球定位系统等空间技术结合进行综合分析，是未来的研究方向。

2.5.4 有限理性视角

在现有的关于有限理性的著作或论文中,通常都是集中于对完全理性的批判,从而彰显有限理性理论的真理性和客观性,而忽视了对有限理性的实现程度,不论这种忽视是无意的还是有意的(有限理性概念的难以操作化是一个客观事实,它涉及一系列认知心理学的问题)。交易成本经济学、新制度学派、社会关系网络学派均以有限理性为前提建立了各自的理论框架,但仅仅将有限理性这一概念作为理论预设是难以加深和细化组织研究的。如果能在何大安(2004)的启发之下,对有限理性的程度加以划分,并根据其所划定的有限理性的不同波动或取值区间来展开理论分析和研究,组织理论的研究会更加贴近现实,有限理性思路会具有更强的解释能力。

"人类理性是有限度的"这一论断的真理性和客观性是毋庸置疑的,人们在日常生活和组织活动中时刻受到有限理性的限制,故难以实现目标的最大化。人们在组织决策过程中仍然遵循高效、节约的经济性原则(虽然这一原则因为理性的有限性很难被完全贯彻),而从行为生态学和自然选择理论的视角来看,人类作为理性适应的进化者,适应性才是生存发展的前提,因此在人类的决策行为中,经济性原则与适应性原则相辅相成,共同支配决策。人类在决策的过程中不仅存在着理性计算的思维成本,更存在着大量对理性与非理性进行合理配置的心智成本,因此需要运用适应性理性对行为主体进行指导,配置理性与非理性的心智结构,从而制定出适应性的决策(张茉楠,2004)。有限理性思路的科学性至今仍然散发熠熠光辉,但是,仅仅将理性或者有限理性作为假设前提是难以深化和细化组织行为的。如果遵循有限理性的思路,在此基础上对其实现程度进一步加以划分,并糅合进人类的感性因素,在进行分析研究时充分考虑外部环境因素,努力使人的思维方式与环境结构适应的话,就能够更好地接近事实的真相。

第3章 数据来源

3.1 研究区概况

3.1.1 研究区自然状况

在研究区的选取上，既要选择旅游业较为发达的地区，又要选择暴雨灾害频发的地区。只有研究这类地区的暴雨灾害风险感知，才能真正研究出暴雨灾害对旅游业的影响，针对影响因素对暴雨灾害的预防和应灾提出相应建议。秦岭得天独厚的自然风光吸引了大量的游客，旅游业发展较好。秦岭特殊的地质地貌结构和气候状况，使得秦岭的暴雨灾害频繁。频繁的暴雨灾害不仅对游客的生命及财产安全造成威胁，也严重影响旅游景区的发展。因此秦岭地区可作为暴雨灾害频发、对游客造成较多危险的典型区域。

秦岭地区属于秦巴生物多样性生态功能区，该生态功能区是我国中部生态屏障的重要组成部分，主体为秦岭和巴山两座山脉，区域内秦岭、巴山横贯东西，长江、黄河分岭而走，汉江、丹江穿境而过，两山夹一川的地势特点突出，区间高山绵延，川道狭小。其中，秦岭是我国中部东西走向的最大山脉，山势北陡南缓，东西全长约 800km，海拔多在 1500～2500m。巴山是陕西南部与四川、重庆、湖北之间的一道天然屏障，山势成西北至东南走向，绵延约 300km，山势高峻，海拔多在 1300～2000m。秦岭为我国气候南北分界线，具有由暖温带向北亚热带过渡的特征。区域内年均气温 7～15℃，年均降水量 700～1000mm，雨热同期，水热条件较为优越。秦巴生物多样性生态功能区是我国暖温带落叶阔叶林向北亚热带常绿落叶阔叶林混交林的过渡带，兼有我国南北植物种类成分。秦巴山地域广阔，自然条件复杂，野生植被种类丰富，兼有南北区系成分，更因秦岭、巴山山体较高，天然植被分布因海拔高度而异，垂直分布具有明显的分异特征。受人为开发活动时间较长的影响，原生植被仅存留于地域内交通不便、人烟稀少的高山区，其他地区多为次生林。秦巴生物多样性生态功能区是我国长江流域和黄河流域的分水岭，同时也是我国大型水利工程的集中分布区。分布有河流、人工湿地、沼泽和湖泊 4 类湿地，占区域面积的 1.59%，其中河流湿地占湿地总面积的68.49%；其次是人工湿地，以库塘为主，占湿地总面积的 30.01%；最小的是湖泊湿地，占总湿地面积 0.14%。区域内良好的植被条件对于流域内的水源涵养、水文调节以及水质净化均有较大的贡献。区域内分布有"南水北调"中线工程和三峡工程的水源涵养和水土保持区，秦巴生物多样性生态功能区的生态保护和建设水平对于确保水利工程安全运行具有举足轻重的作用（王乾，2015）。

区内森林类型多样，垂直带谱明显，其中秦岭山地的南北山麓差异更为显著，秦岭北麓为侧柏林带，秦岭南坡具有常绿阔叶树种的针阔叶林带、松栎林带、桦山林带、冷杉林带、落叶松林带和高山灌木林。良好的森林植被具有极强的涵养水源和保持水土的功能。秦岭北坡 72 峪、南坡 82 河，江河为两岸居民提供着生存和生活用水，惠及数以百万计代代黎民。秦岭南坡东段被列入我国"南水北调"水源涵养地之列。黑河、石头河、石砭峪河、田峪河、褒河、丹江等是西安市、汉中市、商洛市等多个城市的饮用水供给区。

1. 地理位置

秦岭有广义和狭义之分。广义上的秦岭，西起甘肃省临潭县，中经陇南、陕西南部，东至鄂豫皖，与湖北、河南西部接壤，东西跨度约 1600km。狭义上的秦岭，是指陕西南部地区、渭河与汉江之间的山地，东面的界限止于灞河与丹江河谷，西面则止于嘉陵江。在行政区划上，秦岭涉及西安市、咸阳市、宝鸡市、汉中市、安康市、商洛市、渭南市 7 个市的地区，包括 13 个县的全部地区以及 22 个县的部分地区。本书中研究的区域，仅指在陕西境内的秦岭南北地区（31°42′N～35°02′N，105°29′E～111°15′E），位于东半球的中纬度地带，南北所跨经度约 3°，东西所跨纬度约 6°。该研究区域总面积约为 83920km^2，占陕西省总面积约 40.78%，其中东西长度约四五百千米，南北宽度约两三百千米（严艳，2012），见图 3.1。

2. 气候

由于远离海洋，研究区内水域也不是很丰富，以温带大陆性季风气候为主。内部因纬度差异，气候多样：陕北主要以黄土高原为主，北部有毛乌素沙漠，因此气候主要以温带干旱、半干旱气候为主；陕西中部以关中平原为主，位于秦岭北麓，渭河流域流经此处，因此，气候相对于陕北地区稍微湿润些，以温带半湿润气候为主；陕西南部地区，多为丘陵山地，位于秦岭南部，将高纬偏北的寒冷气流阻挡在秦岭北部，将南部海洋的暖湿气流阻挡在秦岭南部，因此陕西南部地区的气候相对较为湿润，以亚热带湿润气候和暖温带湿润气候为主。

秦岭地区具有过渡性气候和垂直性气候。秦岭地区是由华中到华北的过渡性气候，秦岭的特殊地形导致南下的寒冷空气被削弱，北上的温暖湿润空气被阻挡，因此这里的气候不同于温暖湿润的华中地区，也不同于干燥的华北地区，其夏季炎热，冬季寒冷，夏冬平均气温相差大，春季天气多晴朗，冬季多发阴雨天气，夏季和秋季之间降水很多。秦岭地区的垂直性气候表现在 2000m 以下干湿冷暖区分度明显，以上的地区表现为寒冷的冬季，其他三季区分度不明显，导致山地生长的植被、林木和农作物有显著差异。

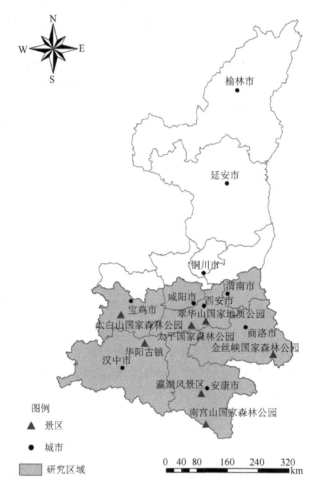

图 3.1　研究区域位置

　　通过以上分析可知，秦岭地处北亚热带与暖温带过渡区，造就了秦岭南北气候差异很大，容易导致气流的不稳定和变幻无常、天气的多变，因此暴雨相对较多。另外秦岭地区的降水多集中在 7~9 月，占全年降水的 60%（蒋冲，2013；王德丽，2011）。可以看出，降水多的月份，也是旅游旺季，因此对游客的人身及财产安全造成较大的威胁。

　　3. 地质地貌

　　秦岭是一条褶皱山脉。李四光教授称秦岭为一条东西褶皱带，张保升称其为褶皱断块山。秦岭也是世界著名的大陆造山带之一（张保升，1981）。秦岭地处南北构造和中央造山带的交汇处，受这种地质作用的影响，地层发生变形，岩石发生变质。第三纪以来秦岭山地发生了大规模的和多次的断裂抬升，秦岭北侧沿现在的渭河河谷方向开始断裂下陷，而秦岭南侧地区，开始强烈抬升，导致秦岭整个形态为南缓北陡、南俯北仰，南北坡极不对称，形成了秦岭山地、黄土残塬、沿山丘梁和峪口冲积扇四种地貌类型（刘宇峰，2008）。秦岭北侧因此产生了大量的断崖层，加之花岗岩垂直节理发育的作用，岩体沿节理方向风化坍塌，使得峡谷深切，山体陡峭，从而形成了华山、太白山、翠华山等壮观的山岳景观；河流短促，切割作用明显，流水挟带沙砾至山前因流速骤减而形成冲积扇，渭河平原东西绵延 300km 左右，俗称"八百里秦川"；秦岭南侧相对于北侧则舒缓许多，支脉绵延，层峦起伏，坡体深邃，土层浅薄，农耕地并不多，水系发达，形成了许多峡谷以及溶洞、溶沟和地下暗河等岩溶地貌，如金丝大峡谷景观、柞水溶洞等。当暴雨来临时，秦岭北侧由于坡体陡峭，雨水下流速度较为迅速，流速较急，相对容易发生灾害现象。秦岭南坡虽然较为平缓，即使雨水下落后流速相对较为缓慢，但是土层浅薄，容易导致坡体的滑塌，灾害相对也容易发生。

4. 水文

研究区具有重要的水源涵养功能。"南水北调"工程是我国一项非常重大的水利工程，其主要包括西线、东线和中线三大输水工程。中线工程是将湖北武汉的丹江口水库的优质水经过一系列输水工程送到京津地区，以满足这些地区的生产生活用水。陕南地区的三个城市安康、汉中、商洛是"南水北调"中线工程的主要水源涵养地。汉江发源于陕西汉中市宁强县，为长江的第一大支流，流经陕西南部的汉中、安康等市，出陕西境流入湖北十堰丹江口水库。丹江口作为中线工程的起点，占京津地区输水量的 70%，而陕西境内的汉江、丹江及其支流大约为此地区提供 256 亿 m^3 的水。这个水源地涉及的行政区域包括陕南汉中、安康市、商洛市 3 市，辖区共 28 个县区。

研究区内 40km 以上的河流有 86 条，流域面积在 100km² 以上的有 195 条。以秦岭为分水岭，70% 属于长江流域，有汉江、嘉陵江、丹江水系，30% 属于黄河流域，有渭河和南洛河水系。地面水年径流量分别为：汉江 $2.33×10^{10}m^3$，嘉陵江 $4.9×10^9m^3$，渭河 $5.4×10^9m^3$，丹江 $1.8×10^9m^3$，南洛河 $6×10^8m^3$。区域年接纳大气垂直降水 $3.54×10^{10}m^3$。三峡大坝库容为 $2.20×10^{10}m^3$，区域内森林植被的水源涵养能力相当于 1.5 个三峡大坝的库容。

地质基础和地貌发育使得秦岭整体呈现南仰北俯、南缓北陡的形态，南北坡的形态极不对称，当然水系的发育也呈现南北两侧不对称的状况。在北坡，秦岭的主脊到渭河平原的距离，最宽处仅 40km，而且山体陡峭，地势险峻，河流的主要特征为短而直，瀑布、急流和险滩多处可见。这些河流的流程大多在 50km 以内，比降却在 10‰ 以上，因此水流湍急。河谷下部多为"V"型，中间常呈"U"型，形态为"V"、"U"型复式重叠，上部则较为宽敞，谷深坡陡，两岸崩塌、滑坡严重，块体运动强烈。因此，一旦遇到暴雨，秦岭北坡发生灾害的可能性极大。而秦岭南坡水系较为曲长，从秦岭主脊到汉江谷地长约 100～150km，比北坡平缓，河流比降一般在 10‰以内。众多的支流、结构复杂的河网、格状以及树状的水系、不对称水系等均有分布。河流常深切于基岩之中，峡谷深窄，坡体陡峭，曲流发育较多。岩体风化程度较为强烈，因此崩塌、滑坡等灾害较为频繁和剧烈（刘兴昌，1997）。

总体来看，秦岭山地中河流的山溪性特点较为明显，河槽深切且狭窄，两岸的岩体均容易塌陷，一旦碰上暴雨，发生灾害的可能性极大。

5. 动植物资源和植被

据统计，秦岭地区有种子植物 2931 种，占全国种子植物总数的 12%；有兽类 144 种，占全国总数的 29%；有鸟类 399 种，占全国鸟类总数的 34%。国家和陕西省重点保护野生植物 64 种，其中国家 I 级重点保护植物 6 种，国家 II 级重点保护植物 18 种，陕西省地方重点保护植物 40 种。国家和陕西省重点保护野生动物 92 种，其中国家 I 级重点保护动物 9 种，国家 II 级重点保护动物 50 种，陕西省地方重点保护动物 33 种。国家 I 级重点保护动物有大熊猫、金丝猴、羚牛、金钱豹、云豹、朱鹮、黑鹳、金雕等 9 种，占陕西省分布国家 I 级重点保护动物的60%，国家 II 级保护动物有小熊猫、斑羚、红腹锦鸡、中华虎凤蝶等 32 种，占陕西省分布的国家 II 级重点保护动物的 50%。国家 I 级重点保护动物中大熊猫、金丝猴、羚牛、朱鹮被称为"秦岭四宝"，深受世人的关注。据记载，秦岭地区有大熊猫总数量约 220～240 只，朱鹮约 300 多只，金丝猴约 3800～4400 只，羚牛约4400～5720 头，林麝约 2400～3700 只，黑熊约 1500～2000 只。

该区域内有植物 1324 种，其中药用植物 620 种，香料植物 116 种，淀粉及糖类植物 131 种，纤维植物 136 种，鞣料植物 108 种。药用动物资源也很丰富，共计 415 种。因此，秦岭又被称为"动植物的王国"和"天然的药材库"。

秦岭森林资源丰富，森林覆盖率高。由于秦岭中存在着各种不同高度的山岭，高度的变化造成土壤和植被的垂直分布。在北坡为旱性阔叶落叶林，在南坡为阔叶落叶和阔叶常绿林。秦岭北坡植被垂直带谱为：山地落叶阔叶林带（海拔 740～2600m）、山地寒温针叶林带（海拔 2400～3300m）、亚高山灌丛、草甸带（海拔3300～3767m）。其中山地落叶阔叶林带划分出栓皮栎林、锐齿栎林、辽东栎林、红桦林、牛皮桦林 5 个亚带，山地针叶林带划分出山地寒温常绿针叶林和山地寒温落叶针叶林 2 个亚带（傅志军等，1996）。

6. 自然灾害

受特定地质环境和地理位置的控制，秦岭山地自然灾害活动十分活跃。因高强度大气降水而带来的洪水（山洪）、滑坡、泥石流等灾害群和灾害链发育广泛，是我国山地然灾害的重灾地区之一（韩恒悦等，1995）。

　　秦岭地区是典型的山地地区。山地自然灾害有广义和狭义之分。广义的山地自然灾害指发生在山区的各种自然灾害。在我国发生的各种自然灾害中，除海啸和海侵等少数灾害外，大部分灾害均可发生在山区。狭义的山地自然灾害指发生在山区的各种特有自然灾害，包括泥石流、滑坡、崩塌、山洪、雪崩等，可被称为山地特有灾害。山地特有自然灾害具有启动时间快、持续时间短、隐蔽性强、预测难度大、分布分散、破坏力强等特征。同时，山地特有灾害具有链式反应和群发与多发的特点。一种类型山地灾害的发生可能触发其他类型山地灾害的连锁反应。例如，山洪可为泥石流的形成提供水动力，滑坡可为泥石流的形成提供大量的松散土体，山洪和泥石流既可冲刷和侧蚀沟床，也可促进滑坡的活动，而泥石流和滑坡可引起江河与沟道堵塞，导致溃决性洪水的形成和洪灾的发生。在广义的山地自然灾害中，除了山地特有灾害外，还有其他类型的自然灾害，如地震、干旱和地面塌陷等。在山地非特有灾害中，有些灾害发生在山区时，会造成比平原地区更为严重的灾难后果，也即山区环境会加重自然灾害的灾难后果。例如，发生在山区的地震，除了造成一般地震所引发的财产损失和人员伤亡外，还会引发山体滑坡和崩塌，形成堰塞湖溃坝等各种次生灾害，加重灾害的损失。有时山地灾害所诱发的次生灾害损失远大于原生灾害（陈勇等，2013）。

　　秦岭地区地质构造复杂，各种地质因素相互作用。秦岭大巴山一带位于我国地震多发带，由于能量长期积蓄，一旦爆发地震，破坏力十分惊人。例如，发生在 1556 年的华山大地震，是人类历史上迄今为止人口伤亡最严重的地震。据记载，1556 年 1 月 23 日午夜，"华山山鸣，天摇地动，四处塌陷，地面涌水，房屋倒塌，同（现大荔）、华（现华阴）之民死者十数有六"，有名者死 83 万，未名者不可计。据 1978 年的预报，未来百年内陕西地区可能发生的最大地震为 6.5 级。

　　由于暴雨具有来势凶猛、强度较大等特点，经常会引发严重的洪水、滑坡、泥石流等自然地质灾害。陕西段秦岭地区更是泥石流和洪水的多发地带，是陕西暴雨灾害防治的重点地区。近年来，陕西秦岭地区暴雨灾害频发，威胁当地民众的生命财产安全，严重影响当地经济、社会和生态环境的可持续发展。

　　秦岭地区泥石流、滑坡等灾害严重，泥石流、滑坡的发生和发展，给国民经济建设和人民生命财产造成了严重的危害。泥石流、滑坡灾害危及国民经济各个部门，冲毁和淤埋城镇、道路的桥涵和路基，破坏水利水电工程和通讯设施，淹没农田、堵塞江河、抬高河床、污染环境，危害自然保护区和风景名胜区，威胁村寨和人民生命财产的安全。

7. 暴雨灾害

秦岭山地水源丰富，水量充足，降水量充沛，与我国 800mm 的等雨量线一致。由于受到来自太平洋的副热带高压、青藏高原的低涡影响以及中低层气压系统的辐合作用，秦岭地区暴雨和连阴雨发生频繁。据该区气象资料，秦岭大部分地区年降水量在 700～1000mm，是陕西境内降水最丰富的地区。其中暴雨多发生在春夏秋三季，即 4～10 月，以 7～8 月的夏季最为突出，因地形影响，秦岭暴雨发生日数最多，降水量最大，且持续时间长。刘兴昌（1997）详细分析了秦岭地区南北坡各区县的年暴雨降水量和日降水量特征：秦岭南坡比北坡的水分补给充分，因此产生的暴雨日数多、暴雨量大。例如，汉中地区年平均暴雨日数为 3～4.5d，最大降水量为 917.6mm，而靠近秦岭的宁强县、紫阳县的暴雨日数更多，在 10d 左右；北坡相对于南坡来说暴雨次数、持续时间明显减少，年平均暴雨次数为 0.8 次，在 8 月以后秦岭地区的连阴雨南坡持续时间在 13d 左右，北坡持续时间在 10d 左右，即秦岭地区的连阴雨平均持续时间为 12d 以内。

秦岭南北 1967～2012 年暴雨日数和平均暴雨量的波动趋势相似，暴雨日数多的年份平均暴雨量也相对较大。平均暴雨量的波动幅度不大，多年平均暴雨量为 67.7mm。暴雨日数发生较多的年份，自然灾害就相对严重。从暴雨日数来看，20 世纪 70 年代暴雨日数较平稳，80 年代上升为暴雨多发期，随后下降，90 年代暴雨日数降到最小，21 世纪又开始逐渐升高。2011 年和 1983 年是暴雨发生最多的年份，分别为 36d 和 30d，1993 年和 1994 年为暴雨发生日数最少的两年，分别是 3d 和 5d。暴雨日数的年际变化与降水量的年际变化基本相吻合，降水量多的年份暴雨发生也相对较多。这些年来，暴雨日数总体上有所上升，现在仍处于暴雨多发期。秦岭南北暴雨量与暴雨日数趋势相同，暴雨日数可以表示当地暴雨的频繁程度和总量大小。秦岭南北年均暴雨日数约为 14.87d，且年际间暴雨日数的波动较大。秦岭南北暴雨日数接近气候平均值，即暴雨日数距平在 -20%～20%（11.90～17.84d）的有 15a，约占总年份的 32.6%；暴雨日数距平 >20%（偏多年）的年份有 15 个，约占 32.6%；暴雨日数距平 <-20%（偏少年）的年份为 16 个，约占 34.8%。

20 世纪 80 年代暴雨日数距平大部分为正值，暴雨发生频繁，是暴雨高发期。90 年代暴雨日数距平以负值为主，是暴雨低发时段。21 世纪初暴雨日数变化较平缓，正负距平交替出现，2010 年距平百分率最大，达到 142.1%。暴雨偏少年与暴雨于偏多年大致相同，但偏多年的距平平均值为 52.88%，偏少年的距平平均值为 -44.52%，总体来说，暴雨明显增多。多年来日最大降水量呈波动式变化，总体略有增加。平均日最大降水量为 112.45mm，1967～2012 年中有 25a 处于平均值以下，正负距平年相差不大。最大值发生在 2002 年为 203.3mm，最小值在 1985 年为 58.8mm，最大值是最小值的 3.46 倍。21 世纪以来日最大降水强度增大，对于暴雨引发的自然灾害有加剧作用。

秦岭南北的降水主要受东南季风的影响，因此暴雨的发生有着季节性变化。秦岭南北的暴雨出现在 4~11 月，7 月的暴雨出现日数最多，其次是 8 月、9 月、6 月，6~9 月的暴雨总日数占总数的 90.8%，7 月的暴雨日数是暴雨总日数的 38.1%。秦岭南北的大暴雨从 6 月开始到 10 月结束，主要集中在 7 月和 8 月，这两个月的大暴雨天数占总天数的 83.5%。大暴雨降水强度大，危害性强，给防灾减灾工作带来了很大的困难，需要重点关注。

区内暴雨日数南多北少，高值区主要在陕南中部地区。40 多年来石泉县、汉中市、佛坪县、安康市、岚皋县、商南县暴雨总日数在 80d 以上，其中石泉县的年均暴雨日数为 2.15d。秦岭北部暴雨事件明显少于秦岭南部，石泉县的暴雨日数是西安市的 4.125 倍。

各地平均暴雨量波动不大，最大平均暴雨量发生在石泉县 72.70mm，最小值发生在西安市 60.54mm。在降水较大的岭南中西部地区暴雨发生次数也较多，秦岭北部在暴雨日数和平均暴雨量方面明显低于秦岭南部。在研究区 16 个气象站点中，大暴雨总共发生 85 次，略阳县、佛坪县、石泉县、岚皋县和汉中市发生次数较多，占总次数的 54.12%。最大暴雨发生在 2002 年的佛坪县，降水量达 203.3mm。商州县只发生过 1 次大暴雨，略阳县共发生 11 次。在大暴雨日数多的地区日最大降水量也相对较大，日最大降水量不能代表某地区的平均水平，但是描述地区降水的重要指标，表明了该地区降水可能达到的最大强度。

3.1.2 研究区社会经济状况

1. 经济与人口

陕西秦岭地区在行政区上包括西安市、宝鸡市、渭南市、汉中市、安康市、商洛市等 6 地市所辖 16 个县市的全部及 15 个县市的一部分。2013 年国内生产总值汉中市为 881.73 亿元，安康市为 604.55 亿元，商洛市为 510.88 亿元，在陕西省排名分别是第七位、第八位、第九位，仅高于铜川市。关中地区主要包括西安市、宝鸡市、渭南市、咸阳市，西安市的 GDP 居全省首位，为 4884.13 亿元，旅游业总收入为 811 亿元，人均 GDP 位居全省第三位，是陕西的政治、金融、文化中心，在国内外享有盛誉。

根据 2010 年全国第六次人口普查的数据，西安市人口 8467837 人、宝鸡市人口 3716731 人、渭南市人口 5286077 人、汉中市人口 3416196 人、安康市人口 2629906 人、商洛市人口 2341742 人。从宏观上看，秦岭山区人口主要集中于河谷盆地，以市县城区为点状稠密区，从微观角度分析，又同时具有分散性。人口密度随海拔高度增加而显著减小，中高山区的人口密度远远低于河谷盆地，而整个山区的人口密度又低于全国和陕西省水平。

2. 交通条件

陕西秦岭山区是秦巴山地的一部分，北部是关中平原，南部为汉江谷地、米仓山、大巴山山脉，东西分别与河南省、湖北省、甘肃省和四川省接壤。秦岭距旅游中心地西安仅 20km 的路程，穿越秦岭的交通线主要有 312 国道、210 国道、108 国道、316 国道等 4 条国道。此外还有西（安）—汉（中）高速、西（安）—（安）康高速、西（安）—柞（水）高速、西（安）—蓝（田）高速等 4 条已建成的高速公路，西安—商南—河南、西安—安康—湖北、西安—宝鸡—汉中、安康—汉中等铁路线。

3. 文化多样性

秦岭是道教和佛教的重要发展区域。老子的《道德经》在秦岭著成，从这里流传，而以《道德经》为核心的道家思想与儒家思想亦成为中国古代思想文化史上的两座并峙高峰。终南上的楼观台作为道教中心而享誉盛名，史载："关中河山百二，以终南为胜；终南千峰耸翠，以楼观为最名。"秦始皇在楼南建宫，亲自前来拜神求仙；汉武帝在楼北也曾建造宫殿；南北朝时，北方道士多集中于此，形成了势力庞大的"楼观派"。楼观台一直被奉为道家圣地，亦称"仙都"。终南山也是佛教发展壮大的基地。在中国出现的八大佛教宗派中，有七个宗派是在终南山创立的。历史上秦岭地区不但佛、道教文化盛行，而且关中地区也一直是儒家文化的兴盛之地。秦文化、汉文化、长安文化、中原文化、关陇文化久负盛名。秦始皇建都咸阳，我国第一个统一多民族国家形成；隋、唐等 13 朝相继建都西安，而唐代的都城长安，是世界的经济文化政治中心。秦岭作为南北分界线，也是一个重要的语言分界线。在陕西境内，秦岭南北分别有渭河、汉江，在渭河、汉江流域形成了迥然不同的语言圈。渭河流域的关中地区隶属于中原文化——关中文化语言圈；而秦岭南麓的汉水流域则属于蜀楚文化为主、秦蜀楚文化交融为辅的语言文化圈，中部和西部为蜀文化，东部为秦、楚文化，是汉族重要的发祥地。关中、陕南同属于陕西，语言风格迥然不同。

3.1.3　研究区旅游业发展状况

秦巴山地区自然风光秀丽，外加南北纵穿秦巴山地区的西汉高速、西康高速及西商高速，以及东西横贯的十天高速和连霍高速陕西段，贯穿秦巴山地的 4 条国道和 11 条省道，使得秦巴山地区旅游交通可入性较高，区内众多的交通线路连通各个景区，形成多条不同特色的精品旅游线路。

目前，陕西秦岭旅游产业发展有以下特点：

（1）旅游产业发展水平持续攀升。进入 21 世纪，陕西秦岭地区不仅形成了华山风景名胜区、骊山风景名胜区、太白山国家森林公园、南宫山国家森林公园、瀛湖风景名胜区、太平国家森林公园及翠华山国家地质公园等一批知名旅游景区及许多中小旅游景区景点，而且通过旅游政策倾斜，政府逐年加大投资扩建，旅游基础设施与旅游服务设施不断完善，旅游企业数量不断增多，规模不断扩大，旅游供给能力不断增强，旅游产业整体发展水平不断攀升。2010 年，秦岭地区总财政收入达 86.78 亿元，占全省财政收入的 13.37%；秦岭地区国内生产总值达 2862.36 亿元，占全省收入的 1/3。近年来，随着旅游业的高速发展，秦岭的游客占据了陕西省游客的一半以上，2011～2014 年秦岭地区游客分别为 4119 万、4696 万、5307 万、5943 万，在陕西旅游发展中占据重要地位。

（2）旅游产业部门发展协调水平差异明显。秦岭南北地区旅游资源丰富，旅游业发展迅猛。秦岭将陕西省拦腰截断，秦岭以北为关中地区、以南为陕南地区。关中地区人文旅游资源底蕴深厚，秦汉唐文化久负盛名；陕南地区自然旅游资源品位极高，开发生态旅游潜力巨大。经过多年的发展，秦岭地区各市县依托丰富的生态资源，大力发展旅游产业，旅游景点不断增加，旅游基础设施日臻完善。旅游业是陕南的优势产业，是陕南经济社会发展的战略选择。从旅游资源来看，陕南旅游的优势就在于自然类旅游资源的品质高、类型多样，囊括了全部 8 个主类和 32 个亚类。五级旅游资源有南宫山国家森林公园、云雾山生态旅游风景区、金丝峡、陕西朱鹮自然保护区等。关中是我国古文化的发源地之一，遗址类、文化类旅游资源星罗棋布，仅帝王陵墓就有 72 座，但自然旅游资源的比重远低于陕南地区。依托丰富的旅游资源，秦岭地区旅游业取得了一定成绩，形成了一批具有一定规模和影响力的旅游景。2008 年大秦岭地区旅游接待人数 2228 万人次，占陕西省全省的 27.91%；旅游收入 146.4 亿，占全省的 29.28%，在全省发展中起着越来越重要的作用。目前秦岭地区拥有国家 5A 级旅游景区 1 个，4A 级旅游景区 8 个，3A 级旅游景区 8 个。与景区开发建设相比，旅游交通设施、排水设施、电讯设施、环卫设施、能源供给等基础设施，旅游住宿业、游客服务中心等旅游服务设施的建设，以及旅游商品的开发、制作、销售等产业发展仍显得较为滞后，无法全方位满足游客的消费需求。以旅游交通为例，尽管近十多年来已经有了较大程度的改善，秦岭北坡已基本形成旅游环线，汉水流域重要地段形成水上旅游观光带，但是巴山北坡和秦岭南坡旅游交通主干道及支干道都还十分有限，至于旅游环线尚无总体规划，这势必制约与影响大秦岭区域大旅游的发展。

3.1.4　暴雨对研究区旅游业发展的影响

彰显"山水人文、大美陕西"的旅游形象，加快发展秦岭的旅游业，是陕西省旅游业不变的发展方向（刘珺，2012）。秦岭山地既是暖温带与亚热带之间的过渡地带，又是我国大陆中东部海拔最高的东西走向山地，受季风气候和山地地形的影响，降水强度大，发生暴雨灾害的风险较大（宋春英等，2011；刘引鸽等，2008）。近年来，秦岭山地生态景区多次遭受暴雨的袭击，严重威胁着景区的可持续发展。例如，秦岭的主峰太白山，由于其南北气候具有明显差异，近年来多次发生因强降雨导致的游客迷路、走失等旅游安全事故；位于陕西商南县的金丝峡景区在 2010 年 7 月遭遇了百年不遇的暴雨洪水袭击，造成水电、道路、通信、旅游等设施严重受损，景区的旅游业发展受到严重威胁；时隔三年，金丝峡景区再一次突降暴雨，造成山体滑坡，1 人死亡，18 人受伤，旅游形象遭到严重破坏；地处秦岭深处的华阳千年古镇因暴雨引发山洪，景区、当地居民及游客损失惨重等。华阳古镇景区近几年多次遭遇暴雨的侵袭，给旅游业及区域的发展造成了威胁。2010 年由暴雨引发的"8·13"山洪，导致景区内猴山滑坡、十里亲水长廊多处毁坏，道路严重塌方，直接经济损失 6576.6 万元。2011 年 7 月 29 日，景区街道山洪成河，道路、通讯设施受损严重，约有 2000 名游客和群众被困，造成直接经济损失 2.3 亿元。

3.2　研究对象的遴选

3.2.1　遴选依据

据不完全统计，在过去的 50 年中，秦岭暴雨及特大暴雨发生 900 多次，其中，安康市共发生暴雨灾害 84 次，发生频率较大；汉中市发生 94 次暴雨，其中大暴雨以及特大暴雨达到 21 次；宝鸡市发生暴雨 31 次，西安市及周边地区发生 40 次；商洛市 65 次，暴雨影响广泛且数量多。大面积的暴雨灾害影响着秦岭大部分地区，由暴雨灾害引起的泥石流、滑坡、山洪等次生灾害对秦岭游客及当地居民带来了重大的财产损失及人员伤亡，因此选取具有代表性的景区，即太白山国家森林公园、翠华山国家地质公园、华阳古镇景区、太平国家森林公园、金丝大峡谷国家森林公园、瀛湖风景区及南宫山国家森林公园作为研究区域进行调查，研究数据会更具代表性、科学性。通过陕西省气象局提供的七大景区所在地眉县、西安市长安区、洋县、户县、商南县、安康市汉滨区、岚皋县的气象资料，统计出来的 2004～2013 年近十年的暴雨日数见表 3.1。

表 3.1　2004～2013 年秦岭暴雨日数统计　　　　　（单位：d）

地区	2004	2005	2006	2007	2008	2009	2010	2011	2012	2013	年均值
眉县	0	2	0	0	0	1	2	5	0	1	1.1
长安	1	2	2	3	0	2	1	0	0	3	1.4
商南	1	3	3	1	3	1	4	5	1	0	2.2
户县	0	3	2	3	1	0	0	4	1	1	1.5
安康	3	2	1	4	3	1	5	7	3	0	2.9
洋县	2	2	1	2	2	0	1	5	2	1	1.8
岚皋	1	3	1	3	0	4	3	5	3	3	2.6

从表 3.1 可以看出，秦岭地区七大景区所在地，其中安康的年暴雨日数为 2.9d，最多；眉县的年平均发生暴雨日数为 1.1d，最少。年平均发生暴雨日数在 2d 以上的依次为安康市、岚皋县、商南县，其余 4 个景区的年发生暴雨日数均为 2d 以下，而所有地区年平均暴雨日数都在 1d 以上，即平均每年都有可能发生暴雨，因此研究秦岭景区的游客暴雨灾害风险感知能力十分必要。

3.2.2　七大景区概况

本书选择的景区应典型代表秦岭的各个部分。在秦岭北侧由东向西依次为翠华山国家地质公园、太平国家森林公园和太白山国家森林公园，秦岭南侧由西向东依次选择了华阳古镇景区、瀛湖风景区、南宫山国家森林公园和金丝大峡谷国家森林公园。七大景区的分布状况见表 3.2。

表 3.2　秦岭七大景区的分布状况

景区	位置	数量	景区	位置	数量
翠华山国家地质公园 太平国家森林公园	西安市	2	瀛湖风景区 南宫山国家森林公园	安康市	2
太白山国家森林公园	宝鸡市	1	金丝大峡谷国家森林公园	商洛市	1
华阳古镇景区	汉中市	1			

1. 翠华山国家地质公园

翠华山山崩景观国家地质公园是中国首批国家地质公园，位于陕西省西安市长安区，秦岭山系北麓，南距西安市 23km，被誉为"中国山崩奇观""中国山崩地质博物馆"，地理坐标为 109°E，34°N。公园面积 29km²，南以秦岭山脊分水岭为界，东西分别以与小峪及石砭（鳖）峪间分水岭为界，北界则为谷口山麓一线。太乙峪位于景区中央，其中的太乙河有两条支流。两支上源西支较长，即大坪沟，又称正岔，沿沟发育的景观形成一个相对独立的大坪景区。东支旧称炭峪，现在根据谐音称为太乙峪，上游为甘湫池景区；中段以玉案峰（东）和太乙山（又称西峰或翠华山）之间的天池（又称水揪池）及其附近的第四纪堆积物组成景区内最主要的景观地质遗迹。翠华山国家地质公园以山崩地质地貌景观为特点，集科考、休闲、探险、观光旅游于一身，山崩石体造型各异、规模巨大、类型丰富、地貌典型，吸引着各界人士及海内外游客。公园内山崩地质遗迹规模巨大、保存完整、类型典型、属世界罕见、国内少有。近年来，不少学者对景观特点、成因机制以及保护开发和景区利用规划进行过多次考察、报道和研究（陶盈科，2004）。

（1）自然地理环境。翠华山国家地质公园属于暖温带半湿润季风气候区，四季分明，夏凉冬冷，雨热同季。气候垂直变化十分明显，500～1200m 为暖温带、半湿润气候，年均温 11～13.2℃；1200～1700m 为温带湿润气候，年均温 10℃，绝对最高温 24℃；1700m 以上为寒温带半湿润气候，年均温 5～8℃，绝对最高温度 22℃。全区年平均气温 10～13℃，最高温度 26～36℃，年平均降水量 600～1284mm。由于山地的影响，翠华山夏季气温比西安城区低 10℃左右。

公园位于秦岭主脊以北，属黄河流域，主要属太乙河水系，由太乙河和正岔河构成。太乙峪河源高程 2100m，峪口高程 670m，发源于甘锹池的东侧，长 16.3km，流域面积 40km，比降 4%～12%，最宽河段 100～150m，经甘锹池、水锹池等北流出山，落差大，水流急，穿行于沟谷巨石之间，呈现典型的湍急涧溪景观；正岔河汇入太乙河，修有蓄水量约 $1.5 \times 10^7 m^3$ 的正岔水库，泄水形成壮观的人造瀑布。瀑布有 5 处，以九天瀑布最大，落差达 100m，为终南山落差最大的瀑布。天池堰塞坝东侧断崖上，有一处由人工引水而形成的瀑布，落差约 60m，称鹰崖瀑布。东岔和正岔水量比较稳定，水中泥沙含量较少，水质良好。公园内地下水类型为变质岩类裂隙水和混合岩类裂隙水、富水性弱，矿化度 0.1～0.3g/L。

公园以山崩地貌为主，类型十分齐全，形成独特的山崩地貌遗迹。有山崩临空面地貌、崩石堆积地貌遗迹、山崩洞穴地貌、山崩堰塞坝和堰塞湖地貌遗迹等，集中体现了典型性、稀有性和景观观赏性，是地质遗迹的重要内容。山崩临空面构造地貌：岩体崩塌后所形成的山崩临空面，呈残峰断崖形态，犹如斧劈刀削，峭壁凌空，气势磅礴。一般高达 100～250m，断壁沿节理面发育，走向与沟谷走向基本平行。崩石堆积地貌遗迹：崩塌岩体堆积沟谷，形成壮观的崩塌石堆，又称崩塌石海，其中以翠华峰和甘锹峰附近最为壮观和典型。

（2）旅游资源现状。园区内自然景观主要分布于天池山崩科普娱乐区、翳芳湲生态休闲观光区和甘湫池森林健身区。天池山崩科普娱乐区的自然景观主要包括天然地质博物馆、山崩奇景、奇石——崩积体与巨砾、奇洞——冰洞与风洞、奇景——残峰断崖、奇湖——堰塞湖和奇潭/瀑——十里百潭等。翳芳湲生态休闲观光区位于山崩主景区梁西侧，其特色是幽、秀、奥、妙。幽林曲径长 3000m，平均气温 20℃；百潭竞秀，溪流潺潺，瀑布奔泻；风声、鸟声，还有小溪伴奏。其主要景观有玉女潭、双龟戏水、金童玉女、垂缀珠帘、九天瀑布等。翠华山的悬崖峭壁几乎随处可见,如鹰崖瀑布是在 60 余米高的断崖面上人工引水而形成了珠帘式瀑布。甘湫池森林健身区,顾名思义,甘湫池森林健身区就是在欣赏美景的同时,达到健身目的的景区。其特色是走在秦楚古道来感受岭南、岭北货物交流路途的艰险,而到达终南山主峰,望千亩杜鹃,踏万亩草甸,观万里云海,赏奇特墨松的体验,会使游客心旷神怡。另外,公园推出五条登山健身线路,满足不同年龄组游客的健身需求。中老年人登山健身路线:山门到雪场,大坪到九天瀑布。中青年人登山探险路线:碧山湖到接圣台,遇仙沟到甘湫池,大坪车场到秦岭、到甘湫池、到燕儿窝停车场。园区人文景观涉及道教文化和地方文化景观,道教文化景观主要有太乙真人和汉武帝拜谒太乙神道场。地方文化景观主要有民间传说——翠花姑娘、地方餐饮文化和地方人文活动等。

综上所述,翠华山地质公园具有独特的山崩地貌和山崩景观,特色的奇石、奇洞、奇湖、奇潭、奇瀑这些气势蓬勃的天崩地裂壮景,蕴含着浓郁的文化气息。例如,翠华姑娘神奇的爱情故事传说:"云从玉案峰头起,雨自金华洞中来",吸引了成千上万的善男信女披星戴月赶上山来,烧香、祈祷,追求爱情的忠贞。摩崖石刻林和艺术创作基地,展现艺术,品位和欣赏有历代诗人和现代书画家艺术,妙笔挥墨于崩石,笔墨崩石相辉,凸显刚健雄伟,和谐秀雅。游玩项目有水上步行球,划船、快艇、滑索,滑草、滚球,滑冰雪、溜雪圈、玩雪橇车,打木猴、玩冰枪、骑冰车等。

（3）暴雨状况及受灾经历。景区所在地区总体雨量一般,但易受强降雨影响而发生灾害。例如,2014 年 4 月 3 日,因突发性的强降雨导致 2 名上山游客被困于海拔 2500m 处的高山草甸区,因大雨导致道路湿滑、雾气弥漫,阻碍了游客的自救行为,最终公安机关派出多位民警并联合消防官兵及景区救援人员才将被困游客安全救出。

2. 太平国家森林公园

太平国家森林公园所在的太平峪因隋朝皇帝建太平宫而得名,传说是唐代太平公主游住的行宫。区内地势高低悬殊,沟谷连绵,且多瀑布、急流,形成了丰富奇妙的山水自然景观。人文旅游资源方面,有深厚的度假文化积淀。公园位于秦岭北坡中段,户县南部太平峪内。它东以太平东梁为界,与长安区接壤,南以秦岭主梁分界,与宁陕县相连西以静峪大梁为界,与户县唠峪林场接界,北与户县太平乡熊家岭、三桥和管坪村等接界。地处 $108°35'12''E \sim 108°41'06''E$ 和 $33°50'00''N \sim 33°55'24''N$。太平国家森林公园的前身为户县太平林场,营运几年来,公园积极进行旅游设施建设,游客逐年增多,取得了良好的生态效益、社会效益及经济效益。公园属于秦岭七十二峪之一——太平峪,地处西安市向南 44km 处。占地约 5598hm²,其中森林覆盖率达到了百分之九十多,海拔约 880~3000m,

最高处冰晶顶达到了 3015m。

（1）自然地理环境。太平国家森林公园作为终南山世界地质公园的核心景区，处地貌为秦岭中山地，属于冰晶顶韧性剪切带与构造混合岩化园区，分为黄羊坝构造跌水瀑布地貌景群、石门混合岩景群、月宫潭峡谷地貌景群和原始森林景群。太平景区地处秦岭造山带的二级构造单元北秦岭构造带，从板块地质构造古环境讲，它位于古海沟以北靠近大陆一侧。太平国家森林公园所属的陕西省户县为暖温带湿润大陆性季风气候区，四季冷暖干湿分明。年均气温 7～10℃，盛夏最热时气温也仅有 29℃。太平国家森林公园地处秦岭造山带的二级构造单元北秦岭构造带，从板块地质构造古环境讲，它位于古海沟以北靠近大陆一侧（现今的板块缝合带以北）。太平景区地层主体属于古元古界秦岭群，原岩为陆缘碎屑岩及少量大陆溢流拉斑玄武岩和酸性火山岩，形成于距今 22 亿年，它是火山岛弧的基底部分。由于古岛弧热流值很高，加之板块俯冲、碰撞、陆内造山等强烈的构造运动，使得秦岭群在古生代曾发生广泛的变形变质作用、混合岩化作用和多期岩浆侵入活动，以加里东期中高级区域变质作用为主（距今 4.4 亿年）。新生代以来断裂构造、风化剥蚀作用的刻画，终于形成了今日丰富多彩的地质构造遗迹。

峪内太平森林公园植物资源丰富、种类繁多、有古老的落叶松原始纯林、红桦纯林、紫荆花，春夏秋冬，山色各异。公园野生动物种类丰富，国家保护的 I、II 级动物有三十多种，苏门羚、青羊、林麝、刺猬、锦鸡、长尾雉、画眉等野生动物常常出没于于林间、溪边、道旁、形成公园一大景观。1999 年 2 月，公园放养了一批国家二级保护动物——猕猴，为秦岭北坡增加了一个珍贵物种，为公园增添了一道风景线。

（2）旅游资源现状。太平森林公园以自然山水旅游资源为主体，兼具一定的历史文化积淀，其中尤其以水域风光景观为突出特色。公园整个区域高低悬殊、峭壁林立、峰峦叠嶂、沟谷连绵、多瀑布、急流和险滩，形成了丰富奇妙的山水自然景观。园内有石门、月宫潭、石船子、黄羊坝、桦林湾等五大景区。石门景区主要以石景、花景和水景为主题，主要景点：神龟望峰、母子盼归、石门、一线天、龙脊岭、将军峰、依山佛、条带状混合岩等。景区以欧阳询题字的巨石"石门"而得名。从沙岭子到彩虹瀑布，全长 4.7km。地形有开有合，石景、崖（岩）景、林景各具特色，尤其"八瀑十八潭"在我国北方独领风骚。黄羊坝景区共有大小瀑布 12 处，瀑布最大落差达到 160m，并集中分布在 2.5km 的范围内。其中彩虹瀑布、仙鹤桥瀑布、烟霞瀑布、龙口飞瀑等最具特色；月宫潭景区北起清水岔，南到头道岔，面积 1240hm²，沿线突现了峡谷、清流和原始森林巧妙组合而成的自然景观；石船子景区山势险峻，峭壁林立，森林茂密，具有原始森林风光；桦林湾景区与石船子景区相接，有古老的落叶松原始纯林，冷杉纯林，野生动物常出没于林间，煞是奇特。该景区主要景点有：红桦迎风、杜鹃纯林。在桦林湾景区海拔 2000～2700m 分布着成片的天然红桦林。树干赤红，剥落的皮层随风飘舞，红桦迎风的景观由此得名。在桦林湾景区海拔 2800～3000m，满山遍野分布有杜鹃奇花，每年 5 月、6 月份鲜花盛开，形成一道美丽的风景。

（3）暴雨状况及受灾经历。太平国家森林公园景区为国家 4A 级旅游景区，其旅游发展水平较高，位于西安市户县太平峪内，距离西安市 44km，总面积 6085hm^2，海拔 880～3000m，主要由中山构成，属于冰晶顶韧性剪切带与构造混合岩化园区，为暖温带湿润大陆季风气候，四季冷暖干湿分明，太平森林公园所在地区总体雨量一般，但易受强降雨影响而发生灾害。2013 年 7 月份由于进入 7 月后的 3 次强降雨，降水量过多，土壤含水量饱和，导致太平国家森林公园景区于 7 月 23 日发生一起山石滚落事故，造成景区内 2 人死亡，1 人受伤。

3. 太白山国家森林公园

被誉为"亚洲天然植物园"的太白山国家森林公园是 1994 年林业部批准在原汤峪林场基础上建立的，它位于陕西省眉县境内秦岭主峰太白山北坡汤峪河流域，东距西安市 110km，西距宝鸡市 90km，有陇海铁路和西宝高速公路经过，交通十分便利。该森林公园地处我国南北气候分界的秦岭山脉中段，位于 107°41′23″E～107°51′40″E 和 33°49′31″N～34°08′11″N，东西约 45km，南北约 34.5km，公园经营面积 2949km^2，森林覆盖率 94.3%。其最低点海拔 620m，最高点海拔 3511m，是我国海拔跨幅最大的国家森林公园之一。公园现包括 10 个景区，180 多处景点。

太白山景区地处宝鸡市的太白、眉县和西安市周至县三县交界处，是长江、黄河两大流域的分水岭。太白山风景秀丽，景色迷人，"太白积雪六月天"是著名的"关中八景"之一。太白山景区的主要范围是太白山国家森林公园以及太白山自然保护区的实验区，保护区内南、北气候差异明显，具有典型的亚高山气候特点，并形成明晰的垂直变化和气候带。太白山典型的山地森林生态系统，丰富的生物多样性，完整的冰川地貌，明晰的森林垂直分布景观，特殊的山地梯形气候条件，构成了独特的自然景观体系。随着生态旅游的开发，太白山范围内先后建立了太白山、红河谷、黑河森林公园、青峰山森林公园以及太白山国家级自然保护区生态旅游区，已连成了一个集中连片的生态旅游群体，发展前景广阔（赵宁红，2009）。然而太白山也是全国山地自然灾害的高发区，近年来地震、洪涝、泥石流、山体滑坡等自然灾害频发，严重影响了当地景区管理质量和旅游形象、经济社会可持续发展。

（1）自然地理环境。太白山是第四纪古冰川活动明显的地区，地貌类型多种多样，各种地貌类型层次清晰，特点分明。太白山由下而上分为低山区、中山区和高山区。低山区广覆黄土，中山区花岗片麻岩柱峰林立，高山区保留着第四纪冰川的遗迹。土壤自下而上有山地褐色土、山地棕壤、山地暗棕壤、山地灰化棕壤和山地草甸土等。

由于受到海拔和地形的影响，太白山国家森林公园在温度、气压、太阳辐射和雨量分布上，形成明显的气候垂直分异。太白山自下而上分为暖温带、温带、寒温带、亚寒带等4个气候带。年降水量在620～1000mm，且多集中在7～9月。太白山国家森林公园以森林景观为主体，苍山奇峰为骨架，清溪碧潭为脉络，文物古迹点缀其间，构成了一幅动态美与静态美相协调、自然景观与人文景观浑然一体的生动画卷，是中国西部不可多得的自然风光旅游区，被誉为中国西部的一颗绿色明珠。景区生物种类丰富珍奇。秦岭是中国南北方的自然分界线，是华北、华中、华西植物区系的交汇点，古北界、东洋界动物区系的过渡带，公园内生物种类繁多，资源丰富，区系复杂，起源古老，是天然的物种基因库。计有种子植物、苔藓植物1850多种，森林动物、昆虫1690多种，并有国家保护树种和濒危保护植物26种，珍奇保护动物9种。公园内生物种类繁多，起源古老，是天然的物种基因库，素有"亚洲天然植物园"、"中国天然动物园"之称。在太白山复杂多变的地理因素和特定的宇宙因素的综合作用下，形成了太白山特有种和新种，如太白红杉、眉柳、太白参、太白乌头、太白贝母、太白忍冬等。园内共有种子植物1850种。由于太白山森林植被的古老性，稀有种、子遗种多，属国家Ⅱ级保护植物有太白红杉、水青树、莲香树、山白树、杜仲、独叶草、星叶草、大果青杆、一叶草等9种。Ⅲ级保护树种有庙台槭、金钱槭、领春木、紫斑牡丹、延龄草等11种。太白山国家森林公园丰茂的森林资源、复杂的自然环境，为野生动物提供了繁衍生息的良好场所，是珍禽异兽的天然乐园。公园内有森林动物和昆虫共1690余种，其中属国家Ⅰ级保护的动物有金丝猴、大熊猫、羚牛等3种，Ⅱ级保护动物有云豹、金钱豹、红腹角雉、苏门羚、大鲵等7种。景区山地地貌奇特险峻：低山区谷狭深幽，山色云影开合得体；中山区山势陡峭，梁脊齿状，奇峰对峙，重峦叠嶂；高山区第四纪冰川遗迹的地貌形状特殊。

（2）旅游资源现状。太白山高大雄伟，生物资源丰富，景区以雄、奇、幽、秀的自然风光独树一帜，其地质资源、自然景观资源在我国绝无仅有，并因此构成公园旅游开发的基础。其最低点营头镇海拔720m，最高点拔仙台海拔3767.2m，相对高差达3000m以上。由于山体高大，水热条件随着地势的升高呈现有规律性的变化，植被景观亦呈现明显的垂直空间变化序列，构成了典型的温带山地植被垂直分布景观，是我国东部地区极少有的"自然历史本底"。太白山复杂多样的地形条件，产生了多样性的生物种和森林群落类型。公园内植物资源丰富，种类繁多。目前园内共有种子植物121科628属1550种，占秦岭种子植物总科数的76.1%，总属数的 63.1%，总种数的 52.7%。公园现有植被保存良好，森林覆盖率达 94.3%，林木繁茂，层次分明，具有典型的暖温带山地植被景观特征。主要自然植被类型有寒温性针叶林、温性针叶林、落叶阔叶林、灌丛草甸和水生植被 5 个类型 6 个植被亚型 51 个主要群系，其中以落叶阔叶林和寒温性针叶林最具代表性和典型性，显示出森林是太白山自然生态系统的主体。

太白山国家森林公园以园内 40km 旅游公路和 28km 人行旅游步道连接公园 8 个景区 140 多个景物景点，其主要的景区景点有：龙山、凤山、凤泉、洞天福地景区、天门楼、独山、点将台、九九峡景区、仙桥谷景区、开天关景区、观云海景区、温泉区等。

（3）暴雨状况及受灾经历。太白山景区为山岳型景区，旅游业发展水平较高，地处宝鸡市的太白山景区位于暖温带半湿润气候区，在整个秦巴山地区太白山雨量一般，但在关中地区属于降水较丰富地带，容易发生连阴雨天气现象，连续降雨易诱发景区滑坡、崩塌等自然灾害，因此对游客造成巨大危害。例如，2012 年 8 月 31 日至 9 月 1 日期间，该景区遭遇连续大暴雨，引发了一场两百年不遇的特大山洪，景区内主干道损毁 38km，通讯、电力中断，导致直接经济损失超过 1 亿元。

4. 华阳古镇景区

华阳古镇景区位于陕西省汉中市洋县的华阳镇，景区距离洋县县城 75km。四周分别与太白、城固、留坝、佛坪及周至县接壤，地处秦岭山脉的南麓，海拔高度为 963～2740m。华阳古镇景区景色秀美，生态优良，"秦岭四宝"俱在其中；同时，华阳古镇也是历史上有名的傥骆古道驿站，景区内建筑仍沿袭了明清建筑风格，别具特色。

（1）自然地理环境。华阳古镇景区气候类型为北亚热带内陆性季风气候，具有雨热同期、四季分明的气候特点。景区内年平均气温 14.5℃，冬暖夏凉；年平均日照时间为 1752.2h，日照率达到 39%；年平均降水量为 839.7mm，最多 1376.1mm，最少 533.2mm，年平均降雨日数为 120d，降水集中分布在 7～10 月。初雪出现日期最早为 10 月，年降雪量很少，平均降雪天数为 8d，最大降雪深度为 10cm。全年多为东风，西风次之。华阳镇镇内河流较多，分布密集，多为西水河的支流，河流面积占到镇内总面积的 9%，其主要河流有杨家沟、吊坝河、苍耳崖河、核桃坝河、九池坝河等。景区内大小溪流多为雨水补给，水资源丰富、河床狭窄、水流湍急，落差较大，有较大的利用价值。在印支运动时期，秦岭山地所处板块向中朝古陆板块不断冲击，使得秦岭所处板块发生褶皱，即形成了秦岭山脉。第三纪以来，秦岭山脉由于受到喜马拉雅运动的影响，使得秦岭山地南北倾斜，北坡相对南坡较为陡峭，加上流水的侵蚀、搬运作用，形成了现在秦岭山地的河谷、山脊相间隔。华阳古镇景区地处秦岭南麓，同属褶皱断块山，地质复杂，地形多变，山高谷深，海拔高度为 963～2740m，相对高差为 1777m。地貌以低山和中山地貌类型为主。华阳古镇景区海拔较高，动植物资源丰富，其中植被覆盖率达到 70%，是天然的"大氧吧"。景区内有 135 科 601 属 2039 种野生植物，72 科 321 种乔木树种，70 余种经济林木，此外，景区内有 31 种濒临灭亡的珍稀植物资源，有多处保护较完好的原始森林，还有秦岭冷杉、太白红杉等名贵植物，是有名的"生物资源库"。优越的自然条件也为动物的生存提供了优良的环境，景区动物繁多，拥有 29 目 78 科 213 属 330 种脊椎动物，13 目 36 科 123 属 202 种鸟类，2 目 5 科 5 属 8 种两栖动物，朱鹮、金丝猴、熊猫、羚牛等国家 I 级保护动物同在华阳古镇景区内繁衍生息，实为罕见。根据相关调查表明，华阳古镇景区内拥有 80 余只大熊猫，数量较多，同时也是秦岭旅游景区内大熊猫数量最为集中的区域。丰富的动植物资源与秦岭高山、流水、溶洞等自然景观交相呼应，使得华阳古镇景区成为秦岭山地中较为罕见的生态旅游区。

（2）旅游资源现状。华阳古镇建于秦晋时期，历史悠久，是历史上有名的傥骆古驿站。古镇三面环水，是坐落在层层大山之中的小盆地，冬暖夏凉，景色秀美，独具特色。华阳古镇是傥骆道上一颗璀璨的明珠，古代诗人曾用"城在山头市在舟，万家烟火一船收。上有宝塔系古渡，下有魁楼锁咽喉。山环两岸排衙走，水插三道绕曲流。莫到华阳无名地，石有将军岭卧牛"的诗句来描绘华阳，展现出了华阳独具特色的景观。华阳名字的由来有两点，首先是其因形状而来，由于华阳古镇的形状看似像犁地的铧，因此被称为"铧祥"，随着历史的演变，逐渐成为华阳；由来之二是因为其方位，古代人们认为秦岭位于世界的中心区域，因而称秦岭为"太华山脉"，进而将秦岭进行南北划分，位于秦岭北麓的华阴县，而位于南麓的为华阳县，在几千年的历史演化过程中，华阳区域越来越小，现在只有华阳古镇还承载着千年的历史文化。古镇好似一叶深山中的小舟，拥有着长达600m 的古商铺街道，这里曾是历史上有名的商业贸易中心，繁华无比，其建筑风格以明清时期为主，古栈道、戏楼、寺庙、古城堡、署衙等独具悠久的历史文化，素有"千年古船城，秦岭第一镇"的美誉。

华阳古镇景区旅游资源丰富多样，旅游主题主要围绕生态旅游、红色旅游及野生动物观赏来展开。在古镇中心区域为古镇街道，生态旅游依靠山清水秀的傥骆古道，红色旅游依靠红二十五军司令部旧址，野生动物观赏路线主要为游客提供与朱鹮、大熊猫、金丝猴和羚羊接触的机会，感受华阳的世外美景与民俗风情。

景区主要有四条旅游路线，分别是华阳古街、傥骆古道生态旅游线路、红崖沟红色旅游线路以及鸳鸯河野生动物观赏线路。主要景观包括华阳古镇老街、古道遗迹、古塔、古戏楼、署衙、古城堡、寺庙、古代通往关中的傥骆古道、三台寺，大熊猫饲养场、红二十五军司令部旧址、红军林、红军井、阴阳石、朱鹮园、秦岭珍稀植物盆景园等。目前,华阳古镇景区已成为陕西省优先发展的旅游区域,旅游发展势头强劲。

(3)暴雨状况及受灾经历。受地形与气候的影响,华阳古镇景区暴雨灾害频繁发生。2010 年 8 月,华阳古镇景区突降大雨,在短短 24h 内,降水量就达到 165mm,暴雨使得景区河流水位急速上升,冲毁河堤,毁坏居民房屋,道路严重塌方,被困 2000 多名居民及游客,直接经济损失 1.13 亿元。2011 年 7 月,华阳古镇景区再次普降暴雨,降水量超过 102mm,导致区内西风雨桥、东河大桥、县坝虹桥被洪水冲断,6 座铁索桥被冲毁,古镇牌楼倒塌,倒塌房屋 588 间,华阳街道及部分村组电力、通讯、道路中断,冲走观光车 29 辆,景区再一次遭受重大损失。

5. 瀛湖风景区

瀛湖位于陕西省安康市西南 16km 处,是安康水电站大坝拦蓄汉江水形成的人工河道型湖泊,瀛湖是"南水北调"中线工程重要的水源涵养区,距下游的丹江口水库 260km,承担着丹江口水库 60%的供水量。瀛湖北部是秦岭余脉形成的浅山丘陵,南部是巴山,属于中国南北过渡的地带。正常水位为 323m,湖岸线周长 540km,水域面积 77.8km^2,库容量 25.85 亿 m^3,有效库容 16.70 亿 m^3。

(1)自然地理环境。瀛湖风景区位于秦巴山地东段,南北两山都有两千米以上的高山,形成中间低,南北高的地貌特点。区域内沟谷发育,切割深度 100~300m,多成"V"字形,谷坡坡度 25°~35°。秦岭属千枚岩中低山剥蚀地貌,山势陡峻,切割较深。燕子岭、五台山、火烧垭海拔在 1500m 以上。巴山山地属变质岩低山剥蚀地带,山峦起伏,坡度和缓,海拔多在 1000m 以下。

瀛湖风景区气候属亚热带湿润季风气候,气候温和,雨量充沛,四季分明,无霜期长。年平均气温 15.7℃,最热月(7 月)平均气温 27.5℃,最冷月(1 月)平均气温 3.2℃,极端最高气温 41.7℃,极端最低气温-9.5℃。年平均降水量 799.4mm,最少量为 540.3mm,最多量为 1047.8mm。夏季降水最多,历年均值为 339.2mm,占全年降水的 42.4%;秋季降水量次之,占全年的 30.3%;春季降水量占全年的 24.5%;冬季降水最少,仅 21.6mm,占全年的 2.7%。无霜期 250~275d。年平均日照时数为 1811h,日照百分率为 39%,太阳总辐射量 105.0kcal/cm^2。自然降水与光照、热量在时间上同步,但降雨不均,降雨强度差异较大,冬季寒冷少雨雪,夏季多雨有伏旱,春暖干燥,秋凉湿润,多连阴雨。1951~2009 年,全区共出现连阴雨 450 多次,年均 8.39 次,最多年达 12 次(1958 年、1968 年),最少年 4 次(1955 年),年均连阴雨天数最长 18.2d,少的也有 10d;一年之中,连阴雨主要在春、夏、秋三季出现,相对集中于夏秋季。2010 年 7 月 16 日~18 日的短时特大暴雨诱发了该区多起突发性地质灾害。

瀛湖湿地保护区内有哺乳类动物 4 目 10 科 13 种,鸟类 12 目 40 科 108 种,两栖类 2 目 4 科 4 种,爬行类 2 目 3 科 7 种,其中国家 I 级重点保护动物有黑鹳、白鹳、金雕、白肩雕 4 种,国家 II 级重点保护动物有大天鹅、灰鹤、鸳鸯、大鲵等 17 种,陕西省重点保护野生动物 17 种,陕西省一般保护野生动物 48 种。据陕西省动物研究所有关专项调查分析,瀛湖库区共有淡水鱼类 93 种,浮游植物含量为 69.81 万个/升,生物含量 3.1443mg/L;浮游动物含量为 1984.6 万个/升,生物含量 0.7243mg/L。

瀛湖属于长江流域汉江水系,流域内河流水系众多,主要有汉江及其支流,支流包括蒿坪河、流水河、王家河、沙沟河、东香河、岚河、任河、洞河、大道河等河流。汉江是长江最主要的支流之一,从岚皋大道河口入汉滨区境,经新坝乡、流水镇、瀛湖镇等乡镇出境,然后经白河县及湖北汉口汇入长江,全长 1700km。汉江多年平均径流量 201 亿 m^3,最大洪峰流量为 31000m^3/s(1983 年)。

(2)旅游资源现状。瀛湖四面环山,湖面既有宽阔洁净的水域,又有蜿蜒曲折的水境,可为游客提供手划船、脚踏脚、快艇、垂钓、游泳等各项服务。四周山势较低,坡度平缓,植被茂密,山峰奇特壮观,是消夏纳凉、休闲度假的最佳选择。水库最深处有 35m,大坝高 4m。湖面宽阔洁净,湖水随风轻轻泛起波澜,荡舟湖上,周边景致尽收眼底,平静、自然。湖岸边的沙很细,当地人称这湖为"安康水库"。瀛湖物华地丰,生物资源十分丰富,堪称南北荟萃,有"生物基因库"、"生态植物园"和"天然动物园"之称。有生物品种近千种,各类动物近百种,其中有 34 种列为国家保护的珍稀动物,矿产资源丰富、已探明的有 55 种,在中国全省名列前茅的有汞、毒重石、重金石、砂金、梯、锰、瓦板岩、绿松石等。瀛湖风景区旅游资源丰富,湖中有岛屿近百座,素有"陕西千岛湖"之称,瀛湖核心景区建设初具规模,已累计投资 1.2 亿元,开发湖中岛屿 3 个,已建成的鸟语生态苑、名贵植物和珍稀动物园,深受游客青睐。景区内不但有电站览胜、水上世界、幽谷探游,白云进香,瀛湖乐园、垂钓等多种游览项目,还有别致,典雅风格各异的园林建筑及各类会议培训中心、餐饮娱乐、购物场所。

景区主要有特大斜拉桥、电站枢纽工程、天柱山、白云寺、玉兴岛、关平岛、牛郎织女石、汉代古墓、瀛湖度假村等景点。瀛湖是文人聚集、吟诗作画及拍摄节目的场所。安康诗人杨礼元游览瀛湖后,诗兴大发,挥笔填词《永遇乐瀛湖颂》受到推崇;瀛湖是聚宝盆,湖中生存着 113 种具有较大开发价值的鱼类。如价格昂贵、晶莹透明的银鱼等,年产数十万斤;湖畔产茶,"安康银峰"毛尖茶茶品高洁,茶香味真;湖岸还盛产柑橘,年产量在百万吨以上。目前景区加快了旅游服务配套设施建设,使这个镶嵌于秦岭巴山之间的旅游明珠,集发电、旅游、农灌、养殖、生态为一体的山水生态景区,"年年览胜人如蚁,波隐瀛湖小蓬莱。"

(3)暴雨状况及受灾经历。瀛湖景区位于安康市西南 16km 处,是国家 4A 级旅游景区，风景区面积约 102.8km²，瀛湖水域面积 77km²，同时瀛湖也是我国西北五省最大的淡水湖，旅游发展水平较高，景区所在的安康市属于亚热带大陆季风性气候，温暖湿润，年平均降水量 1050mm，雨量充沛，易发生暴雨等一灾害。2014 年 9 月 11 日至 17 日，由于安康市发生连续性强降雨，为了保证游客安全，瀛湖风景区采取关闭园区的紧急措施，暂不接待游客，以避免损失和伤亡。

6. 南宫山国家森林公园

南宫山国家森林公园位于陕西省岚皋县境内，是国家 4A 级景区、国家级森林公园、国家级地质公园，享有"云中净土，世间桃源"的美誉。南宫山是陕西省内拜佛、旅游的绝佳去处，是西部最理想的度假休闲胜地。高僧宏一大师在金顶圆寂百年真身不腐，世人称奇。北宋靖康年间（公元 1126 年），朝廷在此修建行宫，名曰"南宫"，遂有"南宫山"之称。至清代逐渐演变成佛教圣地。

南宫山主峰金顶海拔 2267.4m，直插云表，旁列两峰，三峰耸峙，形如笔架，故又称笔架山。两侧遍布 4.2 亿年前火山多次喷发形成的石林，峥嵘嵯峨，鬼斧神工，姿态万千，令人叹为观止。在飘荡的云雾中，如佛如仙，似人似兽，流连其中，如到人间仙境。宏一肉身百年不腐、千年古栎伴死复生、山岩色变预兆丰收、石如海螺吹之有声、无源方池久旱不涸，被誉"南宫山五奇"。

（1）自然地理环境。高山飘雪花，低山开桃花，一山有四季，十里不同天。溪流飞瀑，云岚蔚蒸，空山灵雨，气象万千。山之南坡，巨砾堆垒，冰斗、角峰、围谷、槽谷、冰碛物，面积大，保留完整，为大巴山最典型的遗迹。这种古生代奇异特征是国内罕见的，2009 年通过国家地质公园的评审，有极高的旅游和科考价值。南宫山地处巴山弧形构造带，自晚震旦纪至白垩纪，经扬子回旋、加里东运动、燕山运动，形成复杂奇特的地质构造，裂隙、断层、褶皱较为发育，构成南宫山国家森林公园的地貌特征。

森林公园的水景，以金顶之上的无源方池和莲花盆内的莲花泉为奇。园内有支沟、溪流共 10 条。其中以阴坡二郎沟、金茗溪、头道河、二道河一带水景最佳。园内有潭 20 处，有的与溪河相通，有的与瀑布相接，形态色彩各异。

南宫山国家森林公园属亚热带大陆性季风气候，气候湿润温和，四季分明，雨量充沛，无霜期长。其特点是冬季寒冷少雨，夏季多雨多有伏旱，春暖干燥，秋凉湿润并多连阴雨。多年平均气温 15~17℃，1 月平均气温 3~4℃，极端最低气温-16.4℃（1991 年 12 月 28 日宁陕）；7 月平均气温 22~26℃，极端最高气温 42.6℃（1962 年 7 月 14 日白河县）。最低月均气温 3.5℃（1977 年 1 月），最高月均气温 26.9℃（1967 年 8 月）。

园内有高等植物 2100 多种，其中木本植物 848 种，草本植物 883 种，还有大量的蕨类、苔藓植物，属国家重点保护的珍稀危植物 31 种，如珙桐、连香树、水青树、银杏等，许多树木是古老的第三纪孑遗植物，被誉为"活化石"。由于特殊的地理环境和地史气候条件，南宫山特有植物、单种属及少种属植物、珍稀濒危植物和木本植物的种数均居陕西之冠，被誉为陕西的"西双版纳"。全园有野生动物300多种，珍贵野生动物有金钱豹、苏门羚、灵猫、金雕、锦鸡、大鲵等28种。

（2）旅游资源现状。南宫山国家森林公园以高僧真身、古生代火山多次喷发的流迹和原始次生林等景观闻名遐迩，现已发展成为陕、川、鄂、渝毗邻地区游览观光、休闲度假、消夏避暑的旅游胜地。南宫山被人们称为中国最神奇的国家森林公园和中国最神奇的佛教圣地。公园内目前主要有四大景区：

西石林景区既有古火山熔岩形成千姿百态的石林群，又有古冰川遗迹景观，隐现于苍山林海之中。山高路缓，曲径通幽，奇石夹径。石柱、石笋、角峰、巨石，遍布山梁溪谷，形态怪异，令人浮想联翩，景点景物21个。其他景点有：西天门、十丈龙孙、悟空出世、彩霞凝滞、鸡冠石、黄龙洞、擎天柱、相对无言、黑虎寨、莲花峰。东石林景区属古火山熔岩地貌景观。形态各异的岩浆熔岩，构成高矮错落，疏密有致，罗列于山坡山脊的石林群。动观静赏，令人惊异，趣味盎然，景点有景物34个（仙女观景、师徒授功、慈母之爱、雏鹰欲飞、石壁风云、飘然似仙、大王雄风、母子情深、石猴拜师、威武将军、八戒吃瓜、三星石、怪石玲珑（石盆景）、东峰、腾飞、谈心、猴儿上山、峰幻途迷、豆腐崖、奇峰披绿、石迷宫、山君啸谷等）。山清水秀，林茂草丰，是二郎坪景区突出的景观特色。远望南宫雄姿，二峰耸立，倚天峰、二郎峰、东峰、莲花峰、二仙下棋，气势磅礴，吸引无数游人攀登。近观，清溪潭瀑，有的轰鸣震耳，有的轻声细语。水中大鲵、野鱼游戏；林中小鸟、松鼠欢跳，更添无限野趣，景点、景物21个（风蕨舒芳、栎林青幽、卧牛石、银练玉潭、青松致爽、凤尾莓香、紫鹃谷等）。莲花寨景区森林茂密，苍山幽谷，野生动物较多，自然环境优美，莽莽林海，绚丽多彩，四季景色，各不相同。铁橡树垂枝云杉、鹅掌楸、水青树等濒危珍稀植物；苏门羚、灵猫、金钱豹、锦鸡、林麝等珍贵野生动物，景点、景物有 5 个（蝶舞鸟鸣、幽林曲径、杜鹃花红等）。

（3）暴雨状况及受灾经历。南宫山景区位于安康市岚皋县东部，乃古冰川及火山遗址，国家 4A 级旅游景区，其主峰金顶海拔 2264.7m，景区属于山岳型景区，旅游发展水平中等，所在地区湿润多雨，因此易发生暴雨灾害并造成较大损失。2015 年 8 月 20 日，连日暴雨引发南宫山景区北线道路一起大面积山体塌方灾害，造成道路大面积被埋，45 名游客被困景区。

7. 金丝大峡谷国家森林公园

金丝大峡谷国家森林公园位于陕西省商南县，地处秦岭东部南麓新开岭腹地，地质构造为华里西褶皱带和印支褶皱带，山势呈东—西走向，与丹江平行。岩石组成以石灰岩为主,山势陡峭,河谷深切,多溶洞山泉,具有喀斯特地貌的基本特征。山势具有北坡陡峻,南坡相对平缓,梁顶多平坦且呈乱流的特征。公园范围多属低山山地,海拔多在1000m左右,最高海拔位于中部石燕寨景区1466m,最低处小河河谷735m,相对高差多在500~600m。园区内的水流属丹江水系小河流域,其发源地位于公园西侧的富家沟,流经核桃坪、卧虎坪乱流区与钓鱼河(西峡景区内)汇合并进入景区,风景区西峡、北峡,经莲心洞流出森林公园。小河是以地表径流为主,地表水与地下泉水结合的河流。由于特殊的地质地貌结构,公园内小型涌泉较多,在峡谷的绝壁上随处可见流(渗)出的泉水。

景区多样化的生态环境,不仅形成了包括各种地质地貌、山水风光、生物多样性、气象景观等在内的丰富自然旅游资源,而且孕育了包括各种历史文化、民风民俗、宗教文化等绚丽多姿的人文旅游资源,形成了独具特色的生态旅游文化。景区良好的生态环境、神奇的峡谷景观和多姿多彩的流泉飞瀑融为一体,充满了魅力和灵气,使景区生态之旅充满了神秘的色彩和强烈的吸引力。

(1)自然地理环境。景区气候属亚热带半湿润季风气候向暖温带半湿润气候过渡类型,兼有亚热带和暖温带的共同特征。年平均气温为14.0℃,夏季平均气温22℃,无霜期217d,降水量803mm,蒸发量小,气候湿润,四季分明。1月平均气温1.5℃,7月平均气温26.0℃,极端最高气温40.5℃,极端最低气温-12.1℃,≥10℃活动积温4406.2℃;年日照1973.5h,日照百分率45%;年平均降水量803.2mm,降水多集中在7~9月,占全年降水量的49.5%。早霜始于10月下旬,晚霜终于3月下旬,无霜期217d。公园地处深山幽谷,春季山坡上山花烂漫,争奇斗艳,树木嫩叶初发,生机勃勃,玉兰花、连翘花、兰花、杜鹃花姹紫嫣红,适于踏青春游;炎夏空气湿润,绿树成荫,郁郁葱葱,最高温度不超过28℃,清爽宜人,适于纳凉避暑;深秋凉风习习,霜染红叶,五彩缤纷,层林尽染,野果沁香,让人心醉,适于观光科考;隆冬银装素裹,冰雕玉砌,冰凌戏水,亲切可人,适于赏雪玩冰。

山峰溶洞别有洞天,山峰玩石绝壁交相辉映。多姿多彩的山峰,有龙头峰、狮子峰、蜡烛峰、牛角峰、三才峰、驼峰、旗杆峰等,形状似兽、似物,姿态万千,美妙绝伦,惟妙惟肖。险峻异常的绝壁,气势雄伟,美轮美奂。在绝壁山峰之间有各种溶洞20多处,可供游人游览。地下岩溶是由于地下水在可溶性岩体内溶蚀、冲蚀和堆积形成的地下河,如黄龙涎、混水洞等。具有较高观赏游览价值的有莲心洞、玉兔洞、莲花洞、金狮洞、蟒洞、昭阳洞。其中,金狮洞中一方解石形成的石狮睡卧洞中,形象逼真。主洞宽50m,高约30m,总面积1hm²之多,清朝已建造30多间木制房屋,遗迹尚存。

秦岭地区罕见的嶂谷地貌地质构造。景区形成于大约一亿年前的南秦岭构造带的造山运动，公园内完整、系统地保留了石灰岩嶂谷地貌形成、演化的各种地质遗迹，是一部认识秦岭构造性质，造山过程特别是其新构造抬升过程的百科全书。峡谷类主要岩层为元古界—下古生界碳酸盐岩组合，首先形成雨裂沟、溶蚀沟，进而形成陡峻的隘谷，发育成嶂谷，演化成峡谷，最终变成宽阔的"U"型谷。是新生代断块掀斜抬升作用及流水侵蚀作用的结果，如黑龙峡、一线天、月牙峡都是典型的嶂谷地貌。另有其他地质遗迹，如褶皱、断层、节理、钟乳石、石生树、岩溶侧蚀槽和穴等。

流量较大的泉水有黑龙泉、水帘泉、马刨泉等泉眼 5 处，它们构成峡谷的主要水源。这些泉水流进峡谷形成黑龙瀑布、魔女瀑布、双溪瀑布、拂尘瀑布、锁龙瀑布、连环瀑布、彩虹瀑布等 14 处瀑布，或如银练飞流直下，或如银帛铺天盖地，气势磅礴，瀑声震天。在瀑布之间形成了深浅不一、形状各异的 30 多个碧潭，如银盘似玉镜，像翡翠珍珠镶嵌在狭长的峡槽里，有的潭深似海，水平似镜，有的波光粼粼，游鱼成群。深潭和瀑布群构成了水的世界，令人目不暇接，心旷神怡。底蚀和侧蚀作用和丰富降雨形成地表径流，形成了 13 级瀑布，30 多处积水潭，10 多处泉水和高出河床 300 多米的断头悬谷、蛇曲和陡壁等。

景区位于我国南北植物区系的交汇地段，植物种类繁多，区系多样。区内有种子植物 130 多科，1696 种，属国家重点保护的珍稀植物 25 种。森林植被形成明显的山地森林植被，具有明显的垂直分布带。在河谷及山坡中下部低海拔地区，分布有亚热带常绿阔叶树种和落叶阔叶树种组成的混交林带，主要树种有栓皮栎、锐齿栎、油松、茅栗及藤本植物五味子、紫藤，林下灌木有盐肤木、胡枝子、卫矛、木姜子等；在山坡中、上部地段，林分复杂，主要分布着针阔混交林或落叶阔叶林，主要树种有油松、马尾松、侧柏、岩栎、匙叶栎、青岗、白皮松、槭类和椴树等树种，林下灌木有松花竹、忍冬、卫矛、苦竹、六道木、连翘和小檗等。在海拔 1000m 以下生长有大面积的兰科植物群落。森林公园内森林茂密，自然生态系统完整，生物小气候多样，是众多野生动物的良好栖息地。区内分布陆生脊椎野生动物有 4 纲 25 目 78 科 261 种，列入国家保护动物的有豹、云豹、金雕、林麝、黑鹳 5 种；列入国家Ⅱ类保护动物有红腹锦鸡、白冠长尾雉、勺鸡、斑羚、鬣羚、大鲵及各种猛禽（鹰、隼）等 29 种。据调查访问，该区分布的Ⅰ、Ⅱ类野生保护动物中，林麝与红腹锦鸡分布范围最广，种群数量较大。

（2）旅游资源现状。景区处于秦头楚尾，是秦陇文化与巴楚文化的交汇区，楚文化丰富，民俗、建筑、饮食等与秦文化有较强的互补性，文化内涵具有多元文化的特点。

目前景区主要景点有：白龙峡景区，北起现公园入口，南至灵宫殿，全长2.5km，峡谷呈硬"S"形延伸，南高北低，峡内地貌类型丰富，由于人为活动频繁，多为次生植物群落；青龙峡景区，俗称东峡，面积 3.37km，峡长 10km，呈蛇曲状 L 形，南西后南东向展布，系流水先追踪南西、后追踪南东向断层破碎带及其节理而成。景区内峡谷封闭度高，峡谷小气候明显，构成了层次分明，林间植物丰富的生态系统；黑龙峡景区，位于大峡谷的西端，面积 4.33km，呈 SL 形，峡长 7km，以"谷深狭窄，壁绝峰险，溪潭珠连，原始幽深"而著称；丹江源景区，主要是以丹江源水体观光科考游览区，面积 8.05km。丹江源全长 3km，区内流水景观呈阶梯状展布，展现出十三级瀑布和形状各异的碧潭以及流量较大的岩溶泉，堪称为"山水经典，生态王国"。涓涓溪流汇入丹江，是"南水北调"工程中主要水源地之一。景区是地质公园的精品景区，瀑布与潭水成群分布，以幽深的峡谷、瀑布群为主要特色。主要自然景观有河流冲刷、侵蚀作用及与其他地质作用共同形成河流蛇区地貌、水蚀凹痕、侧蚀洞穴、陡壁跌水和瀑布等。

景区内著名景点主要有：折叠月牙峡、折叠马刨泉、折叠石生树、折叠锁龙瀑布、折叠金狮洞、白龙湖、玄武殿、莲花洞、折叠双溪瀑布、金丝峡漂流、白雪泉、石生树、仕女献瓜、翰墨崖、寿峰亭、夫妻树、耳洞、蟒洞、白龙门和白龙瀑布等。

（3）暴雨状况及受灾经历。金丝峡景区是国家级森林公园、国家地质公园，距商洛市商南县 60km 左右，地处秦岭连接大巴山北坡区域，居丹江中游，地貌主要表现为低山和丘陵，景区属于峡谷型景区，旅游发展水平较高，景区所在地雨量较高，容易发生暴雨天气并引发相关灾害。例如，2010 年 7 月 24 日，金丝峡景区遭遇了一场百年不遇的暴雨袭击，山洪暴发，导致高速公路到景区 18km 的公路多处被毁，暴雨引发的山体滑坡严重损毁了景区内游步道，景区水、电、网络和通信中断，与外界失去联系，导致 333 名游客被困景区内部。

3.3 秦岭暴雨灾害风险数据获取

3.3.1 气象数据

气象站点实测降水数据来自中国气象局国家气象中心。记录地面站点每日降水值，具体为每日 20～20 时，该数据集完整度较高，20～8 时降水量与 8～20 时降水量缺测率接近 1%。根据研究工作的可操作性和数据的可获取性原则，在研究需要和数据完整性的基础上，在秦岭地区各典型地貌区内相对均匀地选取了 23 个气象站点的逐日和年值降水资料作为研究对象。气象站点的具体气象数据与分布见表 3.3 和图 3.2。数据来源为中国气象科学数据共享服务网、陕西气象档案馆。

表3.3 气象数据统计表

台站号	台站名	数据年份	数据类型	台站号	台站名	数据年份	数据类型
57245	安康	1960~2014	年降水量	57049	华县	1998~2014	年降水量
		1967~2014	逐日降水量			1998~2014	逐日降水数据
57016	宝鸡	1960~2014	年降水量	57131	泾河	1998~2014	年降水量
		1967~2014	逐日降水量			1998~2014	逐日降水数据
57134	佛坪	1960~2014	年降水量	57124	留坝	1998~2014	年降水量
		1967~2014	逐日降水量			1998~2014	逐日降水数据
57127	汉中	1960~2014	年降水量	57211	宁强	1998~2014	年降水量
		1967~2014	逐日降水量			1998~2014	逐日降水数据
57046	华山	1960~2014	年降水量	57048	秦都	1998~2014	年降水量
		1967~2014	逐日降水量			1998~2014	逐日降水数据
57106	略阳	1960~2014	年降水量	57028	太白	1998~2014	年降水量
		1967~2014	逐日降水量			1998~2014	逐日降水数据
57143	商州	1960~2014	年降水量	57238	镇巴	1998~2014	年降水量
		1967~2014	逐日降水量			1998~2014	逐日降水数据
57232	石泉	1960~2014	年降水量	57343	镇坪	1998~2014	年降水量
		1967~2014	逐日降水量			1998~2014	逐日降水数据
57034	武功	1960~2014	年降水量	57132	户县	1960~2014	年降水量
		1967~2014	逐日降水量			1967~2014	逐日降水数据
57036	西安	1960~2014	年降水量	57154	商南	1960~2014	年降水量
		1967~2014	逐日降水量			1967~2014	逐日降水数据
57144	镇安	1960~2014	年降水量	57126	洋县	1960~2014	年降水量
		1967~2014	逐日降水量			1967~2014	逐日降水数据
57027	眉县	1960~2014	年降水量	57247	岚皋	1960~2014	年降水量
		1967~2014	逐日降水数据			1967~2014	逐日降水数据

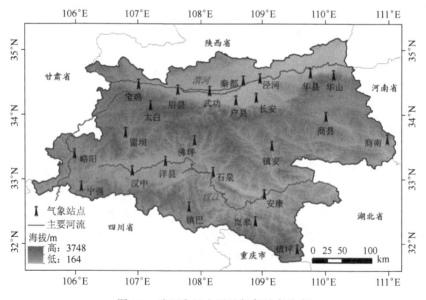

图 3.2　陕西秦巴山区及气象站点分布

3.3.2　TRMM 数据

热带降水测量计划（Tropical Rainfall Measuring Mission，TRMM）是由美国国家航空航天局（NASA）和日本国家空间发展局（NASDA）共同研制的第一颗专门用于定量测量热带/亚热带地区降水的气象卫星，于 1997 年 11 月 27 日发射。TRMM 卫星高度为 350km，轨道范围位于 35°N～35°S，轨道周期大约 90min，平均每天运行 15.7 轨道。由于其性能稳定，为了增加卫星的使用寿命，卫星轨道范围被调整到 50°N～50°S，其他参数也进行适当调整。TRMM 卫星的运行为近赤道非太阳同步轨道，卫星经过同一地点的当地时间不同，有利于研究降水的日变化情况，轨道高度约 350km（2001 年 8 月调整为 400km），倾角约 35°。TRMM 卫星共携带 5 种遥感仪器，分别为降雨雷达（PR）、可见光和红外扫描仪（VIRS）、TRMM 微波成像仪（TMI）、闪电成像传感器（LIS）、云和地球辐射能量系统（CERES）。VIRS、PR 及 TMI 为 TRMM 卫星的基本降水测量仪器。其中，TMI、VIRS、CERES、LIS 以及卫星运行使用的跟踪和数据中继卫星（TDRS）系统由美国 NASA 负责，日本负责研制 TRMM 的关键仪器——PR。PR 为第一个星载降雨雷达，可以用来观测降雨的三维结构。VIRS 包含有 5 个通道，其中心波长分别对应可见光、近红外、中红外和两个远红外波段。它的扫描范围达到 720km，星下点的水平分辨率为 2.2km。VIRS 的通道位置与美国国家海洋和大气局 NOAA 极轨卫星上的 AVHRR 的通道基本相同，与日本静止卫星 GMS 辐射计的可见光及两个远红外通道也相近。TMI 共有 5 个频率 9 个通道，它与美国国防气象卫星 DMSP 上的 SSM/I 仪器相近，但比 SSM/I 多一个 10.65GHz 频率。除了 21.0GHz 外，其余频率都是双极化的。不同频率的分辨率不同，最高分辨率为 5.1km（85.5GHz），最低分辨率为 4.4km（10.65GHz），扫描宽度达到 760km。PR 是目前第一颗星载雷达，卫星高度调整后，扫描宽度大约 247km，星下点分辨率为 5.0km，垂直分辨率是 250m，其中体积扫描是该传感器的最大特点，并能够提供高度为 20km 范围内降水的三维结构，包括雨区分布、降水强度、降水类型、风暴高度和亮带高度等信息。TRMM 搭载遥感仪器及其性能参数见表 3.4。

表 3.4　TRMM 搭载遥感仪器及其性能参数

参数	PR	VIRS	TMI	LIS	CERES
频率/波长（GHz/μm）	13.8GHz	0.63，1.61，3.75，10.8，12μm	10.7，19.3，21.3，37，85.5GHz	0.778μm	0.3～50μm
地面分辨率/km	4.3	2	5～45	25	4
观测范围/km	220	720	680	全球	600

本书采用的 TRMM 数据，为第 7 版本 3 级产品（V7-3B43）的月降水数据和（V7-3B42）的日降水数据。其中月降水数据由 TRMM3B42 数据产品、NOAA 气

候预测中心气候异常监测系统的全球格点雨量测量器资料、全球降水气候中心的全球降水资料共同合成,覆盖南北纬50°之间。合成该数据的3B43算法是为了产生最佳降水率(mm/hr)和降水误差均方根。该数据融合了已有的探测资料,为每个标准观测时次每个网格降水提供了最优估值,具有较好的数据质量、广泛的覆盖范围和较高的时空分辨率等优点。

TRMM降水数据来自NASA(http://mirador.gsfc.nasa.gov/),时间范围为2000~2014年,空间分辨率为0.25°×0.25°。基于不同的研究目的,所使用的TRMM降水数据分别以.nc或.bin文件格式存储。因此,借助ARCGIS软件对.nc格式文件进行投影转换、旋转、格式转换等预处理,并提取研究区域的降水。而对于BIN文件格式的降水产品,由于文件记录的是1440×400的网格单元,各单元分别记录其坐标经纬度和该格网日降水值。因此,首先利用地面气象站点的经纬度坐标计算其所在格网单元,利用MATLAB软件输出该网格单元的经纬度以及降水值,从而得到TRMM卫星降水数据以进行之后的数据分析。

3.3.3　其他数据

1. MODIS 数据

中分辨率成像光谱仪(Moderate-Resolution Imaging Spectroradiometer,MODIS)是搭载在TERRA和AQUA卫星上的一种非常重要传感器,这两颗太阳同步极轨卫星是美国对地观测计划的重要组成卫星,上午星TERRA于1999年12月18日发射,其过境时间为地方时10:30和22:30,下午星AQUA于2002年5月4日发射,其过境时间为地方时13:30和1:30,通过两颗卫星的共同观测下,可获取全球大部地区的MODIS影像数据。MODIS传感器扫描宽度为2330km,空间分辨率主要有三个级别:250m、500m和1000m,波普范围为0.4~14.4μm,波段数达到了36个,波段宽度从可见光到热红外。MODIS在时间、空间和光谱这3个分辨率都比NOAA-AVHRR传感器具有较大的优势,目前被广泛应用于全球及其各区域的遥感监测。目前,MODIS高级数据产品的生产与发布由美国国家航空航天局(NASA)和美国地质调查局(USGS)共同组建的陆地产品分发中心(LPDAAC)负责。

MODIS NDVI数据是对NOAA卫星AVHRR植被指数的继承,在数据分辨率、植被指数的设计和合成算法等方面都作了相当大的改进,堪称新一代图谱合一的中高光谱传感器。目前,由美国地质调查局(USGS)和美国国家航空航天局(NASA)共同组建的陆地产品分发中心(LPDAAC)负责MODIS高级数据产品的生产与发布。

本书使用的NDVI数据为来自NASA(http://reverb.echo.nasa.gov/)2000~2013年MOD13A3植被指数数据为月合成的1km分辨率地表植被指数产品,主要包括归一化植被指数（NDVI）和增强型植被指数（EVI）以及相关数据质量控制信息等资料。该数据以 HDF-EOS 文件格式进行存储，统一采用 Sinusoidal 投影类型。书中利用数据分发网站提供的 MRT（MODIS Reprojection Tool）批量处理工具，对上述数据产品进行拼接和投影转换，并运用 ARCGIS 软件裁剪出秦巴山地研究区，处理并合成覆盖研究区的 MODIS 系列产品遥感图像数据集，同时进行时空尺度的转换，以方便后期降水降尺度模型以及相关植被指数计算。

2. DEM 数据

采用 SRTM 数据，该数据由 NASA 和国防部国家测绘局联合测量，分辨率为 90m，数据下载自 http://srtm.csi.-cgiar.org/SELECTION/inputCoord.asp。SRTM 的数据精度有 1arc-second 和 3arc-second 两种，称作 SRTM1 和 SRTM3，或者称作 30m 和 90m 数据。其中，SRTM3 数据覆盖范围为 60°N～56°S，SRTM1 数据目前只发布了覆盖美国本土范围的数据。将覆盖研究区的多幅 90m 的 SRTMDEM 图像进行拼接、投影转换，得到研究区的地形数据。

3. 国民经济与社会发展数据

研究区内的县（区）、市的国民经济与社会数据包括人口、面积、GDP、耕地面积等数据来源于《陕西省统计年鉴》、《城市统计年鉴》、统计公报、国民经济社会发展、"十二五"规划、相关网站和搜索引擎等。社会经济数据统计表见表 3.5。

表 3.5　社会经济数据统计表

数据类型	数据时间	县、市	数据来源
人口	2009～2011 年	安康市区、宝鸡市区、佛坪县、汉	
面积	2009～2011 年	中市区、华阴市、略阳县、商洛市	《陕西省统计年鉴》、
GDP	2009～2011 年	区、石泉县、武功县、西安市区、	《城市统计年鉴》
		镇安县、眉县、户县、商南县、洋	
耕地面积	2009～2011 年	县、岚皋县	

3.4　七大景区暴雨灾害游客风险感知数据的获取

3.4.1　问卷设计

1. 问卷的设计原则

（1）系统性原则。围绕所确定的评价指标体系设计调查问卷的问题和选项，满足从整体到部分，再从部分到整体的设计思路。

（2）效率性原则。调查问卷在设计时应充分考虑节省被调查者的时间，问卷的题目长度应尽量缩短，难度尽量降低，保证游客能够快速的理解和回答问题。

（3）便于统计分析。调查问卷最终要服务于所要测评的内容，所以在设计调查问卷时要考虑到数据处理的难易程度，使调查结果能够通过计算机录入，便于对调查问卷进行统计分析。

（4）科学性原则。调查问卷是对实际问题的反映，不同的调查者所反映的实际情况有差异，在设计问卷时要尽量避免具有一定倾向性的问题。

2. 问卷的制定

根据调查问卷的设计原则，制定调查问卷，具体有以下步骤：

（1）确定游客风险感知能力测评的目的，明确游客对暴雨灾害类型的了解程度、游客对暴雨灾害的态度和面对暴雨灾害的行为。

（2）将三级指标转化为调查问卷的题目，查询相关内容的调查问卷量表。本书问卷答案采用李克特量表法制定，答案分为五个等级。例如，根据关注程度分为五个等级：非常关注、关注、一般、不关注、完全不关注，并给五个等级赋予不同的分值，分别为 5、4、3、2、1。对于问卷中难以用李克特量表法表示的答案，为了统一问卷的量表，把问卷答案设置成五项多选题，每一项赋予 1 分，便于对调查问卷的统计与分析。

（3）预调查-指标合理性检验。对制定出来的游客风险感知能力调查问卷采用访谈的形式进行测量，询问问卷中存在的问题，并对预调查的问卷结果进行分析，确定问卷是否满足一定的信度和效度。

（4）形成最终调查问卷。对预调查中游客难以理解的问题进行修改，以达到通俗易懂的效果，根据预调查的信度、效度对调查问卷进行修订，形成最终调查问卷，应运于实地游客风险感知能力的测评。

3. 问卷的类型

调查问卷是问卷调查的主体形式，是问卷最基本、最实在的存在内容和分析基础。问卷具有多种类型，不同角度的划分可以得到不同的划分结果。其中主要的划分方式有按问题答案的划分、按调查的方式划分和按用途的划分，具体如下面所述：

根据问卷给出的答案类型可分为结构式问卷、半结构式问卷和开放式问卷 3 种形式。其中结构式称为封闭式和闭口式，是一种简单的选择问卷，具有单一性；开放式问卷是一种由被调查者进行自主回答的问卷形式，耗时且答案多变，调查不稳定的特点；半结构式问卷则结合和了以上两种调查方式的优点，应用比较广泛，具有很好的兼容性（李俊漪等，2004）。

按调查的方式划分，问卷可以分为访问问卷和自填问卷（李俊漪等，2004）。其中访问问卷要求有较高的回收率和可信度，而且成本高、耗时，不适宜较大范围的调查；自填式问卷是一种简单的回答式问卷，虽没有很高的回收率，但调查过程成本低、时间短、适宜大范围调查。

根据问卷的用途，即使用目的划分，问卷有甄别问卷、调查问卷和回访问卷等（李俊漪等，2004）。甄别问卷是一种专一性的问卷形式，在实际应用中，要考虑多种影响因素，还要排除特殊状态的调查对象；回访问卷是多种形式的大范围进行有针对性的问卷调查，在实际过程中耗时，且得不到想要的预想结果；调查问卷是问卷存在的一种基础分析方式，在问卷中具有应用范围广，调查效果显著的特点，兼有多种其他问卷形式的优点。

在七大景区暴雨灾害游客风险感知研究过程中采用问卷中的调查问卷形式，采用自填问卷的形式，应用半结构式的调查答案把秦岭暴雨灾害游客风险感知能力评价指标设计成调查问卷，进而为下一步的具体分析研究提供理论基础。

4. 问卷的结构

本书将问卷分为三个部分，主要包括：游客的个性特征，如性别、年龄、职业、受教育程度以及受灾背景，游客对暴雨灾害的了解程度，游客对暴雨灾害的看法。

3.4.2 数据调查

发放问卷过程中考虑到游客游玩时间比较紧张，因此采取当场发放并收回的方式进行，在调查过程中向游客解释发放问卷的意义和重要性，对于不了解问卷内容的游客进行细心的讲解，以提高问卷的质量。具体调研时间与调研地点及发放调查表数据见表 3.6。

表 3.6 调研时间安排与发放数据 （单位：份）

调研时间	调研地点	发放数量	回收数量
2014.06.12～2014.06.15	翠华山国家地质公园	300	300
2014.06.17～2014.06.21	太平国家森林公园	260	260
2014.06.24～2014.06.28	太白山国家森林公园	310	310
2014.07.03～2014.07.06	金丝大峡谷国家森林公园	300	300
2014.07.09～2014.07.13	瀛湖风景区	200	200
2014.07.15～2014.07.19	南宫山国家森林公园	300	300
2014.07.20～2014.07.24	华阳古镇景区	300	300

3.4.3 数据检验

根据问卷的信度、效度、回收率和有效率四个指标对问卷的质量进行检验。

1. 信度

为了保证调查问卷的可靠性，在形成正式问卷之前应该对其进行检验，根据检验结果调整问卷内容。信度分析是检验调查问卷是否具有稳定性和可靠性的有效方法，信度分析的方法有许多，通常包括重测信度法、复本信度法、折半信度法和克朗巴哈（Cronbach）α 信度系数法。

（1）重测信度法。重测信度是指在先后间隔的时间内，用同一个问卷、同一种方法对同一批调查对象进行重复测验，然后计算两次施测结果的相关系数。由于使用重测信度法需要进行两次测试，时间间隔的长短有一定的限制，实施起来比较困难（Grimm et al.，2002）。

（2）复本信度法。让同一调查者同时填写两份调查问卷，这两份调查问卷是独立编制的两个平行问卷，即除了采用的表达方式不同，在内容、难度和格式等方面完全一致，这样的问卷叫做复本。两个复本所得的相关系就是复本信度。在实际操作中，复本的编制很困难，很难达到要求，在调查中容易受到顺序效应的影响，并且这种方法没有反应出因为调查者本身而产生的误差，所以很少使用这种方法。

（3）折半信度法。折半信度法是将调查问卷分为两部分，为了使调查者避免顺序效应，一般是将奇数项分为一组，偶数项分为一组，然后测试这两组结果的相关系数。使用这种方法时要注意调查问卷的所有题目所要测试的应该是同一种特质，同时奇数组和偶数组的题目要尽量等值。

（4）克朗巴哈（Cronbach）α 信度系数法。Cronbach's α 系数是评价调查问卷中各题之间的一致性情况，即内部一致性。这种方法常用于对态度和意见式的问卷进行信度分析，适用于两级和多级计分的调查问卷，是目前科学研究最常用的信度分析方法，其计算公式如下：

$$\alpha = \frac{k\bar{r}}{1+(k-1)\bar{r}} \tag{3.1}$$

式中，k 代表调查问卷的题目总数；$\bar{r}$ 代表 k 个题目之间的相关系数均值。Cronbach's α 系数的性质有以下两点：① α 系数代表调查问卷所产生的折半信度求得的均值。② α 系数代表对调查问卷信度的估计值的最小值。

信度系数是用来反映所设计问卷的信度大小，值越大表示问卷具有更高的可靠性和稳定性。当调查问卷的信度系数在 0.60～0.65 时，表示调查问卷的信度不好，最好不要；当在 0.65～0.70 时，表示这是调查问卷所接受的信度最小值；当在 0.70～0.80 时，表示调查问卷的信度相当好；当在 0.80～0.90 时，表示调查问卷的信度非常好。因此一般调查问卷的信度系数最好在 0.80 以上，0.70～0.80 可以接受；分量表的内部一致性系数最好在 0.70 以上，0.60～0.70 是可以接受的范围。如果测得的总量表的信度系数小于 0.70，分量表的内部一致性系数小于 0.60，那么就应该增加题目或者删除题目重新修订量表。

通过以上对信度分析方法的比较，本书采用 Cronbach's α 系数和折半信度法对调查问卷进行信度检验。对于初步完成的调查问卷本书中首先对翠华山进行预调研，对调查数据进行统计，运用 SPSS 软件进行 Cronbach's α 系数检验，其检验结果为 0.838，说明问卷的信度非常好，能够支撑本书数据的获取。

2. 效度

效度是指调查问卷测量结果的有效性和正确性，是反映问卷能够测量客观现实的程度。所得到的调查问卷效度越高越能说明调查问卷能够准确的反映客观事实，即所使用的调查问卷能够用于要研究的内容，可以得到所要的结果。常用的效度分析方法有内容效度和结构效度。

（1）内容效度。内容效度又叫做单项与总和相关效度分析，即调查问卷的题目能否反映所要测量的内容，属于逻辑分析，按调查问卷所给出题目分布的合理性为依据进行判断（杨德磊，2007）。内容效度的评价方法有专家法和统计分析法。专家法即由研究者或者专家对问卷题目是否符合测量内容做出判断分析，统计分析即采用单项问题得分和总得分的相关系数来分析评价结果，相关系数越显著表示该题越有效，即可以纳入调查问卷。

（2）结构效度。结构效度是反映调查问卷所能测量的某一特质的程度，即把调查问卷的每个题目当做变量，通过问卷的得分情况对所有题目做因子分析，然后提取显著性因子，通过因子分析的载荷把问卷的问题进行分类，最终目的是判断调查问卷中具有相同特质或理论概念的不同题目是否属于同一因子，如果符合，则代表调查问卷的结构效度好。本书选用常见的结构效度分析法有相关分析法和探索性因子分析法（吕淑芳等，2014；殷一平等，2008）。运用 SPSS 软件对翠华山预调研的数据进行检验，得出 KMO 值为 0.789，大于适合作分析的临界值 0.6，说明问卷效度良好，适合做调研来获取数据。

3. 回收率

回收率是指调查者实际收回来的调查问卷数目与发放调查问卷的数目之比，回收率在一定程度上影响着样本的代表性，一般认为回收率越高越好。在实际调查中，回收率受各个方面的影响比较多，而提高问卷的回收率间接影响问卷的有效率，所以把回收率也看作判断问卷质量情况的一个指标（周恩超，2014）。研究当中对秦岭七大景区来往游客进行实体发放的问卷总共为 1970 份，收回 1970 份。回收率为 100%。

4. 有效率

有效率是指实际收回的问卷总数减去无效的问卷后占总回收问卷的比率。通常判断一份问卷是否有效是按照所漏填的问卷题目不超过总问卷的 5%,调查者的个人基本信息填写完整,所给出的答案前后不矛盾。秦岭七大景区各个景区的问卷的有效率见表 3.7 所示。本书关于秦岭七大景区风险感知相关的调查问卷的有效率均在 90%以上,有效率良好。

表 3.7　秦岭七大景区的问卷有效率

景区	回收数量/份	有效数量/份	无效数量/份	有效率/%
翠华山国家地质公园	300	285	11	95.00
太平国家森林公园	260	247	11	95.00
太白山国家森林公园	310	300	10	96.77
华阳古镇景区	300	297	3	99.00
瀛湖风景区	200	187	13	93.50
南宫山国家森林公园	300	293	7	97.67
金丝大峡谷国家森林公园	300	290	10	96.67
总计	1970	1899	65	——
平均值	——	——	——	96.39

3.4.4　数据统计

在此次数据调查中,共计发放问卷 1970 份,回收 1970 份,回收率为 100%,其中有效问卷为 1899 份,有效率达 96.39%,满足实际研究应用。

3.5　华阳古镇景区暴雨灾害风险评价数据的获取

3.5.1　调查数据的遴选

降水数据主要来源于陕西省气象局,获取到的为洋县 2009～2014 年的逐日降水数据。旅游数据和灾害状况主要通过走访华阳镇镇政府、华阳古镇景区管理委员会以及社区居民所得。景区建设情况主要通过管理委员会所得,部分通过实地野外调查所得。同时,有关游客感知方面的数据主要是通过随机抽取景区内 300 名游客进行问卷调查获得。

根据研究具体内容所构建的指标体系,在数据调查时主要根据危险性、暴露性、脆弱性、防灾能力和减灾能力五个方面进行数据获取。

(1)危险性是指暴雨引发崩塌、滑坡、泥石流等次生灾害的危险程度。危险性分为诱发因素和内在因素。在危险性诱发因素指标的选取上,主要考虑景区所处区域的年均降水量、年均暴雨日数以及日最大降水量,而在景区的内在因素中则包含了海拔、坡度、植被覆盖率、河道宽度、河道破坏状况等。

(2)暴露性指的是承灾体的暴露程度,而承灾体包括暴露在灾害下的要素。主要分为人、财、物三个方面,人包括游客和当地居民人员的数量;财指游客和当地居民的财物以及景区内的各种物质财产,如旅游年收入、设施的投入、居民人均收入、游客随身财物情况等;物主要指的是景区赖以发展的旅游资源,包括野生动植物资源、水景景观资源、历史文化资源等,具体数据为旅游资源普查所得到的景区旅游资源数量。

(3)脆弱性也称为易损性,是承灾体在暴雨灾害风险下可能造成损失的容易程度。同样从人、财、物三方面进行分析,分别为生命脆弱、财产脆弱和资源脆弱。生命脆弱主要表现为游客、当地居民在面对暴雨灾害时的易损程度。面对暴雨灾害,由于不同受教育程度、年龄阶段的人,其体力、经历不同,对于突发事件的应对能力也不同。财产脆弱对应的主要就是景区及当地居民财产损失的脆弱程度。设施脆弱指的就是景区面对暴雨灾害,设施设备受到损坏的可能性,设施损坏与否与其维护、保养及更新密切相关,在衡量旅游设施脆弱程度的时候需综合衡量该三个因素对设施的影响程度。居民建筑脆弱指数指当地建筑面对暴雨灾害容易受到毁坏的建筑比例,而建筑的毁坏也可通过数量、建筑使用寿命和质量三个因素进行判断。资源脆弱指的是景区赖以发展的旅游资源在面对暴雨灾害时受到损毁的容易程度,影响脆弱指数的因素主要有景区对旅游资源的保护程度以及旅游资源的等级。

(4)在景区暴雨灾害的防灾能力评价中,影响防灾能力的因素主要有景区对暴雨灾害的监测预警能力、应急处置与救援能力以及灾害管理能力。首先是监测预警能力,暴雨是指一次短时或持续性的强降雨过程,对暴雨的预防最主要的就是对水文站点进行监测,时刻关注降雨信息,快速、有效地通过多种渠道公布,同时还需要就景区自身进行监测,定时进行防灾设施的排查工作,从外部、内部进行双重监测。其次是应急处置与救援能力,像应急标示、应急设施、医疗、交通、避险场所以及河流堤坝等因素都关系到灾害的应急处置与救援能力的衡量。最后是灾害管理能力,这里主要是对景区人员的培训与管理,景区人员关系到防减灾的实施效果。

(5)在暴雨灾害减灾能力评价中,从当地政府、景区自身及游客出发,考虑了灾后政府对景区的救济水平、景区的自建能力以及个体(这里主要包括游客、当地居民以及景区管理人员)自救能力对景区减灾能力的影响。

3.5.2 实地调研

采用野外实地调查的方式,通过走访景区管理部门以及向当地居民了解情况,获取了自 2009 年开园以来华阳古镇景区的相关旅游数据,以及 2009~2014 年的两次暴雨灾害严重状况、损失情况和灾后重建进展等。为获取更加翔实的数据资料,作者于 2015 年 9 月赴华阳古镇景区实地调研,以实地访谈形式向华阳古镇景区管理委员会工作人员共计获得景区规划建设的相关资料 300 份。资料内容涉及景区基础设施建设、防灾减灾设施、景区运营、景区安全管理等方面，如《华阳景区发展情况汇报》《洋县华阳镇地质灾害隐患点及群防群测网络表》《洋县旅游安全应急救援预案》《华阳古镇恢复建设项目》和《华阳古镇旅游修建性详细规划》等。此外，通过互联网获得国民经济与社会发展统计数据，如《洋县统计年鉴 2008—2009》、《洋县统计年鉴 2014—2013》等。

3.5.3　数据整理

在多指标评价体系中，由于各评价指标的性质不同，通常具有不同的量纲和数量级。当各指标间的水平相差很大时，如果直接用原始指标值进行分析，就会突出数值较高的指标在综合分析中的作用，相对削弱数值水平较低指标的作用。为了保证结果的可靠性，需要对原始指标数据进行标准化处理。

目前数据标准化的方法主要有直线型方法（如极值法、标准差法）、折线型方法（如三折线法）、曲线型方法（如半正态性分布）。本书使用了极差标准化方法，经过极差标准化处理后，得到的数值在 0 到 1 之间，具体计算如下：

$$x'_{ij} = \frac{x_{ij} - \min\{x_{ij}\}}{\max\{x_{ij}\} - \min\{x_{ij}\}} \qquad (i=1,2,,3,\cdots,m; j=1,2,,3,\cdots,n) \qquad (3.2)$$

式中，x'_{ij} 是第 i 个评价指标下第 j 个评价项目的标准化值；x_{ij} 是第 i 个评价指标下第 j 个评价项目的原始值。

第 4 章　理论与方法

4.1　自然灾害相关理论

4.1.1　自然灾害系统论

学术界普遍认为，自然灾害的形成是自然灾害系统综合作用的产物。自然灾害是社会与自然综合作用的产物，区域自然灾害系统是由孕灾环境、致灾因子和承灾体共同组成的地球表层变异系统，灾情是这个系统中各子系统相互作用的结果。

早期，研究者主要从自然灾害与致灾因子角度，探讨某些特定致灾因子如洪水（White，1974）、地震、干旱等条件下的自然灾害发育特征，形成了致灾因子论。随着全球气候变化和城市化的发展，自然灾害发生的频率不断上升，灾害造成的损失逐年剧增，对自然灾害的研究，开始考虑孕灾环境的变化，形成孕灾环境论。在对自然灾害风险进行评估时，也相应地注意到区域自然环境的动态变化，将灾害发生破坏与损失的大小，直接与暴露于灾害风险中的承灾体相关联，灾害研究开始关注人类及其活动所在的社会和资源等背景条件，形成承灾体论。此时自然灾害风险评估主要是在承灾体分类的基础上，对承灾体暴露性与脆弱性（易损性）进行分析评价。马宗晋等强调灾害的综合调查和系统研究（马宗晋，1994；赵阿兴等，1993）。史培军（1996）认为自然灾害的灾情是由孕灾环境、致灾因子、承灾体三者之间相互作用所造成的，其程度由孕灾环境的稳定性、致灾因子的风险性及承灾体的脆弱性共同决定。

1. 自然灾害系统的组成

自然灾害系统论是目前研究自然灾害风险的重要理论基础。一般认为，灾害系统是由孕灾环境、致灾因子和承灾体三者共同组成的地球表层变异系统，灾害风险是这个系统中各子系统相互作用的产物。

（1）孕灾环境。从广义上讲，孕灾环境为自然环境与人文环境。自然环境可划分为大气圈、水圈、岩石圈和生物圈，人为环境则可划分为人类圈与技术圈。该孕灾环境的稳定程度是标定区域孕灾环境的定量指标，地球表层孕灾环境对灾害系统的复杂程度、强度、灾情程度以及灾害系统的群聚与群发特征起着决定性的作用。影响孕灾环境的重要因素是全球气候变化以及快速的城市化，它们直接关系到自然灾害风险的发展趋势。

（2）致灾因子。它是指可能造成财产损失、人员伤亡、资源与环境破坏、社会系统紊乱等孕灾环境中的异变因子，即孕灾环境包括致灾因子。致灾因子是导致灾害发生的直接原因，是灾害风险的重要因素。

（3）承灾体。它是指包括人类本身在内的脆弱的物质文化环境。承灾体常暴露于灾害风险下，主要有农田、森林、草场、道路、居民点、城镇、工厂等人类活动的财富聚集体。其遭受灾害破坏后，会形成一定损失。因此，承灾体对于灾害风险是暴露性和脆弱性两个要素。

自然灾害系统各子系统之间的循环，从孕灾环境—致灾因子—受灾体—孕灾环境的反馈过程及其相互作用形成区域自然灾害，孕灾环境的稳定性、致灾因子的风险性、受灾体的脆弱性决定着灾情的大小。组成区域灾害系统的三要素在灾情（害）的形成过程中缺一不可，只不过是在灾情大小的发展方面，各要素的特征变化对灾情程度的作用不同而已，不存在这三个要素谁是决定因素，谁是次要因素，它们都是形成灾害的必要与充分条件（图4.1）。

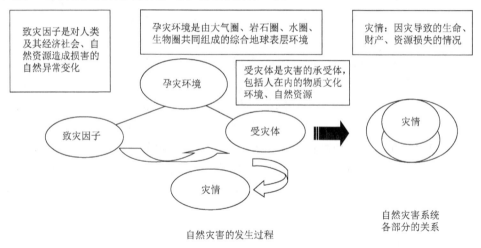

图 4.1　自然灾害系统示意图（史培军，2002）

由于孕灾环境—致灾因子—受灾体的相互作用与相互联系，形成的各种自然灾害也不是孤立存在的。自然灾害具有群发性与群聚性、链发性、区域性等特性。自然灾害系统在发生和发展过程中对人类社会造成一定的影响，同时人类社会的经济活动也反馈于自然灾害系统，它们共同促进自然环境变异，而自然环境变异对人类的生存和活动、自然灾害的形成和发展，又起着反馈作用。因此，人类既是受灾体又是致灾因子，人类活动在自然灾害的形成和发展变化中起着重要作用。

在全球变暖和快速城市化的背景下，自然灾害风险系统的致灾因子、承灾体暴露和脆弱性三要素共同作用，形成区域灾害风险。其风险大小取决于致灾因子、承灾体暴露和脆弱性三个因素相互作用的结果。

2. 自然灾害系统与灾害风险系统

自然灾害系统与灾害风险系统是两个相互关联的系统，风险系统是灾害系统的一个子系统。自然灾害风险系统是建立在对灾害系统中致灾因子危险分析和承灾体脆弱性分析的基础上，分析二者共同作用形成的暴露要素，通过灾害损失评估和灾害成本-效益分析形成对灾害风险的表达。自然灾害风险系统是自然灾害系统作用于人类环境系统的结果，自然灾害风险系统应由致灾因子、人类社会环境的暴露程度和承灾体脆弱性三部分组成，其相应的风险评估为致灾因子分析、脆弱性分析和暴露分析。广义的灾害风险评估，是对区域灾害系统进行风险评估，包括孕灾环境、致灾因子和承灾体分析与评估。狭义的风险评估包括致灾因子风险分析、承灾体脆弱性评价和暴露分析等方面，即从风险识辨、风险分析与暴露损失评估角度，对风险区遭受不同强度灾害的可能性大小（概率）及其可能造成的后果或损失进行定量分析和评估。

4.1.2 自然灾害风险评估

自然灾害风险评估是人类社会预防自然灾害，控制和降低自然灾害风险的重要基础性研究。它是一项既复杂而又综合的研究工作，涉及的学科和数据很多，包括自然环境数据、空间地理数据、人口分布数据、土地利用与规划数据、经济和社会统计数据等，需要地理学、经济学、社会学、城市规划、保险等学科的综合研究（尹占娥，2009）。在此基础上，采用 GIS 技术手段，集成各种数据类型，并利用 GIS 空间分析功能，将自然灾害风险表达成空间模式或分布，认识自然灾害风险的空间差异，从而有效地实施风险管理和控制，使自然灾害对人口和财产损失的影响最小化。

自然灾害风险评估是在历史灾害数据、承灾体暴露性数据的基础上，采用一定分析方法，结合区域自然环境特征（如地形地貌、降水、土地利用等），对区域自然灾害风险进行评估。主要评估某种自然灾害（致灾因子）发生的概率和一旦发生后可能造成的损失（人口、经济、城市基础建设和环境等）。灾害风险评估是基于：①灾害风险辨识，即在明确灾害风险管理对象和目标的基础上，找出形成灾害风险的来源，收集相关基础资料和数据，建立灾害管理数据库，并确定相关的方法理论和标准，为后续工作奠定基础。②灾害风险分析，主要包括致灾因子分析、暴露要素分析、脆弱性分析、建立灾损曲线以及风险建模。

1. 自然灾害风险评估内容

（1）致灾因子分析。致灾因子可分为自然致灾因子、技术致灾因子、情境致灾因子。其中，自然致灾因子包括地质因子，如地震、火山爆发、泥石流、雪崩，气象因子，如龙卷风、台风、冰雹、冰雪，水文因子，如河流泛滥、沿海洪水、干旱，生物因子，如传染病等方面的致灾因子。

与致灾因子相关的研究称为致灾因子分析，国内部分学者也称为灾害危险性分析。可从以下 5 方面进行叙述：①诱发因素。致灾因子出现的原因可划分为 2 种：外生因素和内生因素。外生因素主要指地球表面的因素，如降水量、风、温度及其他可引发诸如泥石流、洪水泛滥、土地退化等的自然致灾因子；内生因素主要指地球内部因素，如地壳运动中蓄积的巨大能量，可引发地震，即若地壳表现出强烈的刚性，阻碍地壳的缓慢运动，使缓慢运动的应变能量得以积累，当其积累到超过刚性地壳的承受度时，将造成刚性地壳的快速断裂，从而引发强烈的震动。②空间分布。致灾因子的空间分布主要包括两层含义：一是事件发生的地理位置和具备的地理条件，如泥石流易发生在地势陡峭的地方，同时也受到土地利用覆被、降水量等地理条件的影响；二是受影响区域的范围大小，如暴洪、小型泥石流、闪电等影响的范围有限，但沙漠化、厄尔尼诺、气候改变等影响范围却很广泛。③时间跨度。即致灾因子发生作用的时间。例如，地震、海啸、龙卷风等致灾因子发生的时间可在几秒内或几天内，而沙漠化、气候改变等往往需要几百年或更长的时间。为了定量时间跨度，确定危险性事件过程的起止点非常有必要。④等级/强度。等级是致灾因子危险性大小的度量，与危险性事件释放的能量相关，如地震的里氏震级强度就是表示地面及房屋等建筑物遭受危险性事件破坏的程度。⑤概率分析。与致灾因子相关的概率分析是指研究给定地理区域内一定时段内各种强度的致灾因子发生的可能性。概率是一种常用的可能性度量，用于测量随机的可能性，在致灾因子分析中，致灾因子的强度与发生概率之间存在着一定的相关性，可利用数理统计方法对历史灾害数据进行分析、提炼，建立致灾因子强度和概率之间的函数关系式，从而达到预测评估未来的致灾因子发生概率的目的。

致灾因子分析是自然灾害风险评估的基础。其核心是通过研究区域的地理特征、历史灾情等估计一定时段内，某一致灾因子以一定强度发生的可能性，或可能性条件下致灾因子的等级/强度。

（2）暴露分析。暴露是指承受灾害的对象（承灾体）暴露于自然灾害风险中的各要素。研究目标不同，暴露要素（承灾体）的含义也不同。在研究中，既可将一个居民区或一座城市甚至一个流域作为一个要素进行风险分析，又可将一座建筑物或机场作为一个要素看待进行风险分析。对于旅游景区自然灾害风险研究，暴露要素一般包括游客、景点建筑物、旅游生命线、交通设施、生活生产资料等。暴露分析主要内容有：①风险区确定。研究一定强度下自然灾害可能的影响范围，如地震烈度区域分布，洪水淹没范围和程度。所研究的区域系统涉及诸多要素（如地质条件、地形、地貌等），准确地确定致灾因子影响范围的难度较大。②确定风险区暴露要素。对不同风险等级区域内暴露的承灾体进行分类和确定。③风险区暴露要素评价。对风险区内主要建筑物和建筑物内部财产，风险区的人口数量、分布、经济发展水平等进行分析和评价。例如，一次大地震对人烟稀少的地区不会造成大的灾难；而一次中等地震发生在大都市可能就意味着灭顶之灾。因此，风险区暴露要素的评价有利于较为全面地了解风险区承受某一自然灾害破坏和损失的程度。

城市自然灾害风险区暴露要素评价主要采用以下方法（尹占娥，2009）：①收集统计数据。由统计局、民政局、国土资源局和交通局等承灾体相关管理部门处收集各承灾体暴露的统计资料。此方法简单易行，但所获取的暴露资料与灾害的等级区划范围匹配比较困难，现有的统计资料一般是参照行政区划来设定统计口径，而灾害的影响等级范围一般是按照灾害的自然地理空间区划，两者不完全一致。②实地调查。组织专人前往评估地区进行普查和抽查。此途径可以按照评估的目的设计出详细的调查表。所获取的数据最为详细，精度也较高。但是，采取此途径，工作量较大，会消耗大量的人、财和物力，且对调查人员的普查和抽查技术有较高要求。该暴露的评估方法，一般只适用于城市以下的区或社区尺度的暴露计算。③遥感影像法。遥感数据动态记录了地表空间信息，其不同分辨率的特征遥感影像，蕴含着不同尺度的承灾体暴露信息，特别是米级以下高分辨率遥感数据，对研究区域的各承灾体暴露信息的获取非常有效，成为区域暴露分析与评估的重要途径。对于不同的空间尺度研究需要应用不同分辨率的遥感数据，其解译获得的暴露数据精度才能满足暴露分析的需要。目前，旅游景区灾害研究中常采用的遥感数据主要有 MODIS 数据、Landsat ETM/TM 遥感影像、彩红外航空遥感数据、QUICKBIRD 数据、IKONOS 数据、LiDAR 遥感数据等，这些海量的遥感数据，基本能满足当前城市暴露分析的需要。特别是基于遥感的三维建模技术的发展，为开展暴露评估的立体分析与量测提供了可能与便利。在这个方法中，遥感数据的分析与"解译"是主要的关键技术，所谓解译就是判读地面承灾体在遥感图像中的空间特征和光谱特征，通过一定的软件和硬件，分析图像中的物体形状、大小、颜色、阴影、位置和纹理等，得到地面各暴露要素的属性、数量和空间分布规律等。

在暴露分析方法中，3 种方法并不是孤立的，而是相辅相成的。利用遥感数据可获取区域的房屋建筑物、道路、交通设施等，而人口、旅游生命线系统、室内财产数据则需要通过统计和调查方法获得。

（3）脆弱性分析。灾害脆弱性具有如下特征：①多维度，如物理、社会、经济、环境、人类等因素共同决定脆弱性。②动态性，脆弱性高低随时间而变化。③尺度效应，可用不同尺度表达脆弱性，如个人、家庭、社区、国家等尺度。

④位置特异性，每种位置都有其独特性，即使同类物体在不同位置上，脆弱性大小也存在差异。

承灾体灾损脆弱性是由承灾体本身的物理特性决定的，即接受一定强度的打击后，受到损失的难易程度。它反映了承灾体本身抵御致灾因子打击的能力。对于主要承灾体：人口、建筑、道路交通、室内财产灾损脆弱性，其分析方法是不同的。具体如下：①人口。直接导致人口伤亡的自然灾害可分为两类，一是渐发性的，主要是高温、低温、干旱等；另一类是突发性的，包括洪涝、台风、风雹、地震、滑坡、泥石流。渐发性灾害一般持续时间比较长，没有明确自然现象标志其发生和停止，在这种灾害风险中，人口的脆弱性主要取决于人体的忍耐力。突发性灾害持续时间较短，有明确的自然现象标志其发生和消除，人口在这种灾害风险中的脆弱性，主要取决于应急自救能力。应急能力是表示突发性灾害风险中人体脆弱性的重要方面，该能力主要取决于个体转移避难能力和应急自救技术的掌握情况。其中，前者与人的身体素质和年龄有关，一般老人和儿童体能较差，转移避难能力偏弱；应急自救技术与灾害教育直接有关，即与掌握的应急自救知识和灾害救助经历有关。②建筑。对建筑造成破坏的灾害风险类型主要有洪涝、台风、风暴潮、地震、滑坡、泥石流、雪灾等，其破坏方式一般表现为淹没、倒塌、毁损等形式。建筑的脆弱性主要表现为抵抗倒塌、冲刷毁损的能力。例如，建筑的地震灾损脆弱性，主要用建筑的结构（及材料）和使用时间来衡量。对于单个建筑物进行脆弱性评估，其建筑结构和建筑的时间直接决定了脆弱性大小。一般土木结构、砖木结构、砖混结构、钢混结构的建筑类型，其易损性依次降低，即越不容易倒塌或毁损。对房屋建筑的时间来说，房屋的使用时间越长，其对外部打击的反应越敏感，越容易遭受损坏。通常采用建筑物折旧率来表示与房屋使用时间有关的脆弱性，折旧率是建筑物设计使用年限与实际已使用年数的比值，数值越大表示房屋越旧，脆弱性越高，越容易遭受损失。对于旅游景点区域内的诸多景点建筑以及多种房屋类型单元进行脆弱性评估，则需要采用景区内或某一景点或房屋类型内，多处景点以及多所房屋的统训参数来表示。在一定致灾因子下，统计每类景点建筑的建筑平均损失率，作为该景区景点建筑和其他建筑的脆弱性评估。对于多建筑的折旧率，一般是统计区中建筑的平均折旧率，将折旧程度按一定的标准化为 10 级，级数越大表示建筑物越陈旧，其脆弱性程度就越高。③室内财产。对于洪涝、台风、风暴潮、地震、滑坡、泥石流等灾害的灾损脆弱性，室内财产主要取决于财产所在建筑物的脆弱性。如果房屋建筑的脆弱性高，那么处于该房屋建筑内的财产的脆弱性也高。不同建筑结构内的财产损失率是各不相同的。可用室内财产的灾损脆弱性指数，表达区域内不同建筑物结构下的室内财产数目（价值量）占室内财产总的数目（价值量）百分比的加权求和值，加权求和的权重为对应建筑物结构下室内财产的平均灾损率（葛全胜等，2008）。

④道路。道路作为生命线系统中的重要组成部分，是洪水、台风、风暴潮、地震、滑坡、泥石流、雪灾等多种自然灾害的危害对象。危害的主要途径是毁坏路基和路面。公路的脆弱性表现为路基和路面抵抗各种外部冲击力的能力，而这与公路的等级密切相关，高速公路抵抗外部冲击力的能力最强，其次为国道、省道等。因此，在评估某特定路段时，可以采用公路等级作为其脆弱性指标。但是针对某评估单元而言，内部具有多种等级的公路，一般采用低等级（三级以下）公路长度占公路总长度的比例作为公路的脆弱性指数，数值越大，表示该区域道路脆弱性越高，越容易受到损失。对于城市区域的道路，往往是网络系统，其中有些是网络中的关键点，如立交、桥梁、高架上下匝道等，其脆弱性直接决定了道路系统的脆弱性。

2. 自然灾害风险评估方法

已有的自然灾害风险评估方法可以归纳为以下 3 种。

（1）基于指标体系的风险评估。基于指标体系的风险评估方法，主要内容有指标优选、权重确定、指标体系的构建等，在方法上侧重于指标的选取以及权重方法的优化，最后计算出灾害的风险指数。该方法理论上说主要依靠专家的主观经验，评价结果并不能代表真正的风险值，是一种半定量化的风险评估方法。该方法适用于风险的初探与快速评估、大中尺度或行政区的风险评估，以及数据资料难以获取的风险评估。优点是可以评价多尺度、多部门、多灾种的综合风险，数据资料易于获取，计算方法简单可行。但该类方法可预测性不强，不能具体给出未来灾害的具体情况，只能以一定数值大小来综合反映风险的相对量（葛全胜等，2008）。基于指标体系的风险评估，将风险估值进行量化后，利用 GIS 软件的空间分析与制图功能，根据分析区和致灾因子特征，选取合适的栅格大小，建立不同的图层，将致灾因子的各种属性（强度、频率、持续时间等）以及脆弱性指标（如人口密度、经济密度、土地利用类型等）等数据图层，根据一定的数学关系配分到每个栅格中，然后对各图层进行叠加，实现灾害风险的可视化制图表达，形成灾害风险图集，以便了解区域的风险分布和减灾对策。

（2）基于风险概率的风险评估。利用数理统计方法和对风险概率的建模及评估，对历史灾害数据进行分析，得出灾害发展和演化的规律，在此基础上，结合承灾体损失数据，建立灾害发生概率与其的函数关系式，以此达到预测未来发生的灾害风险。

（3）根据情景的灾害风险评估。基于情景的灾害风险评估可以实现自然灾害动态风险评估，通过 RS/GIS 和数值模式等复杂系统仿真建模手段，模拟人类活动干扰下的灾害发展演化过程，形成对灾害风险的可视化表达，是当前自然灾害风险评估研究的热点和前沿。

4.1.3　自然灾害风险管理

　　综合自然灾害风险管理是指人们对可能遇到的各种自然灾害风险进行识别、估计和评价，并在此基础上综合利用法律、行政、经济、技术、教育与工程手段，通过整合的组织和社会协作及全过程的灾害管理，提升政府和社会灾害管理和防灾减灾的能力，以有效地预防、回应、减轻各种自然灾害，从而保障公共利益以及人民的生命、财产安全，实现社会的正常运转和可持续发展。综合自然灾害风险管理模式核心是全面整合的模式，其管理体系体现着一种灾害管理的哲学思想与理念，体现着一种综合减灾的基本制度安排，体现出一种灾害管理的水准及整合流程，体现出一种独到灾害管理方法及指挥能力。综合自然灾害风险管理的基本内涵是：灾害管理的组织整合，建立综合灾害管理的领导机构、应急指挥专门机构和专家咨询机构；灾害管理的信息整合，加强灾害信息的收集、分析及处理能力，为建立综合灾害管理机制提供信息支持；灾害管理的资源整合，旨在提高资源的利用率，为实施综合灾害管理和增强应急处置能力提供物质保证。其核心是要优化综合灾害管理系统中的内在联系，并创造可协调的运作模式。

　　综合自然灾害风险管理原则如下（张继权等，2004；Okada et al.，2001，2003）：

　　（1）全灾害的管理。人类社会所面临的自然灾害是各种各样的。尽管每一种自然灾害的成因不同、特点不同，但从风险管理的角度来讲都是相同的。此外，各种自然灾害之间也有相互关联性，灾害之间的相互关联使得某一种单一的灾变会转化为复杂性灾害。因此，自然灾害管理要从单一灾害处理的方式转化为全灾害管理的方式，这包括了制订统一的战略、统一的政策、统一的灾害管理计划、统一的组织安排、统一的资源支持系统等。全灾害管理有助于利用有限的资源达到最大的效果。

　　（2）全过程的灾害管理。自然灾害风险管理贯穿灾害发生发展的全过程，包括灾害发生前的日常风险管理（预防与准备），灾害发生过程中的应急风险管理和灾害发生后的恢复和重建过程中的危机风险管理。风险管理过程是不断循环和完善的过程，主要包括四个阶段：疏缓（防灾减灾）、准备、回应（应急和救助）和恢复重建。它表明综合自然灾害风险管理是从自然灾害风险的结构和形成机制出发，将自然灾害风险管理看成是一个系统的从灾前预防和缓解风险、灾中高效的防灾抗灾和遇灾后合理地恢复与救济的周期过程。即自然灾害的发生和发展有其生命的周期，综合自然灾害风险管理也是一个系统的过程和循环。按照风险管理的理论，综合自然灾害风险管理与通常的灾害管理的主要不同之处在于：前者倡导灾害的准备，并要使之纳入疏缓、准备、回应、恢复四大循环进程中。之所以在灾害风险管理中更多地强调"准备"，是因为它包括管理规划、危机训练、危机资源储备等重大预防的事项。因此，综合自然灾害风险管理是一个整体的、动态的、过程的和复合的管理。

（3）整合的灾害管理。整合的灾害管理强调政府、公民社会、企业、国际社会和国际组织的不同利益主体的灾害管理的组织整合、灾害管理的信息整合和灾害管理的资源整合，形成一个统一领导、分工协作、利益共享、责任共担的机制。通过激发在防灾减灾方面不同利益主体间的多层次、多方位（跨部门）和多学科的沟通与合作，确保公众共同参与、不同利益主体行动的整合和有限资源的合理利用。

（4）全面风险的灾害管理。当代灾害管理的一个重要趋势在于从单纯的危机管理转向风险管理。风险是指发生可预期的损失的可能性。风险管理是指运用系统的方式，确认、分析、评价、处理、监控风险的过程。灾害管理的风险管理是这样一种灾害管理的主张和行为，即把风险的管理与政府政策管理、计划和项目管理、资源的管理，就是与政府日常的公共管理的方方面面有机地整合在一起。在灾害管理的过程中，实施风险的分析和风险的管理，这包括建立风险管理的能动环境，确认主要的风险，分析和评价风险，确认风险管理的能力和资源，发展有效的方法以降低风险，设计和建立有效的管理制度进行风险的管理和控制。

（5）灾害管理的综合绩效准则。综合自然灾害风险管理所强调的是以绩效为基础的管理，即为了实现有效的灾害管理，政府必须设立灾害管理的综合绩效指标。在灾害风险管理中随时关注灾害风险的发生、变化状况，多方位检测和考察灾害风险管理部门和机构的管理目标、管理手段以及主要职能部门和相关人员的业绩表现。特别是要针对灾害风险管理过程中的主要风险、多元风险、动态变化的风险等监测和预警工作，加强备灾、响应、恢复与减灾等各环节工作，全面掌握灾害风险预警与管理行为的实际效果，减少灾害风险漏警和误警造成的危害。同时也要通过制定正确的激励机制来强化灾害风险控制能力，加强灾害的风险管理工作。

鉴于国内外研究成果，尹占娥（2009）认为基于自然灾害风险理论的综合风险管理应由以下四个部分构成。①风险辨识：即在明确灾害风险管理对象和目标的基础上，找出形成灾害风险的来源，收集相关基础资料和数据，建立灾害管理数据库，并确定相关的方法理论和标准，为后续工作奠定基础。②风险分析：主要包括致灾因子分析、暴露要素分析和脆弱性分析，建立灾损曲线以及灾害风险建模。③风险评估：灾害风险管理的核心。在风险分析的基础上，开展致灾因子评估、脆弱性评估、抗灾能力和灾后恢复能力的评估。④风险减缓：根据风险评估的结果，选择并制订风险减缓的决策和措施，并对决策的可行性、科学性等进行评估，在确定决策的合理性后，进行决策的开展与实施，同时，对决策实施过程进行监控和信息反馈。

4.2　旅游感知相关理论

4.2.1　社会交换理论

社会交换理论在解释居民对旅游影响的感知和态度方面一直深受国内外学者的重视。社会交换理论是在古典政治经济学、人类学和行为心理学基础上发展起来的，它将人与人之间的互动行为看成是一种计算得失的理性行为，其核心观点是将个人和集体行动者之间的社会过程视为有价值的资源交换，并认为人类的一切行为互动都是为了追求最大利益的满足。社会交换理论由 Long 等（1990）引入旅游学解释居民对旅游影响感知。然而，深入探讨社会交换理论在旅游学中的作用过程与机制的当推 Ap（1992）（黄燕玲，2008）。

社会交换理论在旅游研究中比较适用的领域主要集中在旅游开发过程中相关利益者行为分析和旅游者消费行为分析两方面。在旅游开发过程中，当地政府、旅游开发商、旅游地居民等都属于相关利益者，他们彼此相互博弈。因此，在分析旅游地政府行为、旅游开发商和经营商行为、旅游地居民行为方面，交换理论具有较强的解释能力。

在旅游者消费行为分析方面，尽管旅游消费行为具有一定的非理性倾向，但也是在追求旅游效用最大化，因此，社会交换理论为解释旅游者行为奠定了理论基础，这是因为在旅游目的地必然存在资源交换，旅游者用他们的经济资源交换当地居民的友好与服务。有研究表明，当旅游者对旅游过程满意的时候，将很有可能发生重游行为，并且会极力推荐给亲朋好友，使得旅游地获得潜在客源。反之，则会产生抱怨甚至投诉行为，不仅很可能不再重游，而且会通过口头、网络、媒体等各种抱怨的方式给旅游地的形象带来负面影响。

在社区居民态度方面，当社区居民认为旅游发展为社区和个人带来的正面的经济、社会文化和环境影响要高于负面的影响时，居民将支持并积极参与旅游发展，反之则可能恼怒、愤恨继而反对社区的旅游发展。Allen 等（1988）和 Butler 等（1980）曾使用概念模型来解释居民对旅游影响的认识。Allen 还进一步证实居民的知觉与导致这种认知来源之间的关系。当地旅游发展带给个人的利益受到控制时，对旅游发展有积极感性认识的居民就支持加速发展旅游及旅游特殊政策。但是，为什么以及在什么条件下居民对旅游影响表现出这种反应，目前，还缺乏解释性研究。国外学者已经提出许多理论来解释，如报偿理论、冲突理论、游玩理论、归因理论和依附理论等，但没有一个理论能够围绕这种现象提供完善解释（李有根等，1997）。Long 等（1990）指出居民通过为旅游开发者、旅游经销商及游客提供诸如旅游资源、服务等，以期获得他们认为与之相当的利益。该框架解释了居民个人获利与其对经济发展感知之间的关系。此外，众多学者通过构建理论化的概念模型和居民对旅游支持模型，特别是运用结构方程模型方法研究居民旅游感知、态度及其影响因素间的关系，进一步验证了社会交换理论具有一定解释力（赵玉宗，2005；王莉等，2005；乔治·瑞泽尔著，杨淑娇译，2005；Ap，1992）。

4.2.2　社会表征理论

社会表征理论在关于旅游影响感知研究的基本逻辑问题上的观点，为研究者提供了一种崭新的思维方式。与社会交换理论从个体角度来考察目的地居民感知和态度不同，社会表征理论是从群体角度来考察居民的感知和态度。"社会表征"一词最早出现在法国实证主义社会学家 Durkleim 的"个体表征和集体表征"一文中。后来，法国社会心理学家 Moscovici 对这一概念进行扩展，意指"拥有自身的文化含义并独立于个体经验之外而存在的感知、形象和价值等组成的知识体系"（Fredline et al.，2000）。社会表征的典型特征是：社会共享性与群体差异性、社会根源性和行为说明性、相对稳定性和长期动态性。社会表征理论是一个组织化的理论，对产生于群体的认知和行为做出解释，强调群体的中心性、群体影响和沟通个体的意识，同时强调社会心理现象和过程只能通过将其放在历史的、文化的和宏观的社会环境中才能进行最好的理解和研究，它关注日常社会知识的内容、形成过程、各种群体如何共有某种社会知识等，同时还是一个基于社区层次的理论，在旅游影响中它强调个人对旅游的态度与社区观点、相关信息等的关系，重视分析态度的形成过程，重视行为者本人的思考、感觉和评价。

社会表征理论于 20 世纪 90 年代中期被澳大利亚学者 Pearce 引入旅游学研究，在其著作《旅游社区关系》中，Pearce 向人们展示了社会表征方法在理解社区对旅游发展的回应问题上能够发挥的作用（应天煜，2004）。该理论提出，人们如何看待旅游和游客，或者说有关旅游的知识体系影响了人们对它的感知。因此，应该探究的是人们如何形成对旅游的认识，这种认识如何影响他们对旅游的态度。旅游态度是人们对旅游产业及其相关现象的感知，是有关旅游的社区陈述的一部分。居民对旅游发展的感知和态度可能会受到来自社会等多方面因素的影响，而不仅仅是个体的直接经验。例如，居民对旅游开发的反应在一定程度上取决于他们的旅游损益计算，同时也深受大众传媒、社会交往、自身经历等影响，此外，还受到他所隶属的群体或想要隶属群体观点的影响，因为社会识别和个人价值与人们持有的态度有很强关系。因此，研究者应关注各种信息交流和社区文化，而不是只关注个体态度。Pearce 等学者对以往基于社会交换理论的居民感知和态度研究的逻辑提出了质疑，他引入了社会表征理论看做是帮助解释社群成员理解和回应外部环境变化过程的理论框架，并研究其在社区旅游规划和决策过程中的应用。Fredline 等（2000）认为社会表征来源于直接经验、社会互动和媒介三种形式，并运用社会表征方法对社区居民群体进行了划分。在明确社区内部的细分群体后，采用合适的媒体和沟通方式，进行"内部营销"才能逐步影响和修正社区有关旅游发展的社会表征，有助于进一步地获得社区居民地理解、支持和参与。

某地发展旅游业，必然会受到旅游业带来的各种积极和消极作用的影响。这些影响通过直接经验、社会互动和媒体宣传等途径作用于目的地社区的居民个体，从而形成有关旅游的个体感知印象（社会表征）。这种个体的社会表征会指导和控制个体对旅游影响的行为回应，而其行为所产生的后果，反过来又会对个体原有的旅游社会表征加以修正。与此同时，个体旅游社会表征间的异同还会导致原有社会群体的分化和重组，并形成具有一定共识程度的群体旅游社会表征。群体的旅游社会表征一旦成立，就会独立于个体表征而存在，但同时也会与群体行动、个体社会表征以及个体行动发生相互作用（应天煜，2004；桥纳森·特纳著，邱泽奇译，2001）。

总之，社会表征理论在有关旅游影响感知研究的基本逻辑问题上的观点，为公众参与旅游开发，实现旅游业的可持续发展提供了一种全新的思维方式和理论框架。它可以帮助旅游业赢得旅游目的地居民的理解、支持和参与，促进西南少数民族地区农业旅游目的地可持续发展。

4.2.3　旅游主客影响——态度模式

美国著名的旅游人类学家 Smith（1977）从人类学角度出发，针对旅游主客关系，提出了旅游影响——态度模式。不同类别的旅游者出现频率很像一个金字塔。在金字塔顶端，当探险旅游者和精英旅游者出现时，由于数量不多，对当地的文化影响很小，对服务的要求也很少，这些旅游者的到来大都未引起当地人的注意，只有很少的人为他们服务。对于精英旅游者和不落俗套旅游者而言，他们一般住在小旅馆，乘坐地方的交通工具旅行，当地人欢迎他们去消费，同时他们的到来也很少给当地带来破坏。但是，随着旅游者的迅速增加，不同的旅游需求和设施需求也出现了。Smith 认为，旅游业成功发展的关键点，发生在两个三角形交叉的时候，也就是初期大众旅游者即将到来的时候。初期大众旅游者"寻求"西方式的舒适，需要许多不同的设施。此时旅游地就应该决定：是有意识地对此进行管理，甚至限制旅游业，以便保护当地的经济和文化的完整性；还是应该鼓励旅游业的发展，把此看作是一个经济发展和文化重建的理想目标。一些经济强大，具有社会传统的海湾石油国家包括沙特阿拉伯选择了前者；不丹进行了第二种选择，通过每年限制签证，其国家旅游局希望借旅游业来增加外币的收入，但同时又限制一些社会相互影响的发生，因此不丹村民和游客之间没有什么直接冲突。1986 年世界旅游组织的研究对此进行了赞誉并鼓励继续这一做法，但由于旅游者不断地向年轻的僧侣赠送象征性的礼物，导致在僧侣当中出现了"日益增长的物质主义"思想，1988 年不丹政府拒绝将一些寺院向外来者开放。

如果一个旅游地能经受住从初期旅游业到全盘的大众旅游业的过渡，那它最终就能获得一种完全的适应，大量的游客就会成为这个旅游地的"景观"之一。Smith 还指出，旅游业以及旅游者不应该成为整个社会风气变差的替罪羊。许多社会科学家认为，如果一个国家人口过多或比较贫困（或过分贪婪），就会把自己所拥有的一切出售给那些购买者，包括文化遗产。每个国家都存在许多深层次的经济问题，但他认为这与旅游业没有、或者没有多少关系。对这些游客进行责难是很容易的，困难的是如何解决这些根本的问题（王丽华，2006；Simth，1980）。Smith 的这一模型通过主客间的关系直观反映了旅游影响和居民态度之间的演变过程，指出了政府决策的关键点，对旅游地前景选择及政策制定具有宏观指导意义。

4.2.4　旅游地生命周期理论

旅游地生命周期研究是地理学对旅游研究的主要贡献之一，广泛应用于旅游目的地发展、规划、产品设计营销推广等领域，同时在分析不同时期旅游者与居民在相互认知、对旅游业态度等方面起着重要的解释作用。

1980 年就已出现旅游地生命周期概念（the concept of destination life cycle）。德国著名地理学家克里斯泰勒（Christaller）曾研究了地中海沿岸旅游乡村的演化过程，认为旅游乡村生命周期可以分为三个阶段：发掘阶段、增长阶段和衰落阶段。Doxey（1975）根据在巴巴多斯和加拿大安大略的尼亚加拉湖区的案例调查研究，最早提出在旅游发展过程中居民对旅游发展的态度会随着旅游开发的深入，经历从开始的"欢欣"（euphoria）到"冷漠"（apathy）再到"讨厌"（annoyance）直至"对抗"（antagonism）的四个阶段，后来又在此基础上增加了"排外"（xenophobia）。该理论认为，当地居民对旅游者的态度改变来自旅游者数量的不断增加以及他们的到来给当地原有生活方式带来的威胁。但许多学者认为这一理论对居民旅游态度的研究过于简单，在现实中，由于社区内部的复杂性和社区的多重性，不同的居民在给定的时间区间内可能显现 Doxey 模型所描述的各个状态。1980 年加拿大学者巴特勒（Butler）提出了目前被学者们公认并广泛应用的旅游地生命周期理论（Butler，1980）。Butler 在"旅游地生命周期概述"一文中，借用产品生命周期模式来描述旅游地的演进过程。他提出的旅游地的演化要经过六个阶段：探索阶段、参与阶段、发展阶段、稳定阶段、停滞阶段、衰落或复苏阶段，见图 4.2。

探索阶段（exploration stage）：旅游地发展初始阶段，自然和文化吸引物招徕少量"异向中心型"旅游者，或称之为探险者。此时旅游地很少有专门旅游服务设施。

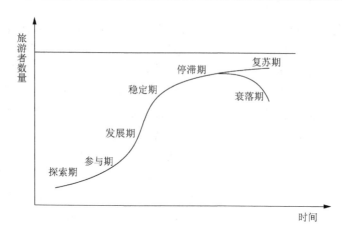

图 4.2　旅游地生命周期理论图（Butler，1980）

参与阶段（involvement stage）：旅游人数增多，当地居民为旅游者提供简便旅游服务，制作广告宣传旅游地；旅游市场季节性、地区性出现；旅游业投资主要来自本地区；公共投资开始注意旅游基础设施建设。

发展阶段（development stage）：旅游人数增长迅速，超过当地居民；外来资本大量投入，外来旅游公司大量进入，给旅游地带来大量先进的旅游设施和服务，同时控制了当地旅游业；大量人造旅游吸引物出现，并逐步取代原有自然和文化旅游吸引物；大量旅游广告吸引更多旅游者；较为成熟的旅游市场形成；"混合中心"型旅游者取代"异向中心型"旅游者，旅游设施过度利用和旅游环境恶化现象开始出现。

稳定阶段（consolidation stage）：旅游人数增长速度下降，为了缓和旅游市场季节性差异，开拓新的旅游市场，出现更多的旅游广告；"自向中心型"旅游者光临；旅游地有了明确的功能分区，当地居民感受到旅游业的重要性。

停滞阶段（stagnation stage）：旅游人数高峰来到，已经达到或超过旅游容量；旅游地依赖比较保守的回头客；大批旅游设施被商业利用；旅游业主变换频繁；旅游地可能出现环境、社会和经济问题；为了发展，要开发旅游地外围区。

衰落阶段（decline stage）：旅游者流失，旅游地依赖邻近地区的一日游和周末旅游的旅游者来支撑；旅游地财产变更频繁，旅游设施被移作他用，地方投资重新取代外来投资占主要地位。

复苏阶段（rejuvenation stage）：全新的旅游吸引物取代原有旅游吸引物；要进入复苏阶段，旅游地吸引力必须发生根本的变化，为达到这一目标有两种途径：一是创造一系列新的人造景观，二是发挥未开发的自然旅游资源的优势，重新启动市场。

在衰落或复苏阶段有 5 种可能性：①深度开发卓有成效，游客数量继续增加，市场扩大，旅游区进入复苏阶段。②限于较小规模的调整和改造，游客量可以较小幅度地增大，复苏幅度缓慢，注重对资源的保护。③重点放在维持现有容量，遏制游客量下滑的趋势，使之保持在一个稳定的水平。④过度利用资源，不注重环境保护，导致竞争能力下降，游客量显著下降。⑤战争、瘟疫或其他灾难性事件的发生会导致游客急剧下降，这时想要游客量再恢复到原有水平极其困难。

4.3　有　限　理　性

4.3.1　有限理性的提出

有限理性（bounded rationality）的概念是阿罗提出的。阿罗认为，有限理性就是人的行为"是有意识地理性的，但这种理性又是有限的"。在诺思看来，人的有限理性包括两个方面的含义：一是环境是复杂的，在非个人交换形式中，人们面临的是一个复杂的、不确定的世界，而且交易越多，不确定性就越大，信息也就越不完全；二是人对环境的计算能力和认识能力是有限的，人不可能无所不知（卢现祥，1996）。

在传统经济学中，理性"经济人"一直是主角。但随着行为科学的发展，"经济人"假定不断地受到不同方面经济学家的批判与修正。一些经济学家从根本上反对把人说成是自利的，另一些经济学家则在承认"经济人"追求自身利益的基础上，对"完全理性"提出修正。最早对"经济人"假定进行批判的是德国的历史学派（包括新历史学派），他们认为这个假定实际上把人说成是唯利是图，而否认任何良好动机的存在。另一个有较大影响的批判者是莱宾斯坦的"X 低效率"理论。对传统经济学更大的挑战则是来自西蒙对完全理性与最大（或最大化）原则的修正。

20 世纪 40 年代，西蒙详尽而深刻地指出了新古典经济学理论的不现实之处，分析了它的两个致命弱点（赵子红等，2000）：假定目前状况与未来变化具有必然的一致性；假定全部可供选择的"备选方案"和"策略"的可能结果都是已知的。而事实上这些都是不可能的。西蒙的分析结论使整个新古典经济学理论和管理学理论失去了存在的基础。西蒙指出，传统经济理论假定了一种"经济人"，他们具有"经济"特征，具备所处环境的知识即使不是绝对完备，至少也相当丰富和透彻；他们还具有一个很有条理的、稳定的偏好体系，并拥有很强的计算能力，靠此能够在他们的备选行动方案中计算出哪个方案可以达到决策结果的最高点。西蒙认为，人们在决定过程中寻找的并非是"最大"或"最优"的标准，而只是"满意"的标准。以稻草堆中寻针为例，西蒙提出以有限理性的管理人代替完全理性的经济人。两者的差别在于：经济人企求找到最锋利的针，即寻求最优，从可为他所用的一切备选方案当中，择其最优者。经济人的堂弟——管理人找到足可以缝衣服的针就满足了，即寻求满意，寻求一个令人满意的或足够好的行动程序。西蒙的有限理性和满意准则这两个命题，纠正了传统的理性选择理论的偏激，拉近了理性选择的预设条件与现实生活的距离。

4.3.2 有限理性的内涵

西蒙在批判传统理性概念的同时，从心理学角度出发，论证了人类行为的理性是在有限环境和资源条件下的理性，有限理性是由人的心理机制来决定的。具体表现在（宗文举等，2005；杨乃定等，2004）：

首先，现实中的人是完备知识追求者，但永远不可能具备完备的知识。随着人类改造自然能力的增强，最多只能有限接近现实。这是因为真实的人对外界信息的感知能力有限，对感知到的信息的记忆能力有限，对被记忆信息加工能力有限。

（1）真实人的感知能力有限。实验心理学表明，人们的感觉是由外界的刺激引发的，外界的刺激是从零开始一直伸展到无穷大，但是，正如光波的频段性一样，人所能接受的只是其中的一小部分。刺激太弱不能引起人的感觉；刺激太强，相应的感觉器官不能接受。实验心理学家把刚刚能引发感觉的最小刺激强度叫做绝对阈限，把刚刚能引起差别感觉的最小刺激差叫做差别阈限。人的嗅觉、味觉、听觉、色觉、形状知觉等都存在着它们各自的绝对阈限和差别阈限。由于阈限的存在，真实人对环境的感知能力是有局限性的。

（2）真实人的记忆能力是有限的。根据实验心理研究的结果，人类的记忆是一个信息加工的过程。①当外界刺激作用于人的感官以后，一定数量的关于刺激的信息在系统被登记下来。由于人对外界刺激感知能力有限，登记下来的信息也是有限的。②人们把登记下来的信息和以前获得的知识进行比较，当一个信息和某一个有意义的概论联系起来并被确认，实现"模式识别"。人的模式识别能力只有在感知到的信息，头脑中存储的概念以及它们二者之间的联系都完善且相互匹配的条件下才可能准确实现，但考虑到信息的复杂性和头脑中存储概念的模糊型，准确无偏的模式识别则难以实现。③被确认出来的信息具有了明确的意义或名称。通过不断地复习，被强化印象，输入到叫做长时记忆的永久的储存室中。心理学的研究普遍认为在短期记忆阶段，存在着所谓"7±2"法则，即短时记忆的容量不超过5～9个信息块，信息过多将只能降低记忆的效率。④经过短期记忆后，信息进入长期记忆。大脑在记忆的同时还在遗忘，这样就有可能步入两难境地：需要的信息缺乏，不需要的泛滥成灾（罗伯特·L·索尔索著，黄希庭等译，1990）。

（3）真实人的信息处理能力也是有限的。现实世界中的大多数决策问题都比较复杂，特别是人类社会中的决策问题不仅需要考虑经济效益，还要考虑社会效益和生态效益，不仅需要考虑许多可能定量化的因素，还要考虑许多不能定量化的因素，甚至还需要运用权力和谋略的力量，要把这一切都计算得丝毫不差是不可能的。另外，如果不能保证对自然界和人类社会的观察、感觉、归纳和预测是完美无缺的，对各种决策问题无遗漏地给出备择方案就是不切实际的幻想。尽管现代科学借助各种仪器、设备来扩展人的感觉器官，采集信息、处理信息、分析信息，减少在决策过程中的不确定性，但受制于人自身能力的局限性和自然界复杂系统的不确定性，在决策时还是持有限理性的。信息加工处理流程的每个阶段，都不能保证百分之百没有信息遗漏，或者完全反映对象本质。

其次，真实人并不能永远保持自己有条理的、稳定的偏好体系。不同的境况和不同的阶段真实人会有不同的追求。当一个人在没有工作时，可能会追求一份稳定的工作；但当具备一份稳定的工作时，可能就比较偏好有自己的一番事业。另外，人们在现实中对未来会持有不同的愿景和理想，看重长远发展则不会在意眼前一得一失，抱有远大理想之人必有非同寻常之价值偏好。因此，真实人的偏好不是一致的，他们在对备择方案进行评价时也不可能口径统一，一概而论。

正是由于人的感知能力、记忆能力、分析能力、计算能力和不一致偏好影响着判断和选择，使人们并不能像"理性经济人"那样完美地思考，只能在有限资源和有限心智的基础上思考问题，做出决策。

4.3.3　行为经济学与有限理性

行为经济学是在心理学的基础上研究经济行为和经济现象的经济学分支学科，其核心观点包括：对经济行为的研究必须建立在现实的心理特征基础上，而不能建立在抽象的行为假设基础上；从心理特征看，当事人是有限理性的，依靠心理账户、启发式、代表性程序进行决策，关心相对损益，并常常有框架依赖效应等；当事人在决策时偏好不是外生给定的，而是内生于当事人的决策过程中，不仅可能出现偏好逆转，而且会出现时间不一致等；当事人的这些决策模式和行为特征通过经济变量反映出来，结果市场有效性不再成立，各种经济政策需要重新考虑（李宝琴，2003）。

真正把经济行为作为主要研究任务的经济学家有两个代表性人物：一是卡托纳（Katona）；二是西蒙。20 世纪 40 年代开始，卡托纳广泛研究了经济行为的心理基础，特别是预期的形成，提出了关于通货膨胀心理预期假说，为后来的通胀目标理论打下了基础。西蒙的研究广为人知，他通过认知心理学的研究，提出了"有限理性"假说，指出经济活动当事人在决策时不仅面临复杂环境的约束，而且还面临自身认知能力的约束，即使一个当事人能够精确地计算每一次选择的成本收益，也很难精确地做出选择，因为当事人可能无法准确了解自己的偏好序列（肖斌，2006；于全辉，2006）。

继卡托纳和西蒙等之后，许多具有探索精神的经济学家和心理学家开始联手研究经济行为的发生机制，并试图建立经济行为的心理基础。卡托纳等尝试测度影响当事人决策的心理因素，并讨论其对各种具体经济变量的影响，但由于没有找到合理的方法，使得这类研究无法形成能刺激后续研究的开放体系。到了20世纪70年代，心理学家卡尼曼（Kahneman）和特维斯基（Tversky）发表了一系列震撼人心的研究成果，通过吸收实验心理学和认知心理学等领域的最新进展，以效用函数的构造为核心，把心理学和经济学有机结合起来，彻底改变了西方主流经济学（特别是新古典经济学）中的个体选择模型，并激发了其他行为经济学家把相关研究领域拓展到经济学的各主要分支，从而形成了真正意义上的行为经济学流派（乔洪武等，2006）。

　　行为经济学流派通过对西方主流经济学（特别是新古典经济学）的反思和批判，试图在心理学关于人的行为的研究基础上，讨论经济活动的当事人的各种心理活动特征对其选择或决策模式的影响；不同的心理活动影响到相应的决策模式，从而表现出相应的行为特征，这些行为特征又通过决策后果反映到具体的经济变量当中。最直观和典型的例子就是证券市场，行为经济学家发现证券价格的波动很大程度上取决于投资者心理的变化，比如投资者过度乐观或过度悲观都会导致价格剧烈波动，纳斯达克网络股价格狂飙时代就是投资者对网络企业前景过度乐观的结果，这种波动现象被希勒称为"非理性繁荣"（希勒著，廖理等译，2000）。

　　当然，行为经济学是不能用"非理性繁荣"来概括的，尽管许多人通过希勒接受了行为经济学的一些基本观点。从现有的研究成果看，行为经济学主要通过提出更为现实的个人决策模型来有效解释各种经济现象，并且这种模型无需严格地区分当事人的各类专门行为。因此，一个近似的说法是行为经济学在新古典经济学研究的基础上，重新构建了这些模型的行为基础，进而改变了这些模型的逻辑本身。行为经济学通过建立更为现实的心理学基础，大大提高了经济学的解释力。

　　行为经济学这种特殊处境来自其对新古典经济学传统的继承，一方面，行为经济学继承了新古典经济学赖以生存的二大基石——个体主义方法论、主观主义价值论；另一方面，行为经济学又不满足于新古典经济学对行为假定的不现实性，主张通过心理学打造一个现实的行为基础，其中西蒙的"有限理性"假说起到先锋的作用。

　　应该说，行为经济学一开始是没有系统的理论的，早期的探索不过是对新古典经济学不满而展开的反驳，比如卡托纳等的研究就是如此（刘颂，1998）。行为经济学家也不主张回到享乐主义传统，而是力求揭示行为的更广泛的心理基础。在这种前提下，行为经济学家一致同意，新古典经济学的个体主义方法论和主观价值论是无须怀疑的，需要改变的是关于行为研究的假定。这一点被西蒙在20世纪50年代所倡导。西蒙认为，新古典经济学的行为假定忽视了现实的人的真实行为特征，现实的人的决策面临有限理性的约束，这种约束表现在两个方面：一是当事人的计算能力是有限的，不可能像新古典经济学所假定的经济人那样全知全能；二是当事人进行理性计算是有成本的，不可能无休止的计算。在理性约束下，当事人就无法找到最优解。

西蒙在多个专业领域的研究都强调了人的决策，为行为经济学提供了理论基础，给后来的行为经济学家很大的启发。行为经济学开始了有限理性的研究并且致力于确认和发展启发式决策行为，尽管两者之间仅仅存在"有限理性"这一概念上的关联。行为经济学的发展得益于心理学本身的进步，心理学从过去的享乐主义传统过渡到科学的实证主义研究，对大脑的看法也从过去的刺激—反映型行为观过渡到信息处理和配置机制观，心理学的研究深入到神经元的构造和有序性，这些研究对行为的理解大大加深了。正是在这种背景下，行为经济学家把心理学的研究方法和理论与经济学有机结合，才逐步形成了现有的理论构架。

4.4 时空分析技术方法

4.4.1 空间数据插值——克里格方法

空间数据插值是一种重要的空间分析方法。在数据分析过程中，需要对缺失值进行处理。所谓缺失值，是指在数据采集和整理过程中丢失的内容。插值处理是一种缺失值处理的方法，所谓插值就是指人为地用一个数值去替代缺失的数值。

克里格插值是 Krigel 和 Matheron 共同完成的一种空间局部插值法。它是以变异函数理论和结构分析为基础，在有限区域内对区域化变量进行无偏最优估计的一种方法（孟翠丽等，2013；郑国等，2011；汤国安等，2006）。其实质是利用区域化变量的原始数据和变异函数的结构特点，对未知样点进行线性无偏和最优估计。无偏是指偏差的数学期望为 0，最优是指估计值与实际值之差的平方和最小。也就是说，克里格插值方法是根据未知样点有限邻域内的若干已知样本点数据，在考虑了样本点的形状、大小和空间位置，与未知样点的相互空间位置关系，以及变异函数提供的结构信息之后，对未知样点进行的一种线性无偏最优估计。

根据已知量和待估量的均值是已知还是未知，在未知时再看它是平稳还是非平稳。根据假设模型的不同，有各种不同的克里格插值方法，如简单克里格插值、普通克里格插值、泛克里格插值等。以后人们针对具体情况和条件，考虑不同的目的和要求，按照一定的原则建立一系列不同的估值方法，也叫做各种各样的克里格插值，如协同克里格、对数正态克里格、指示克里格、概率克里格、限制克里格等。这些克里格方法构成了一系列行之有效的估计手段。

在克里格插值过程中，需注意以下 4 点：①数据应符合前提假设。②数据应尽量充分，样本数尽量大于 80，每一种距离间割分类中的样本对数尽量多于 10 对。③在具体建模过程中，很多参数是可调的，且每个参数对结果的影响不同。例如，块金值误差随块金值的增大而增大；基台值对结果影响不大；变程存在最佳变程值；拟合函数存在最佳拟合函数。④当数据足够多时，各种插值方法的效果相差不大。

各种克里格估计方法都是多元线性回归分析的特例，所要解决的问题是根据随机函数 $Z(u)$ 在 n 个取样点 $u_\alpha(\alpha=1,\cdots,n)$ 处的已知观测值求某一点的估计值 $Z^*(u)$。估计值的一般表达式为

$$Z^*(u) = \lambda_0 + \sum_{\alpha=1}^{n} \lambda_\alpha Z(u_\alpha) \tag{4.1}$$

要求估计值满足无偏条件：

$$EZ^*(u) = EZ(u) = m(u) \tag{4.2}$$

并使估计方差 $\sigma_E^2 = \mathrm{Var}\left[Z^*(u) - Z(u)\right]$ 最小。

在不同的具体条件下，求满足上述要求的估计系数 $\lambda_\alpha(\alpha=1,\cdots,n)$ 及估计值 $Z^*(u)$，就是各种克里格方法所要解决的问题。

以普通克里格估计法为例，它是区域化变量的线性估计，假设数据变化呈正态分布，认为区域化变量 Z 的期望值是未知的。插值过程类似于加权滑动平均，权重值的确定来自于空间数据分析。普通克里格不要求 $Z(u)$ 的数学期望已知，但却要求是二阶平稳的，即有 $EZ(u)=m$ （常数）。这时的无偏条件成为

$$\sum_{\alpha=1}^{n} \lambda_\alpha = 1, \lambda_0 = 0 \tag{4.3}$$

从而估计值表达式为

$$Z^*(u) = \sum_{\alpha=1}^{n} \lambda_\alpha Z(u_\alpha) \tag{4.4}$$

使估计方程极小化的克里格方程组为

$$\begin{cases} \sum_{\beta=1}^{n} \lambda_\beta c(u_\beta - u_\alpha) + u = c(u - u_\alpha)(\alpha = 1,2,\cdots,n) \\ \sum_{\beta=1}^{n} \lambda_\beta = 1 \end{cases} \tag{4.5}$$

克里格方差为

$$\sigma_{ok}^2 = c(o) - \sum_{\alpha=1}^{n} \lambda_\alpha c(u - u_\alpha) - \mu \tag{4.6}$$

克里格插值广泛应用于具有空间相关性的变量研究中，本书主要采用克里格插值对秦岭南北的暴雨空间分布、暴雨灾害风险评估中的各项因子（致灾因子、孕灾环境、承灾体、防灾减灾能力）以及综合评价指数的空间分布进行研究，了解研究区内降水和暴雨的空间整体分布特征，暴雨灾害风险评估中各因子的空间分布特征，并在空间尺度上对研究区暴雨灾害风险进行评价。

4.4.2　TRMM 数据处理方法

1. TRMM 数据精度验证

根据气象站点的经纬度，利用 MATLAB 编码提取对应位置的 TRMM 降水数据值，并分析 TRMM 降水数据与气象站点实测数据之间的相关性和差异性。对TRMM 数据的精度评估主要用到的指标有相关系数（R）、相对误差（BIAS）、均方根误差（RMSE）、均方误差技能评分（MSSS），各项指标的定义如下：

$$R_j = \frac{\sum_{i=1}^{n}(F_{ij} - \overline{F_j})(G_{ij} - \overline{G_j})}{\sqrt{\sum_{i=1}^{n}(F_{ij} - \overline{F_j})^2 \sum_{i=1}^{n}(G_{ij} - \overline{G_j})^2}} \tag{4.7}$$

$$\text{BIAS}_j(\%) = \frac{\sum_{i=1}^{n}(F_{ij} - G_{ij})}{\sum_{i=1}^{n}G_{ij}} \times 100\% \tag{4.8}$$

$$\text{RMSE}_j(\%) = \frac{\sqrt{\dfrac{1}{n}\sum_{i=1}^{n}(F_{ij} - \text{MBE}_j - G_{ij})^2}}{\sum_{i=1}^{n}G_{ij}} \times 100\% \tag{4.9}$$

其中：

$$\text{MBE}_j = \frac{1}{n}\sum_{i=1}^{n}(F_{ij} - G_{ij}) \tag{4.10}$$

$$\text{MSSS}_j = 1 - \frac{\text{MSE}_j}{\text{MSE}_{cj}} \tag{4.11}$$

其中：

$$\text{MSE}_j = \frac{1}{n}\sum_{i=1}^{n}(F_{ij} - G_{ij})^2 \ ; \quad \text{MSE}_{cj} = (\frac{n}{n-1})^2 S_{G_j}^2 \tag{4.12}$$

式中，F_{ij} 是 j 站的卫星降水产品降水估计值；G_{ij} 是 j 站的气象站点实测降水值；$\overline{F_j}$ 和 $\overline{G_j}$ 分别为相应时间尺度 j 站点卫星降水产品与实测站点降水的平均值；MBE_j 为相应时间尺度 j 站点的平均差值；MSE_j 为均方误差；MSE_{cj} 为"气候学"预测中常用的均方误差；$S_{G_j}^2$ 为方差值；n 为被比较的数据对的个数；i 为任意被比较的数据对；j 代表任意站点；R 为相关系数，它可以反映站点降水值与 TRMM 降水值的相关程度，取值范围为[0，1]，越接近 1 表明数据一致性越好。BIAS 反映了 TRMM 降水值与站点实测降水值在数值上的偏离程度。BIAS 越接近 0，表明数据越精确；BIAS 大于 0，表明 TRMM 降水值整体高估；BIAS 小于 0，表明 TRMM 降水值整体低估。RMSE 用来评估 TRMM 卫星降水数据的随机误差，其取值越小，表明测量的可靠性越大。MSSS 主要用于不分类的确定性预报检验和评估（Liu et al.，2015；何慧根等，2014；Furuzawa et al.，2005），其值越大表明 TRMM 降水产品的预测降水值的均方误差越小，也就是说测量可靠性越大。

为了得到在日时间尺度上更详细的信息，在该时间尺度的比较分析过程中，还将计算以下一系列的指标参数，包括偏差评分（BS）、命中率（HR）、漏检率（MR）、错误预报率（FAR）和微弱降水探测率（MRS），具体定义如下（站点降水所标识的"32700"代表微量降水）：

$$BS = \frac{TRMM降水数据非零的天数}{实测降水数据非零的天数}$$

$$HR = \frac{TRMM降水数据和实测降水数据均非零的天数}{实测降水数据非零的天数}$$

$$MR = \frac{TRMM降水数据为零但是实测降水数据非零的天数}{实测降水数据非零的天数}$$

$$FAR = \frac{TRMM降水数据非零但是实测降水数据为零的天数}{实测降水数据为零的天数}$$

$$MRS = \frac{TRMM降水数据非零但是实测降水数据为"32700"的天数}{实测降水数据是"32700"的天数}$$

考虑到研究区复杂地形可能对 TRMM 降水产品精度产生影响，且由于气象站点分布在海拔较低、坡度较缓的区域，不便使用海拔、坡度等地形因子来定量分析地形对 TRMM 的影响程度，故依据陕西秦巴山区的地貌特性将其分为四个不同的地形区域，分区域对 TRMM 3B42 降水数据进行精度评价，分析地形差异对 TRMM 降水产品的影响。

2. TRMM 数据降尺度处理

（1）GWR 降尺度模型。地理加权回归（Geographically Weighted Regression，GWR）模型由英国地理统计学家 Fortheringham 提出，在区域研究和空间异质性研究中得到广泛应用（Propastion et al.，2008）。其基本思想是变量间的关系随着空间位置的变化而变化，通过估算每一位置的因变量与相关变量的参数来建立回归模型（姚永慧等，2013）。本书利用 NDVI 与 TRMM 降水数据建立 GWR 回归模型，通过在不同影像之间建立特征量 NDVI 的函数关系，实现空间尺度的转换。

$$y_i = \beta_{0i}(u) + \beta_{1i}(u)x_{1i} + \varepsilon_i(u) \tag{4.13}$$

式中，y_i 为第 i 点的降水量；x_{1i} 为第 i 点的 NDVI 值；u 为某一个空间坐标；ε_i 为残差；$i = 1, 2, \cdots, n$，表示样本点的个数；β 为相应的系数项。具体步骤为：将 1km

空间分辨率的 NDVI 数据重采样成 0.25°空间分辨率，建立 0.25°TRMM 与 0.25°NDVI 的地理加权回归（GWR）模型，得到回归模型中的常数项、NDVI 对应系数及残差结果；栅格化 0.25°空间分辨率的模型常数项、系数项并重采样成 1km 数据，同时利用空间插值方法将残差数据空间分辨率转化为 1km；在 1km 空间分辨率条件下，计算 NDVI 乘以对应系数并加上常数项得到 GWR 降尺度模型的 1km 预测降水值；模型预测降水值与 1km 残差数据相加即可得到模型最终的降尺度结果降水数据。

（2）比例指数。由于植被对于降水具有滞后性，在进行月尺度的降尺度研究中，不能直接通过上述模型进行月尺度降水的估算。研究中采用比例指数（嵇涛，2014），从 2010 年的 1km 空间分辨率经过降尺度与校准的降水数据中分离出对应年份的各月降水数据。其过程是：首先计算 TRMM 降水数据 2010 年各月降水对应年降水的比例指数，其次将 2010 年各月 0.25°的比例指数应用插值技术获取 1km 空间分辨率条件下的比例系数数据，最后分别将各月 1km 分辨率的比例指数乘以 2010 年降尺度校准降水数据得到各月的降尺度降水数据。

4.4.3　小波分析

小波分析是在 Fourier 分析的基础上发展起来的一种新的时频局部化分析方法，被誉为"数学显微镜"。小波分析是应用面极为广泛的一种数学方法，是纯粹数学和应用数学完美结合的一个典范（罗光坤，2007；衡彤，2003；毕云等，2000）。小波分析为现代地理学研究提供了一种新方法。运用小波分析对一些多尺度、多层次、多分辨率问题进行研究，如气候变化、植物群落的空间分布、遥感图像处理等，往往能够得到令人满意的结果。但是，面对具体问题，究竟怎么选择小波，怎么运用小波分析方法建立地理学模型，学术界并没有取得共识。

小波就是定义在式（4.14）的函数集合 $L^2(R)$ 中满足式（4.15）或式（4.16）的一个函数或者信号 $\psi(x)$。

$$\int_{-\infty}^{+\infty} |f(x)|^2 \mathrm{d}x < +\infty \tag{4.14}$$

$$C_\psi = \int_{R^*} \frac{|\psi(x)|^2}{\omega} \mathrm{d}\omega < +\infty \tag{4.15}$$

$$\int_{R^*} \psi(\omega) \mathrm{d}\omega = 0 \tag{4.16}$$

式中，R^* 为非零实数全体；$\psi(x)$ 为小波母函数。

式（4.15）或式（4.16）称为容许性条件。对于任意的实数对（m，n），称式（4.17）为小波母函数 $\psi(x)$ 生成的依赖于参数（m，n）的连续小波函数，简称小波。

$$\psi_{m,n}(x) = \frac{1}{\sqrt{|m|}} \psi\left(\frac{x-n}{m}\right) \tag{4.17}$$

式中，m 为伸缩尺度参数（非零实数）；n 为平移尺度参数。

小波变换极其性质：

第一，Parseval 恒等式。

$$C_\psi \int_R f(x)\overline{g(x)}\mathrm{d}x = \iint_{R^2} W_f(a, b)\overline{W_g(a, b)}\frac{\mathrm{d}a\mathrm{d}b}{a^2} \tag{4.18}$$

第二，小波反演公式。通过 Parseval 恒等式可以推出，在 $L^2(R)$ 中，式（4.19）成立，在点 $x = x_0$ 处，则有式（4.20）成立。说明小波变换作为信号变换和信号分析的工具，在变换过程中是没有信息损失的。

$$f(x) = \frac{1}{C_\psi} \iint_{R \times R^*} W_f(a, b)\psi_{(a, b)}(x)\frac{\mathrm{d}a\mathrm{d}b}{a^2} \tag{4.19}$$

$$f(x_0) = \frac{1}{C_\psi} \iint_{R \times R^*} W_f(a, b)\psi_{(a, b)}(x_0)\frac{\mathrm{d}a\mathrm{d}b}{a^2} \tag{4.20}$$

第三，吸收公式与吸收逆变换公式。在式（4.21）成立时，有式（4.22）成立，也有相应的式（4.23）成立。式（4.22）和式（4.23）就是吸收公式和吸收逆变换公式。

$$\int_0^{+\infty} \frac{|\psi(\omega)|^2}{\omega} \mathrm{d}\omega = \int_0^{+\infty} \frac{|\psi(-\omega)|^2}{\omega} \mathrm{d}\omega \tag{4.21}$$

$$\frac{1}{2} C_\psi \int_{-\infty}^{+\infty} f(x)\overline{g(x)}\mathrm{d}x = \int_0^{+\infty} \left[\int_{-\infty}^{+\infty} W_f(a, b)\overline{W_g(a, b)}\mathrm{d}b\right]\frac{\mathrm{d}a}{a^2} \tag{4.22}$$

$$f(x) = \frac{2}{C_\psi} \int_0^{+\infty} \left[\int_{-\infty}^{+\infty} W_f(a, b)\overline{\psi_{(a, b)}}(x)\mathrm{d}b\right]\frac{\mathrm{d}a}{a^2} \tag{4.23}$$

在应用中有几种比较常见的小波：

（1）Shannon 小波：$\psi(t) = \dfrac{\sin(2\pi t) - \sin(\pi t)}{\pi t}$

（2）Gaussan 小波：$G(t) = \mathrm{e}^{-t^2/2}$

（3）Morlet 小波：$\psi(t) = \mathrm{e}^{icx}\mathrm{e}^{-t^2/2}$

（4）Mexican 帽子小波：$H(t) = \left(1 - t^2\mathrm{e}^{-t^2/2}\right)$

小波分析能够解决时间频率的局部分析问题，本书主要应用 Morlet 小波分析研究秦岭南北年降水量和暴雨日数、日最大降水量的时频变化，了解研究区降水和暴雨在时间尺度上的变化规律，能够简单地预测未来几年的总体状况。

4.5　指标权重确定方法

4.5.1　具体方法

权重是衡量各项指标和准则层对其目标层贡献程度大小的物理量。多指标建模过程中，权重分配是一个不可避免的问题。在众多指标评价体系中，权重设计的方法也各有优劣。研究中主要用到的方法有层次分析法、模糊层次分析法、序关系分析法、主成分分析法、未确知测度模型分析、熵权法等。

1. 层次分析法

层次分析法（analytic hierarchy process），简称 AHP。20 世纪 70 年代，美国运筹学家 Saaty 提出 AHP 决策分析法。AHP 是一种定性与定量相结合的方法，是决策者将冗杂的数据系统定量化和模型化的过程。AHP 决策分析法的特点是决策者通过 AHP 法将复杂的问题分成多类简单、清晰的子因素，再分析、处理和计算各个要素，最后得出不同的解决方案的重要性程度的权重，从而提出最有效的决策方案。这种方法的特点：①思路简单、清晰，便于管理者掌握，使得决策时思路条理化、数量化、计算简便，通过决策者和决策分析者相互沟通，增加了决策的有效性，因此被多数研究者接受。②需要定量化数据少，能够清晰地解释问题的实质及因素之间的逻辑关系。因其实用性价值，常被应用于多目标、多指标层的非结构化的战略决策研究中。③能将复杂难以量化的数据，通过个体思维的差异性，比较权衡确定权重值。以机理分析、统计分析方式抓住问题本质，减少运算过程。对于复杂的、棘手的地理问题能较好地解决，近年来被广泛用于地震、暴雨等突发自然灾害的评估研究领域（孙玉荣等，2010）。

AHP 决策分析法的基本步骤：

（1）明确问题。确定指标范围及指标的层次关系。

（2）建立层次模型。要求将研究指标分类，属于同一类型的要素安排一层，层层递进关系。

（3）构建判断矩阵。判断矩阵是 AHP 分析的核心部分，即针对上次层次中各要素而言，评定该层次中各要素相对重要性的情况，见表 4.1。

表 4.1　AHP 判断矩阵表

A_k	B_1	B_2	$\cdots$	B_n
B_1	b_{11}	b_{12}	$\cdots$	b_{1n}
B_2	b_{21}	b_{22}	$\cdots$	b_{2n}
$\vdots$	$\vdots$	$\vdots$		$\vdots$
B_n	b_{n1}	b_{n2}	$\cdots$	b_{nn}

其中，b_{ij} 表示对 A_k 而言，要素 B_i 对 B_j 的相对重要性的值。相对重要性分数判定的时候，采用 Saaty 经过大量实验验证，优于其他 26 种评分标准的，1～9 度评分法，这种标度的方法更能将思维判断数量化，见表 4.2。

表 4.2　Saaty 评分标度表

尺度	含义
1	第 i 个因素与第 j 个因素的影响一样重要
3	第 i 个因素与第 j 个因素的影响重要一点
5	第 i 个因素与第 j 个因素的影响重要得多
7	第 i 个因素与第 j 个因素的影响明更重要
9	第 i 个因素与第 j 个因素的影响特别重要

2、4、6、8 表示第 i 个因素与第 j 个因素的影响介于上述两个级别之间。对于任何判断矩阵要满足：

$$A_{ij} > 0$$
$$A_{ij} = 1 / A_{ji}$$
$$A_{ii} = 1$$

通常判断矩阵的重要性数值是综合数据资料、专家意见和个人经验确定判断是否一致性矩阵：

$$b_{ij} = \frac{b_{ik}}{b_{jk}} (i, j, k = 1, 2, 3, \cdots, n) \tag{4.24}$$

结果如果满足公式则表示具有完全一致性关系。

（4）一致性检验及层次单排序。层次单排序的目的是本层要素针对上一层要素确定与其关联的各要素重要性排序的权重值，是判断上一层某个要素的重要性大小基础。换言之，就是计算判断矩阵的最大特征根以及特征向量。

$$BW = \lambda_{\max} W \tag{4.25}$$

式中，$\lambda_{\max}$ 表示为 B 的最大特征根，W 表示为对应于 $\lambda_{\max}$ 的正规化特征向量，当 $\lambda_{\max} = n$ 时，判断矩阵 B 具有完全一致性，但是这种情况不常出现。检测矩阵的一致性为

$$CI = \frac{\lambda_{\max} - n}{n - 1} \tag{4.26}$$

当 $CI = 0$ 时，所得判断矩阵具有完全一致性，反之，判断矩阵一致性越差。

为了检测判断矩阵的有利用价值，需要将其与 RI（表 4.3）比较，当其比例 CR 满足公式（4.27）时，就认为判断矩阵具有高度利用价值。

$$CR = \frac{CI}{RI} < 0.10 \tag{4.27}$$

表 4.3 平均一致性指标

阶数	1	2	3	4	5	6	7	8	9	10	11	12	13	14	15
RI	0	0	0.58	0.9	1.12	1.24	1.32	1.41	1.45	1.49	1.52	1.54	1.56	1.58	1.59

（5）层次总排序。利用同一指标层中的全部的单排序的结果，计算指定上层而言的本层次全部因素的重要性权重（表 4.4）。

表 4.4 AHP 层次总排序表

层次 A / 层次 B	A_1 a_1	A_2 a_2	...	A_m a_m	B 层次的总排序
B_1	b_1^1	b_1^2	...	b_1^m	$\sum_{j=1}^{m} a_j b_1^j$
B_2	b_2^1	b_2^2	...	b_2^m	$\sum_{j=1}^{m} a_j b_2^j$
⋮	⋮	⋮	⋮	⋮	⋮
B_n	b_n^1	b_n^2	...	b_n^m	$\sum_{j=1}^{m} a_j b_n^j$

（6）一致性检验。与检测指标单层次排序一样，需要进行一致性检验来评价层次总排序的计算机结果的一致性，为此需要计算指标：

$$\mathrm{CI} = \sum_{j=1}^{n} a_j \mathrm{CI}_j, \quad \mathrm{RI} = \sum_{j=1}^{m} a_j \mathrm{RI}_j, \quad \mathrm{CR} = \frac{\mathrm{CI}}{\mathrm{RI}} < 0.10 \tag{4.28}$$

式中，CI 为层次总排序的一致性检验指标；RI 是层次总排序的随机一致性指标；CI_j 是与 a_j 对应的 B 层次的判断矩阵的一致性指标。当 CR＜0.10 时，表示层次排序矩阵所得结果达到使用标准，具有一致性；否则，将调整本层次的各判断矩阵直至达到使用标准。

2. 模糊层次分析法

在客观世界中，面对复杂的决策问题时，常使用模糊判断，这是因为现实生活中很多概念都具有模糊性，而对这种决策问题的分析，常用模糊层次分析法。

模糊层次分析法（fuzzy analytic hierarchy process，FAHP）是一种运用模糊变换原理分析和层次分析法相结合的综合评价方法，具有模糊理论和层次分析法的优点，在处理各种不易定量的复杂问题方面，具有明显的优势，被广泛应用于各个学科领域。在地理上，模糊层次分析法常被用在生态评价、环境评价、区域可持续发展评价等方面。模糊层次分析法的步骤如下：

（1）建立优先关系判断矩阵。以往的研究中有采用 0，0.5，1 这种标度法来构造的，这种标度法虽然计算简单，但是只能模糊的表示出指标中两两要素的重要性，所以本书采用 0.1～0.9 标度法来确定每一层的相对重要性，从而构造优先关系矩阵，见表4.5。

表4.5　0.1～0.9标度法及其意义

判断尺度	定义	含义
0.5	同等重要	两因素相对于上一层次而言，同等重要
0.6	略微重要	两因素相对于上一层次而言，一个比另一个略微重要
0.7	明显重要	两因素相对于上一层次而言，一个比另一个明显重要
0.8	强烈重要	两因素相对于上一层次而言，一个比另一个强烈重要
0.9	绝对重要	两因素相对于上一层次而言，一个比另一个绝对重要
0.1，0.2，0.3，0.4	反比较	如果两因素 i 与 j 相比，重要性为 a_{ij}，那么因素 j 相对于因素 i 的重要性为 $a_{ji}=1-a_{ij}$

由于所构建的矩阵满足 $0 \leqslant a_{ij} \leqslant 1$，（$i=1,2,\cdots,n$；$j=1,2,\cdots,n$），这样的矩阵 A 就是模糊矩阵，而当模糊矩阵 A 中任意的 $a_{ij}+a_{ji}=1$，（$i=1,2,\cdots,n$；$j=1,2,\cdots,n$），则称 A 为模糊互补矩阵。

（2）建立模糊一致矩阵。当模糊互补矩阵 A 满足 $a_{ij}=a_{im}-a_{jm}+0.5$，（$i=1,2,\cdots,n$；$j=1,2,\cdots,n$；$m=1,2,\cdots,n$；$k=1,2,\cdots,n$），这样的矩阵叫做模糊一致矩阵。模糊一致矩阵具有以下性质：①如果所要评价的 i 元素和 j 元素的重要性程度一样，则矩阵中 $a_{ij}=0.5$。②如果所要评价的 i 元素比 j 元素的重要性程度大，则矩阵中 $0.5 \leqslant a_{ij} \leqslant 1$，且值越大，重要性程度越高。③如果所要评价的 j 元素比 i 元素的重要性程度大，则矩阵中 $0 \leqslant a_{ij} \leqslant 0.5$，且值越小，重要性程度越高；

按照模糊互补矩阵与模糊一致矩阵的关系，实现它们之间的转化，首先把模糊互补矩阵 A 按照行对其求和，$a_i = \sum_{m=1}^{n} a_{im}$ （$i=1,2,\cdots,n$），通过公式 $a_{ij}=(a_i-a_j)/2n+0.5$ 把模糊互补矩阵转化为模糊一致矩阵。

（3）层次单排序。通过所建立的模糊一致矩阵来确定各评价因素相对于上一层的重要性排序，以往的研究表明，用这种方法计算出来的排序具有科学性和高分辨率的特点，计算公式如下：

$$w_i^m = \frac{1}{n} - \frac{1}{2\alpha} + \frac{\sum_{j=1}^{n} r_{ij}}{n\alpha} \quad (i=1,2,\cdots,n) \tag{4.29}$$

式中，$\alpha \geqslant (n-1)/2$。

（4）层次总排序。层次总排序用来确定各因素相对于所研究的总目标的权重，计算公式如下：

$$T_i = \sum_{k=1}^{n} w_k s_i^k \quad (i=1,2,\cdots,n) \tag{4.30}$$

通过对层次分析法和模糊层次分析法的对比分析，本书选用模糊层次法计算权重。从模糊层次分析法的算法可以看出，如果优先关系判断矩阵少，计算量相对来说还比较少，如果判断矩阵多，那么计算量机会相当大，所以需要借助别的程序实现其权重的计算，这里使用 MATLAB 软件，通过编程实现对权重的快捷运算（张吉军，2003）

3. 序关系分析法

序关系分析法（order relation analysis method，又称 G1-method）与层次分析法思路有类似，都要通过系统分解，将复杂问题分解成不同元素而成为简单问题，通过将不同元素进行分组，以形成目标层、准则层和方案层。其中，某一层次的元素在支配下一层次元素的同时也受到其上一层测元素的支配，这样从上到下便形成了层次递进关系，见图 4.3。

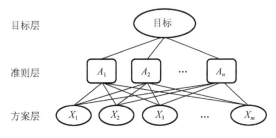

图 4.3　序关系分析基本结构

序关系法计算权重过程如下：

（1）准则层对目标层的权重。假设准则层有 n 个指标分别为 X_1，X_2，$\cdots$，X_n，现在需要知道这 n 个指标对于目标的影响程度，以确定准则层中各指标在目标评价中所占比重，也即确定准则层对目标层的序关系。

序关系的确定最重要的步骤便是确定指标重要性排序，一般通过专家决策的方式确定排序。决策者首先从 n 各指标中挑选出其中最重要的一个记为 X_1^*，然后从剩下的 $n-1$ 个指标中挑选出其认为最重要的一个记为 X_2^*，依次类推，直到经过 $n-1$ 轮挑选最后一个指标记为 X_n^*。如此，便确定了唯一的一个指标重要性排序 $X_1^* > X_2^* > \cdots > X_n^*$。

指标重要性排序确定好之后，对指标间两两进行指标相对重要程度比值判断，设决策者对于指标 X_{k-1} 与 X_k 的相对重要程度比 w_{k-1}/w_k 记为 $r_k (k=2,3,\cdots,n)$。若指标 $X_1, X_2, \cdots, X_n$ 的序关系满足 $X_1^* > X_2^* > \cdots > X_n^*$，则 $r_{k-1} > 1/r_k (k=2,3,\cdots,n)$，若得到的指标间相对重要性程度 r_i 满足上述关系，则权重 w_n 通过下式计算。

$$w_n = (1 + \sum_{k=2}^{n} \prod_{i=k}^{n} r_i)^{-1} \tag{4.31}$$

$$w_{k-1} = r_k w_k (k=2,3,\cdots,n) \tag{4.32}$$

（2）方案层对准则层的权重。方案层对准则层的权重计算和（1）中准则层对目标层计算一样，首先确定方案层指标重要性排序，再计算出方案层对准则层权重，计算所得各方案对不同准则层权重分别为：$\Phi_1 = [w_{11}, w_{12}, \cdots, w_{1n}]$，$\Phi_2 = [w_{21}, w_{22}, \cdots, w_{2n}]$，$\cdots$，$\Phi_m = [w_{m1}, w_{m2}, \cdots, w_{mn}]$。

（3）方案层对目标层的权重。在得出准则层对目标层权重及方案层对准则层权重后，可通过下式进行方案层对目标层权重计算。

$$m_i = w \cdot \Phi_i^{\mathrm{T}} (i = 1, 2, \cdots, m) \tag{4.33}$$

4. 主成分分析法

主成分分析（principal component analysis，PCA）法是一种降低多变量系统维度的分析方法，是一种将多变量通过一系列的数学分析综合成若干个有代表性变量的降维处理技术。

假设多变量系统中，有 m 个样本数据，有 n 个变量，这样就构成了一个 $m \times n$ 的数据矩阵：

$$X = \begin{bmatrix} x_{11} & x_{12} & \cdots & x_{1n} \\ x_{21} & x_{22} & \cdots & x_{2n} \\ \vdots & \vdots & & \vdots \\ x_{m1} & x_{m2} & \cdots & x_{mn} \end{bmatrix} \tag{4.34}$$

当 n 取值较大时，系统特别庞大，在该系统中考察问题将变得特别麻烦，因此需要对系统进行降维处理，也即用较少的变量来替代原来众多的变量，在降维过程中要使得最终选取的变量能包含原来系统的主要信息，且各变量之间相互独立。主成分分析法选取变量的原则是取原来变量的线性组合，并通过不断调整线性组合中的系数使得最终所选变量相互独立且最具代表性。

将原来的指标记为 x_1，x_2，$\cdots$，x_n，将提取的新变量记为 v_1，v_2，$\cdots$，v_p，其中 $p \leqslant n$，则

$$\begin{cases} v_1 = l_{11}x_1 + l_{12}x_2 + \cdots + l_{1n}x_n \\ v_2 = l_{21}x_1 + l_{22}x_2 + \cdots + l_{2n}x_n \\ \qquad\qquad \vdots \\ v_p = l_{p1}x_1 + l_{p2}x_2 + \cdots + l_{pn}x_n \end{cases} \tag{4.35}$$

其中，系数 l_{ij} 的确定需满足两个条件：一是 v_i 与 v_j 之间相互独立；二是 v_1 为 x_1，x_2，$\cdots$，x_n 一切线性组合中方差最大者，v_2 是与 v_1 不相关的 x_1，x_2，$\cdots$，x_n 线性组合中方差最大者，并且对于所有变量依此类推。这样所得的最终变量 v_1，v_2，$\cdots$，v_p 便成为原来变量 x_1，x_2，$\cdots$，x_n 的主成分，在实际问题分析中应挑选方差最大的几个主成分进行处理，这样保留原系统主要信息的同时也简化了分析过程。

5. 未确知权重分析法

未确知信息是指由于条件的限制，在进行决策时必须利用、但尚无法确知的信息（王光远，1990），在其基础之上衍生出来的未确知测度模型可用来解决综合评价问题。未确知测度模型（unascertained model，UM）属于模糊数学的范畴，主要用于解决涉及模糊现象、模糊概念和模糊逻辑问题，是一种以模糊推理为主的定性与定量相结合、精确与非精确统一的分析评判方法，是多指标综合评价实践中应用最广泛的方法之一。该方法常用于资源与环境评价、生态评价、区域与可持续发展评价等领域。

未确知测度模型建立步骤是：建立评价等级，利用隶属函数计算指标的未确知测度值，也就是各指标属于该级别的程度；结合相应的客观赋权方法，得到各指标的指标权重；最后通过未确知测度矩阵和指标权重矩阵相乘，得到多指标的综合测度评价向量。

传统的未确知测度模型需要一个严格的评价等级标准，针对生态型景区暴雨灾害防灾减灾能力评价的实际问题，参考曹玮（2013）洪涝灾害防灾减灾能力评价中将评价等级"五等分法"的做法，本书先对各指标数据做标准化处理，将其归一化到[0，1]，然后运用"五等分法"将其划分为五个等级，即 $U = \{C_1, C_2, C_3, C_4, C_5\}$ 分别对应{较高，高，中等，低，较低}五个等级。具体的评价指标等级标准见表 4.6 所示。

表 4.6　评价指标等级标准

评价等级	C_1	C_2	C_3	C_4	C_5	最小值
临界值	1	0.8	0.6	0.4	0.2	0

确定评价指标等级标准后，计算各指标的未确知测度值，具体步骤如下（庞彦军等，2001）：

（1）模型的构造。设 $X = \{x_1, x_2, \ldots, x_n\}$ 为 n 个评价对象，$I = \{I_1, I_2, \cdots, I_m\}$ 为 m 个评价指标，则可得到评价矩阵 $Y = (y_{ij})_{n \times n}$，其中 y_{ij} 表示第 i 个对象关于第 j 个指标的观测值。然后使用极差标准化对所得数据进行标准化处理，得到[0，1]的标准化无量纲数据 $Y' = (y'_{ij})_{n \times n}$。

（2）单指标测度的计算。根据评价指标等级标准，构造出单指标隶属度函数如图 4.4 所示，通过该隶属度函数，可计算出单指标测度评价矩阵。具体计算方法如下：

① 当 $y'_{ij} \leqslant C_5$ 时，令 $ij_5 = 1$，$ij_4 = ij_3 = ij_2 = ij_1 = 0$；

② 当 $y'_{ij} = C_1$ 时，令 $ij_1 = 1$，$ij_5 = ij_4 = ij_3 = ij_2 = 0$；

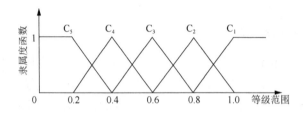

图 4.4　单指标隶属度函数

③ 当 $C_{k+1} < y'_{ij} < C_k$ 时，令 $ij_k = \dfrac{y'_{ij} - C_{k+1}}{C_k - C_{k+1}}$ ，$ij_{k+1} = \dfrac{C_k - y'_{ij}}{C_k - C_{k+1}}$ ，其余为 0；

最后得到的单指标测度评价矩阵如下：

$$(ij_k)_{m \times p} = \begin{bmatrix} i1_1 & i1_2 & \cdots & i1_p \\ i2_1 & i2_2 & \cdots & i2_p \\ & & \vdots & \\ im_1 & im_2 & \cdots & im_p \end{bmatrix}, \quad i = 1, 2, \cdots, n \tag{4.36}$$

（3）多指标综合未确知测度。通过公式（4.36）计算得到单指标测度评价矩阵后，配合相应的指标权重计算方法，得到各指标的权重矩阵。其后，通过单指标测度评价矩阵和相应的权重矩阵相乘得到多指标综合测度评价矩阵。计算公式如下：

$$ik = \sum_{j=1}^{m} w_j ij_k \tag{4.37}$$

式中，ik 为综合测度评价矩阵；m 为指标个数；w_j 为指标权重；ij_k 为单指标测度矩阵。

6. 熵权法

熵权（entropy weight，EW）法是一种较为客观的权重赋值方法，根据各个指标的变异程度，通过信息熵得出各个指标的熵权，再将所得的熵权对各个指标的权重进行修正，最终得到客观的权重。在具体评价某一指标时，如果值的差距较大，熵值会越小，这表示该评价指标中携带了大量信息，该指标权重越大；反义，如果值的差距较小，熵值越大，指标携带信息量较小，权重也应该较小。其具体实施步骤如下：

（1）数据标准化。在该步骤中，针对山地生态景区暴雨灾害风险评价指标进行标准化处理，主要采用的是极差标准化。

（2）计算各指标的信息熵。

$$Y_{ij} = X_{ij} \Big/ \sum_{i=1}^{m} X_{ij} \tag{4.38}$$

$$E_{j} = -k \sum_{i=1}^{m} (Y_{ij} \times \ln Y_{ij}) \tag{4.39}$$

式中，X_{ij} 为第 i 年第 j 项评价指标的数值；Y_{ij} 表示第 i 年第 j 项评价指标值的比例；E_{j} 表示第 j 项指标的信息熵；m 为评价年数；$k=1/\ln m$。

（3）确定各指标权重。根据公式（4.40），得到各指标信息熵 E_1，E_2，…，E_k，进而计算各个指标的权重，公式如下：

$$w_{i} = (1 - E_{i}) \bigg/ \sum_{j=1}^{n} (1 - E_{i}) \tag{4.40}$$

式中，n 为指标数。

4.5.2　方法比对与确定

1. 方法比对

（1）层次分析法的优缺点。优点：①系统性的分析方法。层次分析法把研究对象作为一个系统，按照分解、比较判断、综合的思维方式进行决策，成为继机理分析、统计分析之后发展起来的系统分析的重要工具。系统的思想在于不割断各个因素对结果的影响，而层次分析法中每一层的权重设置最后都会直接或间接影响到结果，在每个层次中的每个因素对结果的影响程度都是量化的，非常清晰、明确。这种方法尤其可用于对无结构特性的系统评价以及多目标、多准则、多时期等的系统评价。②简洁实用的决策方法。这种方法既不单纯追求高深数学，又不片面地注重行为、逻辑、推理，而是把定性方法与定量方法有机地结合起来，使复杂的系统分解，能将人们的思维过程数学化、系统化，便于人们接受，且能把多目标、多准则又难以全部量化处理的决策问题化为多层次单目标问题，通过两两比较确定同一层次元素相对上一层次元素的数量关系后，最后进行简单的数学运算。即使是具有中等文化程度的人也可了解层次分析的基本原理和掌握它的基本步骤，计算也非常简便，并且所得结果简单明确，容易为决策者了解和掌握。③所需定量数据信息较少。层次分析法主要是从评价者对评价问题的本质、要素的理解出发，比一般的定量方法更讲求定性的分析和判断。由于层次分析法是一种模拟人们决策过程的思维方式的一种方法，层次分析法把判断各要素的相对重要性的步骤留给了大脑，只保留人脑对要素的印象，化为简单的权重进行计算。这种思想能处理许多用传统的最优化技术无法着手的实际问题。

AHP 虽然具有很多优点，但其本身也具有不足之处：①不能为决策提供新方案。层次分析法的作用是从备选方案中选择较优者。这个作用正好说明了层次分析法只能从原有方案中进行选取，而不能为决策者提供解决问题的新方案。在应用层次分析法的时候，可能就会有这样一种情况，就是自身的创造能力不够，造成尽管想出来的众多方案里选了一个最好的出来，但其效果仍然不够企业所做出来的效果好。而对于大部分决策者来说，如果一种分析工具能分析出在已知方案里的最优者，然后指出已知方案的不足，又或者再提出改进的方案，这种分析工具才是比较完美的。但层次分析法还没能做到这点。②定量数据较少，定性成分多，不易令人信服。在如今对科学方法的评价中，一般都认为一门科学需要比较严格的数学论证和完善的定量方法。但现实世界的问题和人脑考虑问题的过程很多时候并不是能简单地用数字来说明一切的。层次分析法是一种带有模拟人脑的决策方式的方法，因此必然带有较多的定性色彩。③指标过多时数据统计量大，且权重难以确定。指标的增加就意味着要构造层次更深、数量更多、规模更庞大的判断矩阵。那么需要对许多的指标进行两两比较的工作。一般情况下对层次分析法的两两比较是用1~9来说明其相对重要性，如果有越来越多的指标，对每两个指标之间的重要程度的判断可能就出现困难了，甚至会对层次单排序和总排序的一致性产生影响，使一致性检验不能通过，即由于客观事物的复杂性或对事物认识的片面性，通过所构造的判断矩阵求出的特征向量（权值）不一定是合理的。④特征值和特征向量的精确求法比较复杂。在求判断矩阵的特征值和特征向量时，所用的方法和多元统计所用的方法是一样的。在二阶、三阶的时候，比较容易处理，但随着指标的增加，阶数也随之增加，在计算上也变得越来越困难。不过幸运的是这个缺点比较好解决，有三种比较常用的近似计算方法。第一种是和法，第二种是幂法，还有一种常用方法是根法。

（2）模糊层次分析法的优缺点。优点：模糊评价通过精确的数字手段处理模糊的评价对象，能对蕴藏信息呈现模糊性的资料作出比较科学、合理、贴近实际的量化评价；评价结果是一个矢量，而不是一个点值，包含的信息比较丰富，既可以比较准确的刻画被评价对象，又可以进一步加工，得到参考信息。缺点：计算复杂，对指标权重矢量的确定主观性较强；当指标集 U 较大，即指标集个数较大时，在权矢量和为1的条件约束下，相对隶属度权系数往往偏小，权矢量与模糊矩阵 R 不匹配，结果会出现超模糊现象，分辨率很差，无法区分谁的隶属度更高，甚至造成评判失败，此时可用分层模糊评估法加以改进。

（3）主成分分析法的优缺点。优点：可消除评价指标之间的相关影响。主成分分析在对原指标变量进行变换后形成了彼此相互独立的主成分，而且指标之间相关程度越高，主成分分析效果越好，可减少指标选择的工作量。主成分分析由于可以消除评价指标间的相关影响，在指标选择上相对容易些；当评级指标较多时还可以在保留绝大部分信息的情况下用少数几个综合指标代替原指标进行分析。主成分分析中各主成分是按方差大小依次排列顺序的，在分析问题时，可以舍弃一部分主成分，只取前后方差较大的几个主成分来代表原变量，从而减少了计算工作量；在综合评价函数中，各主成分的权数为其贡献率，它反映了该主成分包含原始数据的信息量占全部信息量的比重，这样确定权数是客观的、合理的，它克服了某些评价方法中认为确定权数的缺陷。缺点：在主成分分析中，首先应保证所提取的前几个主成分的累计贡献率达到一个较高的水平（即变量降维后的信息量须保持在一个较高水平上），其次对这些被提取的主成分必须都能够给出符合实际背景和意义的解释（否则主成分将空有信息量而无实际含义）；主成分的解释其含义一般多少带有点模糊性，不像原始变量的含义那么清楚、确切，这是变量降维过程中不得不付出的代价。因此，提取的主成分个数 m 通常应明显小于原始变量个数 p（除非 p 本身较小），否则维数降低的"利"可能抵不过主成分含义不如原始变量清楚的"弊"。

2. 方法选择

（1）熵权法与层次分析法结合。无论是层次分析法还是熵权法，两者均有其优点和缺点，如何将两者有机地结合起来对于指标权重的确定十分重要。通常采用较为常规的复合方法来求得综合权重，即公式（4.41）。

$$w_i = \alpha_i\beta_i \bigg/ \left(\sum_{i=1}^{m}\alpha_i\beta_i\right) \tag{4.41}$$

式中，w_i 表示综合权重；α_i 为求得的主观权重值；β_i 为求得的客观权重值；m 代表有 m 项评价指标。

本书通过阅读大量文献，结合两种赋权法的过程，采用一种改进的方法来求的综合权重值，既可以避免层次分析法主观因素对指标权重值的干扰，也将客观数据与实际情况结合起来，提高了指标权重的准确性。其具体步骤如下：

① 设通过 AHP 求出的各个指标的权重值为 A，$A=\{\alpha_1,\alpha_2,\cdots,\alpha_m\}$；

② 设熵权法求得的各个指标权重值为 B，$B=\{\beta_1,\beta_2,\cdots,\beta_m\}$；

③ 将层权重 A 与权重 B 按式（4.41）进行综合；

④ 通过式（4.41）求得综合权重 W，$W=\{w_1,w_2,\cdots,w_m\}$，分别对每一指标综合权重进行归一化处理，得到 $W'=\{w_1',w_2',\cdots,w_m'\}$；

⑤ 将权重值 B 与 W' 相乘，得到权重 W''；

⑥ 对 W'' 进行归一化处理得到改进后的综合权重 θ，公式为

$$\theta = w_i''\bigg/\sum_{i=1}^{m} w_i'' \ , \ i=1,2,3,\cdots,m \tag{4.42}$$

在对秦岭华阳古镇景区进行暴雨灾害风险评价过程中，结合熵权法与层次分析法的优点，借鉴自然灾害成灾理论及风险模型，利用熵权-层次分析法求得各层评价指标的综合权重，建立秦岭生态景区暴雨灾害风险计算模型。

（2）主成分分析法与序关系分析法结合。在游客暴雨灾害风险感知评价指标权重分析研究中，采用主成分分析和序关系分析法相结合。首先采用主成分分析

法分别对不同样本数据进行分析，得出不同景区各指标重要性排序，并在此基础上寻求出指标重要性一般规律，也即在整个研究区有较强适用性的指标重要性排序，基于此通过序关系分析法最终计算各指标权重。通过客观方法定序，主观方法定量的主客观融合方式，最终得出的指标权重既可一定程度上减少主观方法带来的主观随意性，又可降低客观方法过度依赖样本数据而导致的结果不一致性，所得指标权重分配体系适用于后期整个研究区游客风险感知能力测评。

（3）未确知测度模型与相似权法相结合。在对秦岭华阳古镇景区暴雨防灾减灾能力评价过程中，应用未确知测度模型并结合相似权法定量计算得到了华阳古镇景区的暴雨灾害防灾减灾能力，通过相似权法给指标赋权，结合未确知测度模型得到各级指标的权重，能客观地反映出各指标对总体防灾减灾能力的贡献大小，能较好的避免人为赋权的主观影响，使评价结果更加科学准确。

第 5 章 秦岭生态景区暴雨灾害时空分析

5.1 暴雨时空分布特征

暴雨的发生规律与地区降水趋势有着密切的联系，一般情况下降水量丰富的地区暴雨发生次数也相对较多（陕西省地图集编纂委员会，2010）。形成降水主要需要丰富的水汽输送、大气的垂直效应、地形和云的微物理过程等，降水是各种条件综合作用的结果。暴雨的形成过程非常复杂，是各种尺度的天气系统和下垫面、大气环境共同影响下的降水过程（赵强等，2013；贺皓等，2007）。暴雨的分布在时间和空间上都表现出差异性。对秦岭山地暴雨的时间分布特征、空间分布和波动周期进行分析，可补充秦岭地区暴雨的理论研究内容，更好地预防和减轻暴雨灾害对秦岭地区造成的影响和破坏。

5.1.1 年降水分析

本书在秦岭山地均匀选取了 16 个气象站点的降水数据进行研究。由于这个区域的多年平均降水量与单站的多年平均降水量有很强的关联性，可用这 16 个站的研究结果代表秦岭山地的降水变化情况。

1. 降水年代变化

对研究区内典型地貌地区的 11 个气象站点进行统计，整理出各年代的年均降水量，见表 5.1。计算各年份的年降水量距平百分率，结果见图 5.1。

表 5.1 秦岭山地各年代降水量 （单位：mm）

站点	1960 年代	1970 年代	1980 年代	1990 年代	2000 年之后
安康	784.08	815.48	884.11	720.64	884.26
宝鸡	686.94	642.56	730.29	589.90	611.89
佛坪	945.76	863.61	1029.61	820.54	925.12
汉中	880.62	807.61	1001.03	740.90	844.19
华山	879.29	875.88	888.63	701.15	748.75
略阳	855.95	770.56	901.60	717.37	746.43
商州	719.25	656.48	754.75	604.25	701.79
石泉	894.17	829.31	996.44	774.95	921.41
武功	638.54	587.71	648.73	511.56	611.41
西安	573.25	547.01	609.23	516.02	564.49
镇安	831.90	759.98	838.08	695.27	795.22
秦岭山地	789.98	741.47	843.86	672.05	759.54

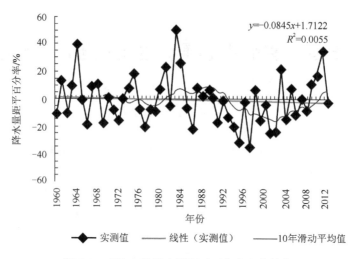

图 5.1　秦岭山地降水量距平百分率变化趋势

　　秦岭山地的年降水量平均值达到 770.1mm，降水量最大的是 1983 年，降水量达到 1152.1mm，降水量最小的年份是 1997 年，仅有 497.5mm；秦岭山地年降水量在气候平均值（−20%≤降水量距平百分率≤20%，616.08mm≤暴雨量≤924.12mm）之间的年份有 45 个，约占 77.6%；降水量距平大于 20%（偏多年）的年份有 7 年，约占总年数的 12.1%；降水量距平小于−20%（偏少年）的年份有 6 年，约占总年数的 10.3%，大多数年份的降水量在年平均降水量上下波动不大，降水偏多年数大于降水偏少年数；大多数年份正负距平大约 1～2a 交替出现，20 世纪 80 年代降水量距平以正距平为主，90 年代降水减少，仅有两年距平为正。

　　秦岭山地 50 年代中后期、60 年代、80 年代降水量距平为正，70 年代、90 年代和 21 世纪初的降水量距平为负。50 年代中后期和 60 年代是秦岭山地的多雨期，70 年代降水量下降，80 年代上升达到峰值，平均降水量为 843.86mm，其中只有 3 年距平值为负；90 年代下降到最低值 672.05mm，90 年代中有 8 年距平值为负，11 个站点的降水量都是各年代最低值；21 世纪初也处于相对少雨期，但是降水量逐步升高，特别是 2009 年以后降水量增加十分明显。秦岭山地降水量距平呈波浪式波动，总体有所降低，目前正处于上升阶段。

　　2. 降水年际变化

　　对 11 个站点的降水资料运用 SPSS 和 EXCEL 软件进行分析，得出秦岭山地及各地貌代表站点降水量年际变化图（图 5.2）。

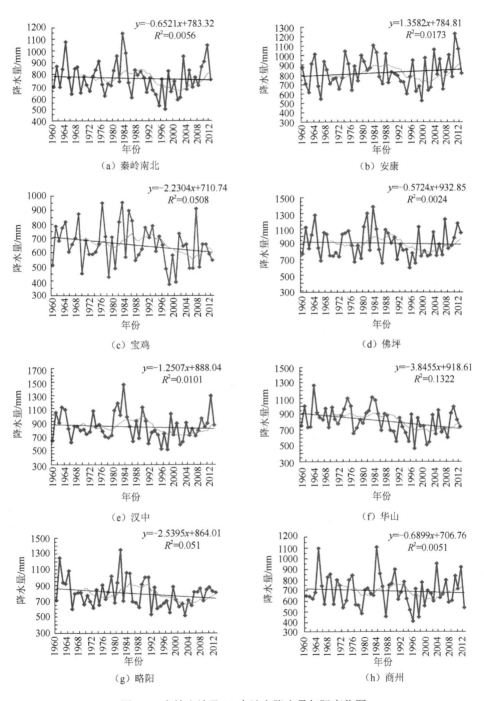

图 5.2　秦岭山地及 11 个站点降水量年际变化图

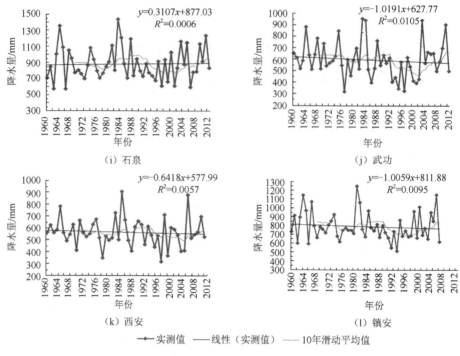

图 5.2　秦岭山地及 11 个站点降水量年际变化图（续）

从图 5.2 可以看出：

（1）秦岭山地降水年际变化较大。1960～2012 年多年平均降水量为 770.1mm，其中，1964 年、1983 年和 2011 年的年降水量超过 1000mm，1995 年和 1997 年是降水量最少的年份，分别为 527.1mm 和 497.5mm。最大年降水量发生在 1983 年，最小年降水量发生在 1997 年，两者降水量比值约为 2.32。

（2）这 53 年来，秦岭地区降水总体呈波动下降趋势。在一定程度上消除 10 年以下的波动影响。可以看出，降水从 60 年代初减少到 70 年代中后期，在 80 年代末达到最高而后开始下降，到 20 世纪末下降到最低，之后呈上升趋势。

（3）在总的下降趋势下，石泉和安康站降水上升，其余站点降水量逐渐下降，华山站下降最为明显。各站多年降水量波动趋势与总降水趋势变化基本同步。由于岭南局部地区年降水量逐年升高，未来秦岭南强北弱的趋势会日趋明显，但总体仍有所下降。

3. 降水空间分布特征

秦岭山地各气象站点多年平均降水量分布见图 5.3，可以看出具有以下特征。

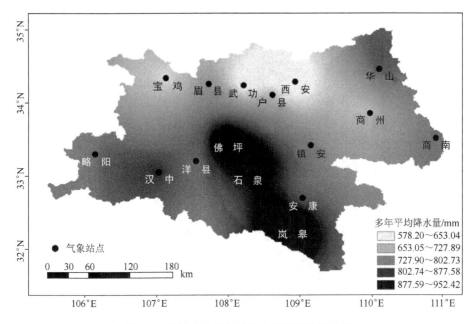

图 5.3 秦岭山地各气象站点多年平均降水量

（1）各地多年平均降水量存在显著差异，各站年降水量平均值为 788.4mm，岚皋、佛坪、石泉、汉中、华山、安康、略阳、商南、洋县和镇安平均降水量都高于秦岭山地降水量平均值，岚皋降水量最大为 962.3mm，而西安降水量最小为 568.1mm，岚皋是西安的 1.69 倍。

（2）岭南中西部是降水高值区，秦岭山地降水量陕南明显大于关中，陕南西部大于陕南东部。主要原因是季风气候从海洋带来了大量水汽，受到秦岭山脉的阻碍作用，在秦岭南坡形成降水，特别在喇叭口地区降水量与降水强度明显大于其他地区。

（3）秦岭山地 16 个气象站中大部分呈降水减少趋势，华山年降水量减少趋势最为明显，年降水量减少趋势为 4.3809mm/a，其次为略阳，降水量减少趋势为 3.1314mm/a。安康和石泉年降水量呈增加趋势，平均每年降水量增加分别为 1.382mm 和 0.3107mm。

4. 降水周期

为了进一步了解秦岭山地平均降水量在时间上的分布特征，对 1960～2012 年秦岭山地地区平均降水量序列进行小波分析，以便揭示秦岭山地降水量随时间的变化规律，结果如图 5.4 所示。

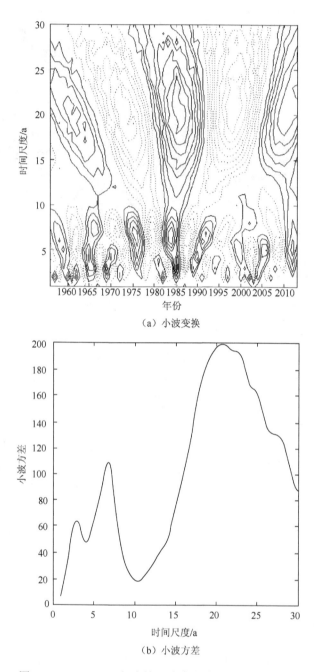

（a）小波变换

（b）小波方差

图 5.4　1960～2012 年秦岭山地降水量 Morlet 小波分析

图 5.4（a）为秦岭山地降水量小波变换图，图中数值为小波系数，图中上半部分为低频区，下半部分为高频区，分别对应较长时间的周期变化和较短时间的周期变化。可以明显看出，秦岭山地降水量有 4 年、7 年和 21 年三个周期振荡信号。21 年的长周期与太阳活动的周期相一致，4 年和 7 年的短周期与厄尔尼诺的变化周期相对应。图 5.4（b）显示，21 年周期的方差最大，7 年周期次之。经分析可知，秦岭山地降水量有准 21 年周期振荡。

整个时间序列上，在 21 年左右的频率上具有非常明显的周期振荡，1969～2003 年经历了：1969～1980 年少雨期→1980～1991 年多雨期→1991～2003 年少雨期 3 个循环。一个多雨期和一个少雨期大约为 21 年。在 1960～1993 年存在着较强的 7 年周期振荡信号，期间经历了：1960～1964 年少雨期→1964～1968 年多雨期→1968～1973 年少雨期→1973～1977 年多雨期→1977～1982 年少雨期→1982～1986 年多雨期→1986～1990 年少雨期→1990～1993 年多雨期 8 个循环。1998～2010 年存在大约 4 年的周期振荡信号，经历了：1998～2001 年多雨期→2001～2004 年少雨期→2004～2007 年多雨期→2007～2010 年少雨期 4 个循环。

5.1.2　暴雨时间分布特征

1. 暴雨统计标准

根据降水的强度，可把暴雨分为暴雨、大暴雨和特大暴雨 3 种，见表 5.2。

表 5.2　中国气象局降水量等级标准

24h 降水量 /mm	0.1	0.1～9.9	10～24.9	25～49.9	50～99.9	100～249.9	≥250
等级	微量	小雨	中雨	大雨	暴雨	大暴雨	特大暴雨

2. 暴雨年际变化特征

从图 5.5 可以看出：

（1）这 40 多年间，暴雨日数和平均暴雨量的波动趋势相似，在暴雨日数多的年份平均暴雨量也相对较大。平均暴雨量的波动幅度不大，多年平均暴雨量为 67.7mm。因此暴雨日数发生较多的年份，自然灾害就相对严重。

（2）从暴雨日数来看，20 世纪 70 年代暴雨日数较平稳，80 年代上升为暴雨多发期，随后下降，90 年代为暴雨日数降到最小，21 世纪又开始逐渐升高。2011年和 1983 年是暴雨发生日数最多的年份，分别为 36d 和 30d；1993 年和 1994 年为暴雨发生日数最少的两年，分别是 3d 和 5d。

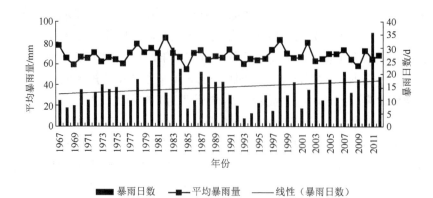

图 5.5 秦岭山地暴雨日数、平均暴雨量年际变化趋势

（3）暴雨日数的年际变化与降水量的年际变化基本相吻合，降水量多的年份暴雨发生也相对较多。这些年来，暴雨日数总体上有所上升。

由图 5.6 可以看出：

（1）秦岭山地暴雨日数距平百分率接近气候平均值，即暴雨日数距平百分率在-20%～20%（11.90～17.84d）的有 15 个，约占总年份的 32.6%；暴雨日数偏多年的年份有 15 个，约占 32.6%；暴雨日数偏少年的年份为 16 个，约占 34.8%。

（2）80 年代暴雨日数距平百分率大部分为正值，暴雨发生频繁，是暴雨高发期。90 年代暴雨日数距平百分率以负值为主，是暴雨低发时段。21 世纪初暴雨日数变化较平缓，正负距平交替出现，2010 年距平百分率最大，达到 142.1%。暴雨偏少年与暴雨偏多年大致相同，但偏多年的距平平均值为 52.88%，偏少年的距平平均值为-44.52%，总体来说，暴雨明显增多。

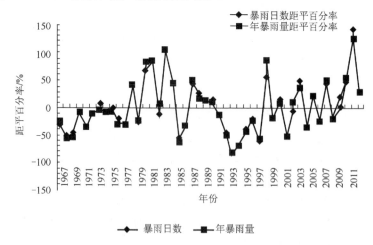

图 5.6 秦岭山地年暴雨日数、暴雨量距平百分率变化趋势

由图 5.7 可知，多年来日最大降水量呈波动式变化，总体略有增加。47a 中有
25a 处于平均值以下，正负距平均相差不大。最大值发生在 2002 年为 203.3mm，
最小值在 1985 年为 58.8mm，最大值是最小值的 3.46 倍。21 世纪以来日最大降水
强度较大，对于暴雨引发的自然灾害将有加剧作用。

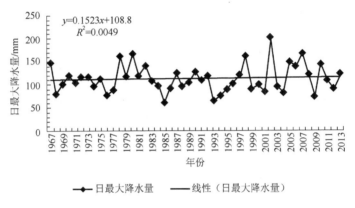

图 5.7　秦岭山地日最大降水量的年际变化趋势

3. 暴雨年内分布特征

秦岭山地的降雨主要受东南季风的影响，暴雨的发生有着季节性变化。以
16 个站点的暴雨日数代表秦岭山地的暴雨日数，分析秦岭山地 1967~2012 年逐
日降水量资料，得出暴雨在各月份出现的日数图（图 5.8）。

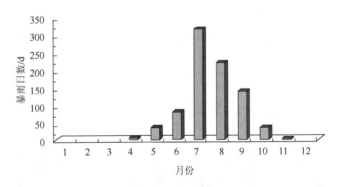

图 5.8　秦岭山地暴雨日数的年内分布

从图 5.8 可知，秦岭山地的暴雨出现在 4~11 月，4 月和 11 月分别出现暴雨
6d 和 2d，7 月的暴雨出现日数最多，其次是 8 月、9 月和 6 月，6~9 月的暴雨总
日数占暴雨总日数的 90.8%，7 月的暴雨日数是暴雨总日数的 38.1%。

　　从表5.3可以看出，秦岭山地的大暴雨从6月开始到10月结束，主要集中在7月和8月，这两个月的大暴雨天数占总天数的83.5%。大暴雨降水强度大，危害性强，给防灾减灾工作带来了很大的困难，需要重点关注。

表5.3　秦岭山地大暴雨日数和平均暴雨量统计

站点	大暴雨日数/d					平均暴雨量/mm
	6月	7月	8月	9月	10月	
安康	0	4	2	0	0	130.2
宝鸡	0	0	2	0	0	143.0
佛坪	2	4	3	0	0	127.1
汉中	1	3	2	2	0	114.2
华山	1	3	1	0	0	116.7
略阳	0	6	5	0	0	130.1
商州	0	1	0	0	0	105.4
石泉	1	5	3	0	0	120.5
武功	0	1	1	1	0	127.0
西安	0	1	0	0	0	110.7
眉县	0	1	1	0	0	106.8
户县	0	0	2	0	0	132.7
商南	0	4	2	1	0	140.6
洋县	0	3	1	1	0	122.3
岚皋	1	5	2	1	0	129.7
镇安	1	1	2	0	1	112.2
秦岭山地	7	42	29	6	1	121.6

5.1.3　暴雨空间分布特征

　　统计各站点暴雨日数和平均暴雨量，利用 ArcGIS 软件将暴雨日数空间化，结果见图5.9和图5.10。

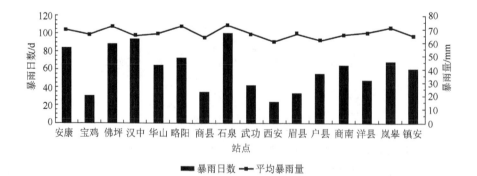

图5.9　各站点暴雨日数和平均暴雨量图

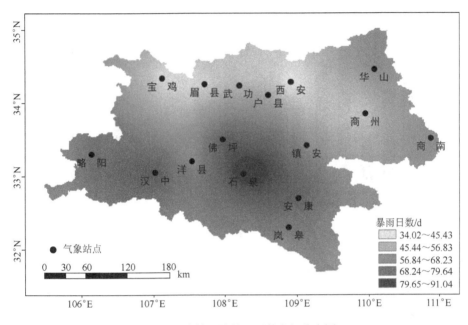

图 5.10　秦岭山地暴雨日数空间分布图

由图 5.9 和图 5.10 看出，研究区内暴雨日数南多北少，高值区主要在陕南中部地区。40 多年来，石泉、汉中、佛坪、安康暴雨总日数在 80d 以上，其中石泉的年均暴雨日数为 91.04d。秦岭北部暴雨事件明显少于秦岭南部，石泉的暴雨日数是西安的 4.125 倍。各地平均暴雨量波动不大，最大平均暴雨量发生在石泉72.70mm，最小值发生在西安 60.54mm。在降水较大的岭南中西部地区暴雨发生次数也较多，秦岭北部在暴雨日数和平均暴雨量方面明显低于秦岭南部。

由图 5.11 可知，在 16 个站点中大暴雨总共发生 85 次，略阳、佛坪、石泉、岚皋、汉中发生次数较多，占总次数的 54.12%。最大暴雨发生在 2002 年的佛坪，降水量达 203.3mm。商州只发生过 1 次大暴雨，略阳共发生 11 次。在大暴雨日数多的地区日最大降水量也相对较大，日最大降水量不能代表某地区的平均水平，但也是描述地区降水的重要指标，表明了该地区降水可能达到的最大强度。

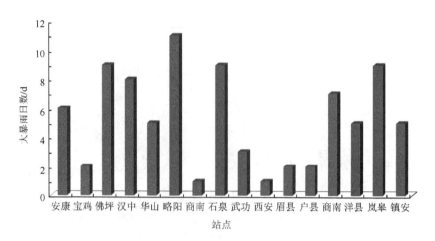

图 5.11　秦岭山地各站大暴雨日数分布图

5.1.4　暴雨周期及频率分析

1. 暴雨周期分析

由图 5.12（a）可知：①在 1967~2012 年，秦岭山地年暴雨日数主要存在 3 年、7 年、9 年和 21~24 年 4 个特征时间尺度。1996 年之前暴雨日数以 7 年和 21~24 年周期为主；1996 年之后以 9 年和 21~24 年 2 个周期为主。②21~24 年周期贯穿整个分析时期，且周期明显，现在处于此周期的暴雨多发期。而 7 年周期在 1967~1996 年有：1967~1971 年少发期→1971~1976 年多发期→1996~1980 年少发期→1980~1984 年多发期→1984~1988 年少发期→1988~1992 年多发期→1992~1996 年少发期 7 个循环。在 1996~2008 年存在 9 年的周期振荡，经历了：1996~2002 年多发期→2002~2008 年少发期的 2 个循环，现在正处于 9 年周期的暴雨多发期。3 年周期振荡信号不是十分显著，主要体现在 80 年代初期和 21 世纪初期。从图 5.12（b）暴雨日数小波方差可以看出，21~24 年周期的小波方差最大，其次为 7 年周期和 9 年周期，3 年周期的方差最小。综合小波变换图可知，秦岭山地有明显的准 21~24 年周期变化，3 年的周期振荡不明显。

从图 5.13 可以看出，在整个时间序列上有 4 年、7 年和 20 年左右 3 个周期。7 年周期基本贯穿整个分析时期，且小波方差最大，在整个研究时期内最为显著。4 年周期主要在 1981~1993 年和 2001~2012 年 2 个时间段内，20 年左右长周期小波方差值最小，振荡信号不是十分清晰。

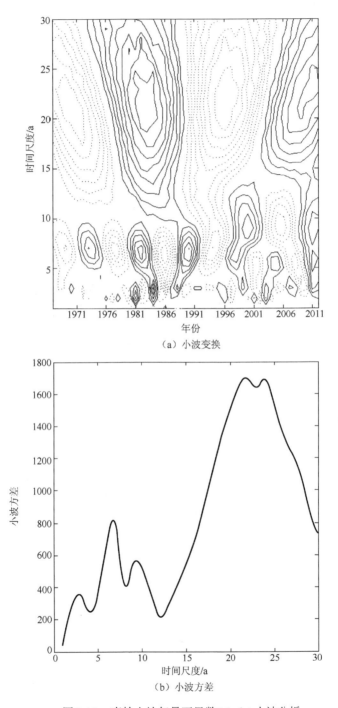

（a）小波变换

（b）小波方差

图 5.12　秦岭山地年暴雨日数 Morlet 小波分析

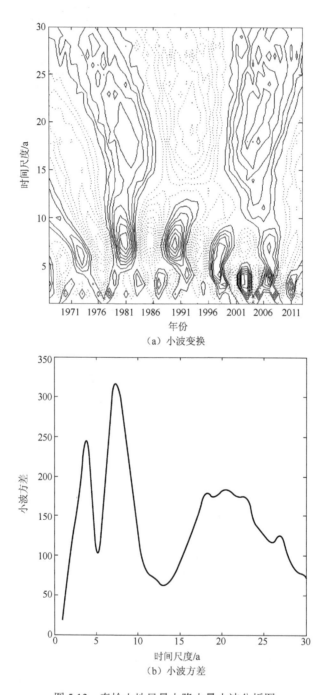

（a）小波变换

（b）小波方差

图 5.13　秦岭山地日最大降水量小波分析图

综上，秦岭山地 1967～2012 年暴雨日数和日最大降水量分别存在 3 年、7 年、9 年、21～24 年和 4 年、7 年、20 年左右几个明显的周期。其中暴雨日数的 7 年和 21～24 年准周期最为显著，日最大降水量以 4 年和 7 年准周期最为突出，暴雨日数和日最大降水量同时存在 7 年和 20 年左右准周期。

2. 暴雨频率分析

暴雨频率是衡量暴雨大小的指标，是指暴雨出现次数与观测资料总数之比的百分数。频率越小表示暴雨出现的机会越少，频率越大表示暴雨出现的机会越多。暴雨的重现期是指暴雨发生一次的时间间隔，与频数互为倒数。重现期能够更为直观地表述某一量级暴雨出现的概率，如某地 250mm 以上的暴雨重现期为 200 年，说明此地 250mm 以上的暴雨是两百年一遇的。

本书将秦岭山地 16 个站点 1967～2013 年的暴雨资料分为 50～60mm、60～70mm、70～80mm、80～90mm、90～100mm、>100mm 六个等级，分别统计出各等级暴雨发生的日数和频次，见表 5.4 和表 5.5。

表 5.4　秦岭山地各等级降水次数及暴雨发生概率

站点	次数						多年发生单站暴雨总日数/d	年暴雨发生概率/%
	50～60mm	60～70mm	70～80mm	80～90mm	90～100mm	>100mm		
安康	43	15	11	4	6	5	84	76.60
宝鸡	14	9	6	0	0	2	31	61.70
佛坪	30	24	13	7	5	9	88	82.98
汉中	41	22	10	13	1	7	94	82.98
华山	31	17	6	3	3	4	64	78.72
略阳	30	10	15	6	3	9	73	80.85
商州	20	6	5	2	1	1	35	48.94
石泉	36	21	17	11	8	8	101	89.36
武功	24	6	2	5	3	2	42	59.57
西安	12	3	5	1	2	1	24	38.30
眉县	15	7	8	1	0	2	33	63.51
户县	29	9	10	4	1	2	55	45.83
商南	32	14	8	3	1	7	65	61.78
洋县	26	8	3	6	0	5	48	58.64
岚皋	33	10	8	7	1	9	68	77.32
镇安	30	15	4	3	4	5	61	76.60
秦岭山地	446	196	131	76	40	78	967	100

表 5.5　秦岭山地各等级暴雨出现年均频次表　　　（单位：次/年）

站点	频次					
	50~60mm	60~70mm	70~80mm	80~90mm	90~100mm	>100mm
安康	0.91	0.32	0.23	0.09	0.13	0.11
宝鸡	0.30	0.19	0.13	0.00	0.00	0.04
佛坪	0.64	0.51	0.28	0.15	0.13	0.19
汉中	0.87	0.47	0.21	0.28	0.02	0.15
华山	0.66	0.36	0.13	0.06	0.06	0.09
略阳	0.64	0.21	0.32	0.13	0.06	0.19
商州	0.43	0.13	0.11	0.04	0.02	0.02
石泉	0.77	0.45	0.36	0.23	0.17	0.17
武功	0.51	0.13	0.04	0.11	0.06	0.04
西安	0.26	0.06	0.11	0.02	0.04	0.02
眉县	0.33	0.16	0.11	0.02	0.00	0.04
户县	0.63	0.20	0.22	0.09	0.02	0.04
商南	0.70	0.30	0.17	0.07	0.02	0.15
洋县	0.57	0.17	0.07	0.13	0.00	0.11
岚皋	0.72	0.22	0.17	0.15	0.02	0.19
镇安	0.64	0.32	0.09	0.06	0.09	0.11
秦岭山地	9.58	4.20	2.82	1.63	0.84	1.67

　　由表 5.4 和表 5.5 可以看出，秦岭山地 50~60mm 量级的降水发生日数最多，共发生 446 次，年频次为 9.58 次/年。其次是 60~70mm 的降水量级，共发生 196 次，年频次为 4.20 次/年。出现暴雨次数最少的是 90~100mm 量级的降水，多年来共发生 40 次暴雨，年频次为 0.84 次/年。秦岭山地每年都有暴雨发生，因此一年中发生单站暴雨的概率为 100%。单站中，50~60mm 量级的暴雨在安康发生最多，年出现频次为 0.91 次/年；60~70mm 量级的暴雨在佛坪发生最多，频次为 0.51 次/年；70~80mm 量级的暴雨出现最多的站点是石泉，频次为 0.36 次/年；80~90mm 量级的暴雨主要出现在汉中，频次为 0.28 次/年；90~100mm 量级的暴雨多发生在石泉，频次为 0.17 次/年；>100mm 的大暴雨主要发生在略阳、佛坪和岚皋，三地 47a 来都发生了大暴雨 9 次，达到 0.19 次/年。

5.2　暴雨灾害风险分区

5.2.1　体系构建

1. 构建原则

　　目前还没有统一的暴雨灾害风险评价指标体系，本书通过对比和研究国内外的暴雨灾害风险和自然灾害风险的理论及相关研究成果，构建一个相对科学的指标体系。指标体系的构建原则有以下几个。

（1）科学性原则。暴雨灾害风险指标体必须遵循自然科学和灾害学规律，指标的选取要科学、合理，要选择有代表性的关键指标。这些指标必须能够通过观察、计算、测量等方法获得，各项指标能客观、公正地反映暴雨灾害的量化程度。指标体系要从各个方面全面地衡量暴雨灾害的影响因子，统筹兼顾，但是体系又不宜过于庞杂。应以科学的态度、可持续发展的理念为基础，依据暴雨灾害的发生和发展规律选取指标，做出有质量、有效率的评价体系。

（2）系统性原则。暴雨灾害的发生和发展是一个复杂的系统，是天气系统与下垫面相互影响产生的，是作用于社会生产生活中，对社会经济发展和生产生活环境造成损害的复杂系统，是自然因素与人为因素共同作用的结果。因此指标体系要综合反映暴雨灾害系统中各个子系统的内容，层次结构要清晰，应把握好各指标的类别，越低层次的指标划分越细，以达到整个暴雨灾害风险指标体系最优。

（3）综合性原则。暴雨灾害风险指标体系是一个由致灾因子、孕灾因子、承灾体以及防灾减灾能力四个方面共同作用的整体，因此，指标体系要从这四个方面综合考虑。如果从单一要素分析，就会使评价结果出现偏差，不能代表客观事实。这个复杂的系统是依赖于各个子系统的要素来体现的，而各子系统要素的发展变化也会最终导致整个系统的结果发生改变。整个体系要从整体出发，统筹兼顾多个指标要素，综合平衡致灾因子、孕灾因子、承灾体和防灾减灾能力因子等要素，注重多要素的综合性分析，最终得出一个最佳的体系。

（4）层次性原则。指标体系要有层次性，使各指标要素相互联系构成暴雨灾害体系的有机整体。要通过多层次、多要素的不同影响程度来反映暴雨灾害的实际危害程度。首先，要从整体层次上选择大方向指标，以确保全面、可靠地评价暴雨灾害。其次，再细分各指标，选择与评价目标关系紧密的下一层影响指标，直到最低层指标能够有明确的量化指标。指标体系层次分明，层层递进，既能够体现出不同层次的支配关系，也能反映同一层次的相互联系，保证了体系的科学性和全面性。

（5）动态性原则。暴雨灾害风险是一个动态发展的变量，随自然环境和社会发展的变化而变化。此外，随着时间的变化，暴雨灾害的风险具有非线性变化的规律。因此，指标体系选取指标要素时既要有静态指标，又要有反映暴雨趋势的动态指标。

（6）可行性原则。暴雨灾害的各项指标要具有可度量性、可操作性，使指标体系能够量化风险程度，各项指标要保持同趋势化，能够相互比较和计算。对指标体系的每个指标要素都要是公平的、可比的，能够得到大众的普遍认同，在科学性基础上，让指标体系简单明了、方便实用。

2. 指标体系的建立

本书参考姚珍珍（2012）、郝玲（2011）等的研究选取指标，基于 AHP 决策分析法建立暴雨灾害风险指标体系。本书从致灾因子、孕灾环境、承灾体和防灾减灾能力四个方面选取指标建立指标体系，见图 5.14。

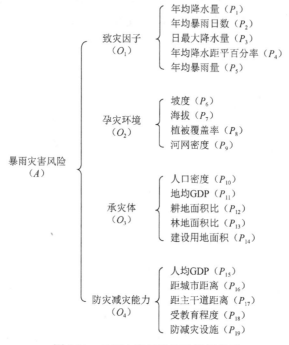

图 5.14　暴雨灾害风险评价指标体系

（1）目标层。目标层是整个研究问题的预定目标，在暴雨灾害风险指标体系中最终的目标就是求得暴雨灾害风险度综合指数。目标层只能有一个要素，准则层和指标层都是目标层的子系统和子要素。

（2）准则层。准则层是目标层的具体反映，表现出目标层的不同方面，是目标层与指标层的中间环节。本书从致灾因子、孕灾环境、承灾体和防灾减灾能力方面进行分析。

（3）指标层。指标层是准则层的具体实施要素，是整个指标体系的基础层，是目标的具体计算要素。指标层的要素要可测量，有独立性，是定量分析的主体。暴雨灾害风险评价指标体系的指标层由 19 个具体指标组成，各指标叙述如下。

年均降水量：由 16 个气象站点的历年平均降水量和逐日降水数据求得。选取 16 个站点 2004～2012 年的降水数据计算出各站点年平均降水量。年均降水量越大，致灾因子的危险性越大。

年均暴雨日数：通过各气象站点逐日降水数据求得。气象学上定义在 24h 内降水量达到 50mm 的降水过程称一个暴雨日。统计得出 2004～2012 年各站的暴雨日数，再与总年数之比求得年均暴雨日数。年均暴雨日数反映各地暴雨的出现频率。

日最大降水量：通过各气象站点的逐日降水数据统计得出。日最大降水量通常是指在 24h 内降水量的最大值。统计各气象站点 2004～2012 年间的逐日降水量，得出各站的日最大降水量。日最大降水量反映了地区的暴雨极值。

年均降水距平百分率：由年降水量与降水常值的差再除以降水常值求得，是表示降水量变化程度的量。以 1967～2012 年的平均降水量为常值，计算 2004～2012 年的平均年降水距平百分率。降水距平百分率越大，表示该地区的旱涝发生频率越高。

坡度：坡度是表示地表起伏程度的量。一般坡度 i 等于垂直高度 h 与对应的水平宽度 m 的比，即 $i = h / m$。本书中应用的坡度值是基于秦岭山地的 DEM 模型数据利用 ArcGIS 提取到的平均坡度值。

海拔：海拔是指某地与海平面的高度差，又叫做高程，即观测地高出海平面的铅直距离，一般是以平均海平面作为基准。本书应用的海拔不是实测值，是由秦岭山地的 DEM 模型数据处理得到的。

植被覆盖率：通常是指森林面积占土地总面积之比，森林面积一般包括灌木林面积、农田林网占地面积及四旁树木的覆盖面积。本书中用来提取植被覆盖率的遥感影像图是从 MODIS 下载的 NDVI 数据。

河网密度：河网密度是表征区域河流密集程度的量，是河流总长度与流域面积的比。首先应用 ArcGIS 软件和数字高程模型生成河网分布图，再生成格网分布图，将河网分布图与格网分布图进行空间叠加。再统计每个格网内的河流长度，长度与格网面积的比就是这一格网的河网密度。

人口密度：人口密度表示某一区域内人口的疏密程度，是一个均值，通常以人/km^2 为单位。自然灾害对人类社会最主要的危害就是人员的伤亡，同时高人口密度的地区对环境的破坏和资源需求较高，易破坏环境系统的协调性，因此人口密度越大，承灾体的易损性也就越高。

地均 GDP：表示国内生产总值在单位土地上的价值，反映出地区的经济发展水平，也体现了地区的产值密度。作为承灾体的脆弱性指标，人口财产越集中，易损性越高，即地均 GDP 越大，承灾体的脆弱性越强。

耕地面积比：是某地区耕地面积与总面积之比。耕地面积比可以看出该地区对农业的依赖程度和土地分配情况。在自然灾害发生时，耕地面积比越大，该地对农业的依赖程度就越大，承灾体的易损性也就越高。

林地面积比：是某地区林地面积占总面积的比例。从林地面积比可以进一步看出该地区的经济情况，林地面积比越大，该地区承灾体的脆弱性越强。

建设用地面积：是某地区建设用地与总面积之比。建设用地面积越大时，承灾体的脆弱性越强。

人均 GDP：人均 GDP 表示国内生产总值相对于人口数量的大小，是 GDP 与常住人口之比。国民生产总值直接影响着政府在防灾减灾工程建设上的投资，进而影响着该地区的防灾减灾能力，即人均 GDP 值越小，防灾减灾能力越弱。

距城市距离：某地区与城市之间的距离可以在一定程度上反映该地区的应急救援能力，与城市距离越近时，该地区防减灾能力越强。

距主干道距离：与距城市距离同理，某地区距离主干道越近，就越便于灾后的救援，防减灾能力越强。

受教育程度：某地区人均受教育程度可以反映该地区对灾害的处理能力，受教育程度越高，该地区的防减灾能力越强。

防减灾设施：防减灾设施完备程度在很大程度上决定着灾后的损失状况，防减灾设施越完备，造成的灾后损失越小，防减灾能力越强。

5.2.2 风险评价与分区

1. 暴雨灾害风险评价模型的建立

（1）专家打分。专家打分是根据专家的知识水平、理解能力对指标要素进行定性的比较打分。首先要匿名征求有关专家学者的意见，然后对专家的意见反馈进行整理、分析和归纳，最终利用多名专家的经验与主观判断，对难以进行定量分析的要素做出合理的估算，对目标问题进行定性与定量相结合的分析。

首先确定来自气象、灾害、自然地理方面的专家组成专家组，给出比较相对权重的 Saaty 标度表（表 5.6）与专家打分样表（表 5.7）、调查问卷与暴雨灾害背景资料，向专家征求意见。专家回复后收回问卷，并整理分析，再多次向专家反馈，最终回收问卷 12 份，确定专家综合打分，见表 5.8。

表 5.6 Saaty 标度表

指标 a 与 b 的相对权重	定义
1	a 与 b 同等重要
2	1 和 3 之间的中间状态的标度值
3	a 比 b 稍微重要
4	3 和 5 之间的中间状态的标度值
5	a 比 b 较为重要
6	5 和 7 之间的中间状态的标度值
7	a 比 b 明显重要
8	7 和 9 之间的中间状态的标度值
9	a 比 b 非常重要

表 5.7　专家打分样表

O	O_1	O_2	O_3	O_4
O_1	O_1/O_1	O_1/O_2	O_1/O_3	O_1/O_4
O_2	O_2/O_1	O_2/O_2	O_2/O_3	O_2/O_4
O_3	O_3/O_1	O_3/O_2	O_3/O_3	O_3/O_4
O_4	O_4/O_1	O_4/O_2	O_4/O_3	O_4/O_4

表 5.8　准则层专家打分表

A	O_1	O_2	O_3	O_4
O_1	1	4	5	7
O_2	1/4	1	3	5
O_3	1/5	1/3	1	3
O_4	1/7	1/5	1/3	1

（2）指标权重的计算机一致性检验。根据专家打分，构建各自的判断矩阵，计算得出各指标直接的相对权重，再得出各指标相对于目标的权重，并进行一致性检验，见表5.9。

表 5.9　A～O 判断矩阵及单层排序

A	O_1	O_2	O_3	O_4	W	排序
O_1	1	4	5	7	0.4832	1
O_2	1/4	1	3	5	0.2717	2
O_3	1/5	1/3	1	3	0.1569	3
O_4	1/7	1/5	1/3	1	0.0882	4

注：$\lambda_{max} = 4.014519$，CI $= 0.00484$，RI $= 0.90$，CR $= 0.005377 < 0.10$。

2. 指标数据预处理

本书的气象数据选取2004～2012年的平均值，社会经济数据取2009～2011年的平均值。为了使各研究指标能够进行比较、计算，需要将不同指标去量纲，进行标准化处理。常见的标准化处理方法有很多，本书采用极差标准化方法[式（3.2）]。

3. 暴雨灾害风险综合评价

（1）致灾因子危险性分析。利用 ArcGIS 软件对致灾因子进行空间分析，致灾因子危险性指标选取年均降水量、年均暴雨日数、日最大降水量、年均降水距平百分率、平均暴雨量 5 个指标，根据加权综合法将这 5 个指标经极差标准化进行归一化处理，再乘以各自相对于致灾因子的权重，相加得出致灾因子危险性指数图（图5.15），其指标叠加公式为

$$S_1 = 0.0601Z_1 + 0.5104Z_2 + 0.1270Z_3 + 0.0404Z_4 + 0.2621Z_5 \tag{5.1}$$

式中，S_1 为致灾因子危险性指数；Z_1 为年均降水量归一化值；Z_2 为年均暴雨日数归一化值；Z_3 为日最大降水量归一化值；Z_4 为年均降水距平百分率归一化值；Z_5 为平均暴雨量归一化值。

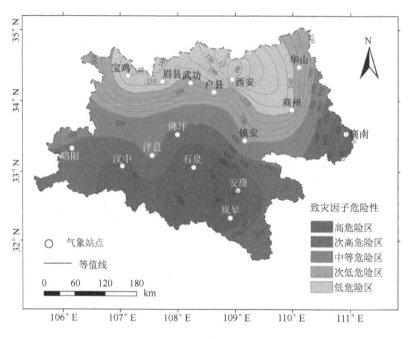

图 5.15　致灾因子危险性指数

从图 5.15 可以看出，暴雨灾害致灾因子危险性从南到北逐渐降低，暴雨降水南部远大于北部主要是因为西太平洋的东南季风与印度洋的西南季风带来充足的水汽，使秦岭南侧迎风坡的降水大于北坡。通过自然断点法，将致灾因子危险性指数分为了 5 级，分别为低危险区（0.0595～0.2369）、次低危险区（0.2370～0.3606）、中等危险区（0.3607～0.4842）、次高危险区（0.4843～0.5998）、高危险区（0.5999～0.7449）。石泉县、安康市区、汉中市区和商南县危险性指数最大，在高危险区，西安市区和宝鸡市区的危险性最低，在低危险区。

（2）孕灾环境敏感性分析。通过 AHP 决策分析法和加权综合法，将坡度、海拔、植被覆盖率、河网密度 4 个指标经极差标准化进行归一化处理，再乘以各自相对于孕灾环境的权重，利用 ArcGIS 软件相加得出致灾因子危险性指数图（图 5.16），其指标叠加公式为

$$S_2 = 0.2261(1 - Z_6) + 0.1334(1 - Z_7) + 0.1922(1 - Z_8) + 0.4483Z_9 \qquad (5.2)$$

式中，S_2 为孕灾环境敏感性指数；Z_6 为坡度归一化值；Z_7 为海拔归一化值；Z_8 为植被覆盖率归一化值；Z_9 为河网密度归一化值。

由图 5.16 可知，通过自然断点法，将研究区的孕灾环境敏感指数划分为五级，分别为低敏感区（0.2981～0.5475）、次低敏感区（0.5476～0.6359）、中等敏感区（0.6360～0.7096）、次高敏感区（0.7097～0.8040）、高敏感区（0.8041～0.9993）。总体来说，孕灾环境的敏感性平原高、山区低，高敏感区主要集中在秦岭北侧关中平原南部和汉江谷地。汉中市区、安康市区、眉县、武功县和户县处于高敏感区。

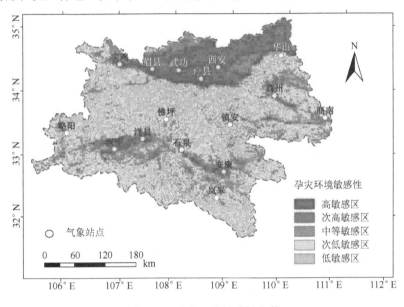

图 5.16　孕灾环境敏感性指数

（3）承灾体脆弱性分析。利用 ArcGIS 软件的栅格计算器，将人口密度、地均 GDP、耕地面积比、林地面积比、建设用地面积 5 个指标经极差标准化进行归一化处理，再乘以各自相对于承灾体因子的权重，相加得出致灾因子危险性指数图（图 5.17），其指标叠加公式为

$$S_3 = 0.3103Z_{10} + 0.2859Z_{11} + 0.1034Z_{12} + 0.1329Z_{13} + 0.1675Z_{14} \qquad (5.3)$$

式中，S_3 为承灾体脆弱性指数；Z_{10} 为人口密度归一化值；Z_{11} 为地均 GDP 归一化值；Z_{12} 为耕地面积比归一化值；Z_{13} 为林地面积比归一化值；Z_{14} 为建设用地面积归一化值。

由图 5.17 可知，研究区的承灾体脆弱指数可分为五级，分别为低脆弱区（0.0006～0.1835）、次低脆弱区（0.1836～0.2925）、中等脆弱区（0.2926～0.4085）、次高脆弱区（0.4086～0.5562）、高脆弱区（0.5563～0.8937）。人口密度大的地区地均 GDP 也较高，因此地均 GDP 在人口密度的基础上进一步确定经济发达的城市是承灾体脆弱性的高值区。武功县、西安市区和汉中市区是秦岭山地承灾体脆弱性的高危险区，眉县和宝鸡市区处于次高脆弱区。

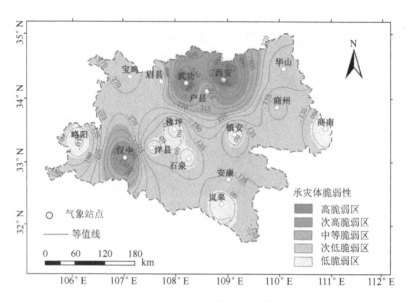

图 5.17　承灾体脆弱性指数

（4）防灾减灾能力分析。按照危险性指数、敏感性指数和脆弱性指数的方法，将人均 GDP、距城市距离、距主干道距离、受教育程度、防减灾设施 5 项指标无量纲化处理后与其对应权重相乘，得到公式：

$$S_4 = 0.3671Z_{15} + 0.1173(1 - Z_{16}) + 0.1089(1 - Z_{17}) + 0.0549Z_{18} + 0.3518Z_{19} \quad (5.4)$$

式中，S_4 为防灾减灾能力指数；Z_{15} 为人均 GDP 归一化值；Z_{16} 为距城市距离归一化值；Z_{17} 为距主干道距离归一化值；Z_{18} 为受教育程度归一化值；Z_{19} 为防减灾设施归一化值。

由图 5.18 可见，研究区防灾减灾能力可分为 5 级，低防减灾能力区（0.000～0.0169）、次低防减灾能力区（0.0170～0.0287）、中等防减灾能力区（0.0288～0.0415）、次高防减灾能力区（0.0416～0.0580）、高防减灾能力区（0.0581～0.0881）。宝鸡市区和西安市区的防灾减灾能力最强，处于高防灾能力区，岚皋县、佛坪县、洋县的防灾减灾能力最弱，处于低防灾能力区。总体来说，防灾能力南部低于北部，城市大于乡镇。

（5）暴雨灾害风险综合分析。利用 ArcGIS 软件得到暴雨灾害综合风险指数图，经自然间距分类法将暴雨灾害综合风险指数进行分级，使得评价结果更直观、易于理解。

$$S_{综合} = 0.4832S_1 + 0.2717S_2 + 0.1569S_3 + 0.0882(1 - S_4) \quad (5.5)$$

式中，$S_{综合}$ 为暴雨灾害综合风险指数；S_1 为致灾因子危险性指数；S_2 为孕灾环境敏感性指数；S_3 为承灾体脆弱性指数；S_4 为防灾减灾能力指数。

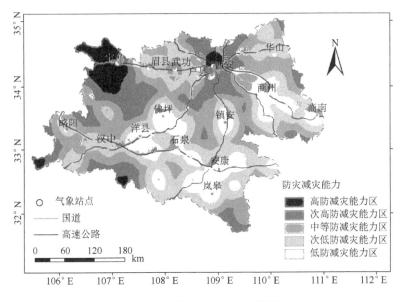

图 5.18　防灾减灾能力指数图

由图 5.19 可知，暴雨灾害综合风险指数可分为 5 级，低风险区（0.2278～0.3583）、次低风险区（0.3584～0.4131）、中等风险区（0.4132～0.4693）、次高风险区（0.4694～0.5277）、高风险区（0.5278～0.6510）。整个研究区的暴雨灾害综合风险指数有从南向北递减的趋势，高风险区主要在汉江谷地一带，低风险区主要在秦岭北部地带。16 个县、市的暴雨灾害风险等级见表 5.10。

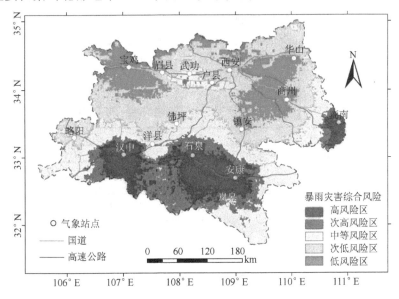

图 5.19　暴雨灾害综合风险指数

表 5.10　16 个县、市暴雨灾害风险等级

暴雨灾害风险等级	市、县（区）
高风险区	汉中、石泉、安康、商南
次高风险区	岚皋
中等风险区	略阳、佛坪、武功、洋县
次低风险区	镇安、户县
低风险区	宝鸡、商州、眉县、西安、华阴

综上可以看出，汉中市区在致灾因子、孕灾环境、承灾体方面都为高值区，防灾减灾能力处于次高值区，因此暴雨灾害综合风险指数在高风险区；石泉县、安康市区、商南县的致灾因子处于高危险区，孕灾环境处于次高敏感区，承灾体处于次高和中等脆弱区，防灾减灾能力处于中等防灾能力区，综合指数达到高风险区。

本书进行暴雨灾害风险评估的主要目的是得到高风险区，以便可以及时地对暴雨灾害进行预报和作出相应的决策，为当地的旅游业建设提供重要依据。从图 5.19 可得，风险性较高地区主要分布在秦岭南部地区，这些地区近 47a 来暴雨日数都在高值区，降水量大、暴雨发生频繁，危险性大。高风险区的自然型景区景点应强化基础设施建设和防灾系统，做好暴雨灾害的应急响应机制，让游客在景区内放心游览、安全出游。

5.2.3　结果验证

对研究区进行暴雨灾害风险评价与分区后，对其结果进行验证是十分必要的。表 5.11 显示，2010～2014 年，秦岭山地暴雨灾害受灾点累计 132 个，在这些灾害点中，大部分集中在高风险区内，而处于暴雨灾害低风险区的地区受灾较少。在暴雨灾害高风险区域受灾最多，而在低风险区域，受灾较少，这证明了该研究具有一定的准确性。

表 5.11　不同暴雨灾害风险区和灾害损失水平的灾害点统计

灾害点损失程度	灾害点										总计	
	高风险区		次高风险区		中等风险区		次低风险区		低风险区			
	数量	百分比/%	数量	百分比/%	数量	百分比/%	数量	百分比/%	数量	百分比/%	数量	百分比/%
灾难性破坏	6	16.2	0	0.0	0	0.0	0.0	0.0	0	0.0	6	4.6
严重损坏	4	10.8	8	23.5	5	20.8	1	3.7	0	0.0	18	13.6
中度损坏	9	24.3	9	26.5	9	37.5	9	33.3	2	20.0	38	28.8
轻度损坏	18	48.7	17	50.0	10	41.7	17	63.0	8	80.0	70	53.0
总计	37	100.0	34	100.0	24	100.0	27	100.0	10	100.0	132	100.0

5.3　TRMM 降水数据在秦岭山地的应用

5.3.1　TRMM 3B42 降水数据精度和适用性

降水作为水循环过程中重要的因子之一，在各种时空尺度的大气活动过程中扮演着非常重要的角色（刘奇等，2007；刘俊峰等，2011）。由于受到大气环流、地形起伏以及海陆位置等诸多因素的影响，降水具有强烈的时空异质性，以山区降水尤为突出。传统的降水观测主要依靠地面气象站点雨量计算并将统计数据空间插值来进行（Kurtzman et al.，2009），虽然精度较高，但在高海拔复杂地区，由于受到经济条件、地形等因素的影响，站点布设不足且通常在海拔较低的区域，观测范围有限，难以充分反映复杂山地降水的时空分布异质性。

近几年高分辨率遥感卫星降雨产品的出现，为复杂山地降水研究提供了可能性和便利性（Joyce，2004；Sorooshian，2000）。与传统的降水观测方法相比，遥感降水监测手段在获取数据方面具有速度快、宏观性强、精度高、可重复等明显优势。由于 TRMM 卫星数据最初是应用于热带湿润地区，国内外许多学者在利用 TRMM 数据进行研究之前都会对 TRMM 数据在该研究区域的精度以及适用性进行研究。目前，大多研究都是基于大空间尺度而忽略了中小空间尺度上的数据差异，特别是在中纬度的半干旱、半湿润且下垫面比较复杂的地区这方面的研究相对较少，并且大多精度检验仅考虑到数据的区域适用性问题，缺少挖掘数据信息以对探测的精确程度、微量降雨的精确程度以及漏检错误率的相关分析。本书选择下垫面复杂、空间尺度较小的陕西秦岭山地作为研究区域，利用该区域内 23 个气象站的实测降水数据对日、月和季 3 个时间尺度下的 TRMM 3B42 数据进行精度验证和空间适用性分析，评价 TRMM 3B42 数据在该区域的可靠性及代表性。

1.　不同时间尺度 TRMM 降水数据整体精度检验

分别将研究区域内 23 个气象站点 1998～2014 年的日、月、季 3 个时间尺度降水量观测数据作为自变量，其对应时间序列 TRMM 3B42 数据为因变量做一元线性回归分析，对日、月、季时间尺度的数据做整体精度检验。由图 5.20 可知，TRMM 3B42 日降水数据与站点实测数据的相关系数 $R=0.52$，$R^2=0.273$，斜率 $k=0.4618$；TRMM 3B42 月降水数据与站点实测数据的相关系数 $R=0.93$，$R^2=0.8628$，斜率 $k=0.8503$；TRMM 3B42 季降水数据与站点实测数据的相关系数 $R=0.95$，$R^2=0.9005$，斜率 $k=0.8951$。整体而言，TRMM 降水数据随着时间尺度的增加与对应站点实测数据的相关性逐渐增强，在月、季 2 个时间尺度，

TRMM 降水数据与站点实测降水数据呈现出良好的一致性，TRMM 降水值比站点实际降水值偏低。

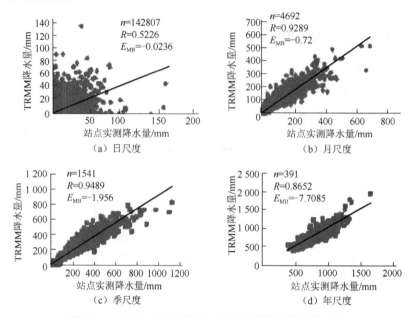

图 5.20　TRMM 3B42 数据与站点实测降水数据散点图

　　从以上检验结果来看，TRMM 3B42 数据在较大时间尺度的精度比较好，但是降水受地形、经纬度、海拔等因素的影响较大，各个站点的分布存在差异性，因此，单纯的整体检验不仅无法客观反映各个站点 TRMM 降水数据的精度，检验结果还可能掩盖个别站点 TRMM 降水数据与站点实测降水量之间的差异。本书研究的是地形复杂的陕西秦岭山地的降水精度和适应性分析，因此，更需要对单个站点进行精度验证。

　　2. 不同时间尺度 TRMM 降水数据单站点精度检验

　　（1）日尺度数据精度验证。以研究区内 23 个气象站点各时间尺度的实测降水数据为基准，利用 R、BIAS、RMSE 以及 MSSS 公式计算得出不同时间尺度各个站点 TRMM 降水数据相对于气象站点各时间尺度实测降水数据的指标值，并进行汇总，结果见表 5.12。同时，通过一元线性回归分析得到降水数据的散点图（图 5.21）。由于站点较多，这里仅列出部分具有代表性的站点散点图，比如，相关系数值最大的岚皋站点与最小的武功站点，以及随机抽取的商南站点。利用各气象站点的指标值结合其地理实际坐标位置以及陕西秦岭山地高程数据（DEM）得到一系列的指标空间分布图（图 5.22）。

表 5.12　TRMM 3B42 数据与站点实测降水数据各时间尺度精度指标统计

时间尺度	日降水尺度				月降水尺度			季降水尺度		
计算指标	R	BIAS	RMSE/%	MSSS	R	RMSE/%	MSSS	R	RMSE/%	MSSS
最大值	0.63	0.24	0.10	0.35	0.97	0.41	0.93	0.98	0.79	0.96
最小值	0.42	-0.15	0.04	-0.11	0.87	0.13	0.76	0.92	0.23	0.74
平均值	0.51	0.00	0.06	0.09	0.93	0.23	0.85	0.95	0.41	0.89
标准误差	0.05	0.09	0.02	0.11	0.02	0.09	0.04	0.02	0.15	0.05

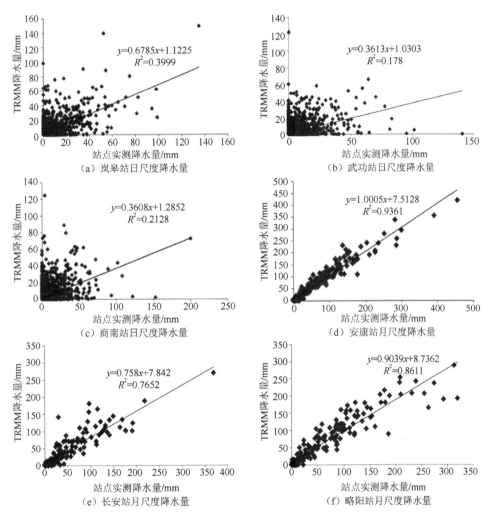

图 5.21　TRMM 3B42 降水数据与站点实测数据在各时间尺度上部分站点散点图

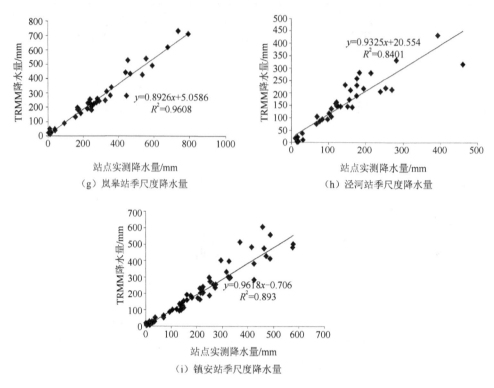

图 5.21　TRMM 3B42 降水数据与站点实测数据在各时间尺度上部分站点散点图（续）

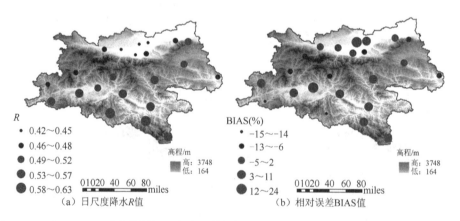

图 5.22　TRMM 3B42 降水数据与站点实测数据的相对误差 BIAS，以及各时间尺度上的 R、
RMSE 和 MSSS 值的空间分布

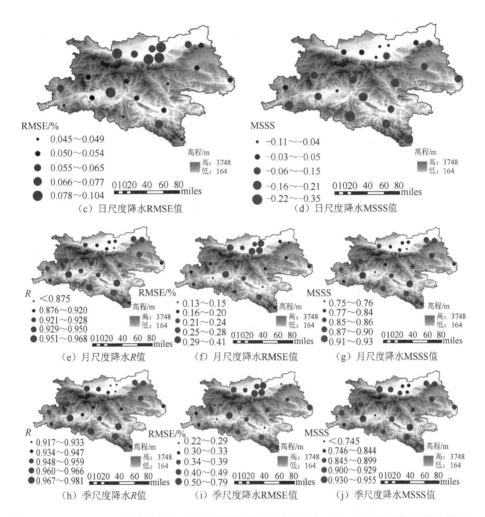

图 5.22　TRMM 3B42 降水数据与站点实测数据的相对误差 BIAS，以及各时间尺度上的 R、RMSE 和 MSSS 值的空间分布（续）

　　结合表 5.12 和图 5.21、图 5.22 分析得出：TRMM 日降水数据与气象站点实测日降水具有一定的相关性，但相关性不高，相关系数最高为岚皋站点的 0.63，最低为武功站点的 0.42，平均值为 0.51。整体而言，所有气象站点的相关系数值相差不大，数据差异性较小。图 5.21（a）～（c）气象站点的日降水数据的散点图也显示 TRMM 降水数据在日时间尺度上与站点实测降水数据相关性不高，这可能是由于 TRMM 卫星监测与站点监测在时间上存在偏差（TRMM 日降水监测时段为 23:00～次日 23:00，站点日观测时段为 8:00～次日 8:00）以及卫星监测受到复杂下垫面的影响较大，部分散落点异常较大，整体相关性有待提高。图 5.22（a）

中相关系数从北向南呈增大趋势，相关性较好的气象站点集中分布在偏南地区，这可能与偏南地区降水量大以及暴雨次数多有关。

根据 BIAS 指标计算结果可知：TRMM 日降水数据与气象站点实测日降水数据的偏离程度较小，系统误差控制在较小范围内。大部分站点的相对误差取值都接近于 0，分布在[-0.1，0.1]的范围。其中，TRMM 数据与站点实测数据偏离程度最大的取值出现在洋县，为 0.24；而偏离程度最小的取值则出现在眉县，仅为-0.15，平均值为 0.00。数据整体的系统误差较小，能够可靠地反映降水的分布情况。结合图 5.22（b），BIAS 取值相对较好的地区分布在偏北区域，但在关中盆地的秦都、泾河等站出现较大偏差。各气象站点的 BIAS 指标结果统计分析可得：有 11 个站点的 BIAS 取值为负数，该区域 TRMM 降水产品对于气象站点的降水预测部分高估部分低估，高估现象多出现在盆地区域，低估现象多出现在秦岭和大巴山地[图 5.22（b）]，初步显示，TRMM 的高低估现象可能与地形因素存在一定关系。

在日时间尺度的比较中，各站点的 RMSE 取值均较小，误差平均值仅为 0.06%，其中最高点出现在泾河站点为 0.10%，最低则为镇坪站点 RMSE 值为 0.04%。整个区域各站点的均方根误差值分布相对较为平均，站点之间相差不大，数据整体的随机误差较小，预测具有一定的可靠性。就 RMSE 空间分布特征而言，位于关中盆地和汉江盆地的站点 RMSE 值整体上高于分布在山地的站点。各个站点的 MSSS 指标结果都相对较小，平均值仅达到 0.09，最高值为镇巴站的 0.35，最低值为秦都站的-0.11，表明数据变化范围较大，TRMM 日降水数据的预测精度有待提高。各站点 MSSS 值的空间分布情况与 R 值空间分布类似，表明研究数据的整体预测效果具有一致性。

（2）月尺度数据精度验证。TRMM 月降水数据与站点实测降水数据之间的相关系数较日尺度有大幅度提升，月数据的相关性良好，其中 R 值最大出现在安康站点为 0.97，而最小为长安站 0.87，平均值达到 0.93。图 5.21（d）～（f）从相差最大的安康站和长安站点的散点图也反映了 TRMM 数据在月尺度上与站点实测数据之间的相关性整体上良好，差异性较小。TRMM 月降水数据在秦岭山地的预测效果整体较好，数据具有较好的适用性。图 5.22（e）显示月降水数据 R 值较高的站点空间分布相较日降水数据 R 的分布发生了很大变化，高值开始从区域南部向四周扩散。之所以出现 R 值大幅度提升和 R 值的空间分布变化，是因为 TRMM 月尺度数据由日数据累加而来，在进行数据累加的过程中，抵消了原数据的正负误差（吕洋等，2013），从而使得数据的精度有所提升，相关系数值提高，并且使得原来误差较大、相关性相对较差的部分站点的误差减小程度大于其他各站点的误差减小程度，从而使 R 值分布规律发生变化。

月时间尺度 RMSE 指标计算结果相较日降水尺度有所变大，但是整体仍在较小的范围变动，平均值为 0.23%，其中最高值出现在长安站点为 0.41%，最低值为汉中站点 0.13%。数据的随机误差略有增大，但是数据整体还是具有一定的可靠性。在空间分布上与日时间尺度 RMSE 分布相似。月时间尺度 MSSS 指标计算结果也有大幅度的增长，其中最大达到汉中站的 0.93，最小为长安站点的 0.76，平均值也达到了 0.85。这表明数据的随机误差相对较小，从而证明了 TRMM 月尺度数据的可适用性较好。MSSS 值的空间分布与 R 值类似，表明数据具有较好的整体一致性，不仅证明了数据的可适用性，同时也证明了实验数据的可靠性与科学性。

（3）季尺度数据精度验证。TRMM 季降水数据与站点实测季降水数据的相关性得到进一步提高。其中 R 平均值已达到 0.95，以汉中和岚皋站点的值最高为0.98，最低为泾河，但是也已经达到 0.92。同时，通过图 5.21（g）～（i）相关站点的散点图，也可以得出相同结论，各站点的 TRMM 数据的相关系数相差不大，数据整体相关性较好，并具有整体一致性。R 值的空间分布与月尺度数据相似。

相对而言，季降水数据随机误差 RMSE 值仍有小幅度增长，部分站点出现较高值，但是整体仍然不大。其中 RMSE 值最大出现在泾河为 0.79%，最小则出现在汉中仅为 0.23%，平均值为 0.41%，大部分站点小于 0.40%，各站点之间相差不大。均方根误差值的空间分布与其他指标一样，在月尺度与季尺度上具有相似性。季尺度 MSSS 指标值也相对有所提升，数据的精度进一步提高，平均值也达到了0.89，其中汉中站点值最大为 0.96，仅洋县最低，与其他站点值相差较大，为 0.74，其他站点的 MSSS 值均大于 0.80，多数站点在 0.90 以上，数据的整体性较好。

综合以上对日、月、季三个时间尺度 TRMM 降水数据与站点实测降水的比较分析，得到图 5.23。由图 5.23 可知：

（1）TRMM 降水数据的相关性随着时间尺度的增大逐渐提高，月尺度数据和季尺度数据精度较高而日尺度数据精度较低的原因是月尺度数据和季尺度数据都是由日尺度数据加总得到，日尺度数据的正负误差在一定程度上可以相互抵消，有助于提高数据的相对精度。相关系数 R 在三个时间尺度的空间分布具有一定的相似性，大体上由北向南相关性越来越好，这可能与区域总体降水量的多少和暴雨发生次数有关。

（2）对于三个时间尺度的 RMSE 指标，随着时间尺度的增大 RMSE 值呈增大趋势，日、月时间尺度数据的 RMSE 值波动范围较小，其值基本在 0.30% 以下，这说明 TRMM 在该时间尺度可靠性良好，季时间尺度有少数站点 RMSE 值有明显波动，但大部分站点其值都在 0.50% 以下，可靠性较好。各时间尺度 RMSE 的空间分布特征相似，特别的在山地区域，RMSE 的取值较小，这说明 TRMM 数据在预测山地降水方面具有一定可靠性。

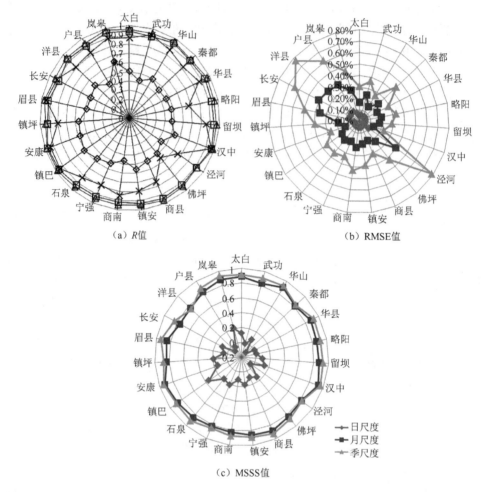

图 5.23   TRMM 3B42 降水数据与站点实测数据的各时间尺度上 R、RMSE、MSSS 值变化趋势

（3）对于三个时间尺度的 MSSS 指标，随时间尺度的增大 MSSS 值呈增大趋势，月、季两个时间尺度的数据 MSSS 值基本稳定且均接近于 1，说明在该时间尺度内数据均方误差较小，可靠性较高；相对而言，日时间尺度数据均方误差较大，可靠性欠佳，与 R 值反映情况相似。

（4）对于三个不同时间尺度数据的各项指标的区域空间分布分析可知，R 值分布与 MSSS 分布有明显的空间一致性，与 RMSE 值分布有明显的负相关性，验证了如果 TRMM 数据与站点实测数据相关性较好则对应的系统均方根误差越小，均方误差技能评分越接近 1，数据可靠性越大。空间分布验证结果与理论相符合。

3. TRMM 3B42 探测精准度及空间分布特征

通过 BS、HR、MR、FAR、WDR 等指标的计算结果，验证以气象站点实测数据为基准的 TRMM 降水产品的探测率和精准度（表 5.13）。样本数据量 n=6209（即 1998~2014 年气象站点观测雨量的理论总天数）。

表 5.13　TRMM 3B42 降水数据与站点实测降水数探测指标统计结果

指标	偏差评分（BS）	命中率（HR）	漏检率（MR）	错误预报率（FAR）	微弱降水探测率（WDR）
最大值	0.99	0.60	0.51	0.23	0.49
最小值	0.68	0.49	0.40	0.14	0.33
平均值	0.83	0.55	0.45	0.18	0.39
标准偏差	0.10	0.03	0.03	0.02	0.05

由表 5.13 可知：各站点 BS 的计算结果在 0.68~0.99，均小于 1，MR 的计算结果在 0.40~0.51，表明 TRMM 日降水数据降水量非零的天数少于站点实测降水非零的天数，TRMM 数据可能有实际存在降水但是却预测降水量为 0 的情况，但是这种情况与上述 BIAS 值的表现存在矛盾，之所以出现这种情况是因为实测降水数据中有较多天数气象站点记录为微量（标记为 "32700"）。在实际的指标计算过中，包括 R、BIAS、RMSE 和 MSSS 的计算中，将这些微量的降水量标记为 0，但是在计算 BS 等指标时使用的是原数据。结合 WDR 指标的计算结果，其值均小于 0.5，表明 TRMM 卫星对于十分微量的降水存在一定的不敏感性，从而导致 BS 值变小，MR 上升。事实上，当将这些微量的降水值标记为 0 时，BS 计算结果在 0.91~1.26，其值有大幅度的增加，而 MR 的计算结果变为 0.35~0.45，有一定程度的减小。结合以上验证结果，各站点 BS 取值均小于 1 并不能表明 TRMM 数据对于实际降水量的整体低估。但是 BS 值在一定程度证明了在日时间尺度上，各个站点在较小范围内可能存在一定的低估和高估现象，即便如此，也进一步证实了 TRMM 降水产品具有较高的探测精准度。

根据 WDR 指标计算结果以及上述的分析，TRMM 卫星对于微量的降水预测存在一定的不敏感以及漏检，这种情况在一定程度上影响其探测精准程度。同时结合图 5.24（a）可知：在位置相对偏北地处关中盆地的站点包括秦都、武功、泾河、华县、眉县等站点处的 BS 值相对较大，其中以华县取值最高达 0.99，而最小值出现在区域西南的略阳及南部的镇巴站点，整个 BS 值的变化从关中盆地至大巴山山地呈明显的下降趋势，这与之前计算的 R 值和 BIAS 值等的空间分布都具有一定的相似。各站点 MR 的空间分布从东北至西南呈明显上升趋势，其最高点为略阳站，最低点为镇安站，这与 BS 的分布情况反相关，即偏差评分越大，漏检率越低，与理论相符。

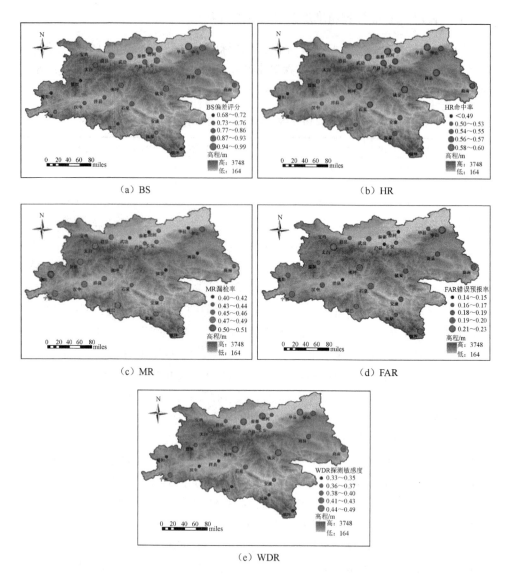

图 5.24　TRMM 3B42 降水数据与站点实测数据在日时间尺度上的 BS、HR、
MR、FAR 和 WDR 值的空间分布

　　HR 表示预测与实际降水量均为 0 占实际降水量为 0 的比率,各个站点 HR 值的范围为 0.49～0.60。将实测微量降水标记为 0 后,其值变为 0.55～0.65,表明 TRMM 降水产品可以对降水进行较好的预测。在空间分布上,HR 取值最大出现在镇安为 0.60,最小为略阳站点的 0.49, 与 BS 空间分布具有一定相似性。FAR 表示错误预测降水的比率,其最大值出现在太白站点为 0.23,最小值则出现在户

县站点为 0.14，平均值为 0.18。所有站点的 FAR 取值都相对较小，即错误预测率较低，表明 TRMM 数据的可靠性和精准度较高。

4. 不同地形区域精度比较

为进一步验证复杂地形可能对 TRMM 降水产品产生的影响，按照秦岭山区地貌类型将其划分为关中盆地，秦岭山地，汉江盆地和大巴山地 4 个地形区域。以各个区域气象站点实测月降水数据为基准，利用 R、BIAS、RMSE 以及 MSSS 的公式计算各地形区域的相关指标值，结果见表 5.14。

表 5.14　秦岭山地不同地形区域 TRMM 月降水与站点实测月降水各指标统计

区域	TRMM 月平均降水量 /mm	站点月平均降水量 /mm	R	BIAS	RMSE/%	MSSS
关中盆地	50.37	50.13	0.91	1.19	0.31	0.83
秦岭山地	63.47	65.81	0.93	-3.31	0.19	0.87
汉江盆地	77.68	70.48	0.95	10.60	0.21	0.87
大巴山地	87.30	91.98	0.94	-4.14	0.21	0.85

由表 5.14 可知：关中盆地地区的相关系数 R 值最小为 0.91，汉江盆地 R 值最高为 0.95，4 个地形区域 R 指标变化范围不大，R 值由北向南有增大趋势，这与前面的研究结论相符；根据 BIAS 指标计算结果，在关中盆地 BIAS 稍大于 0，说明 TRMM 降水数据在该区轻微高估，同理 TRMM 降水数据在汉江盆地有明显高估现象，而在秦岭山地和大巴山山地域，TRMM 数据存在低估现象；根据 REMS 和 MSSS 指标的计算结果，均可说明 TRMM 月降水数据在四个地形区域误差较小，可靠性良好，TRMM 月降水数据在秦岭山地具有较高的适用性。

统计 4 个不同地形区域部分站点的 TRMM 月降水数据的每月平均降水量和站点实测月平均降水量，绘制折线图（图 5.25）。由图 5.25 可知：

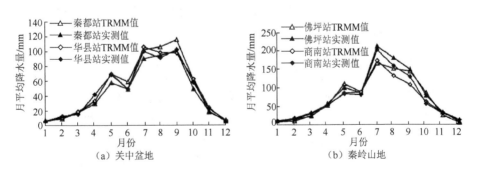

（a）关中盆地　　　　　　　　　　　（b）秦岭山地

图 5.25　4 个地形区域部分站点 TRMM 降水数据和站点实测
降水数据的月平均降水量折线图

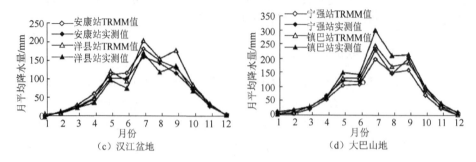

图 5.25　4 个地形区域部分站点 TRMM 降水数据和站点实测
降水数据的月平均降水量折线图（续）

（1）TRMM 月降水数据月平均降水量与站点实测月平均降水量在总体上比较一致，关中盆地和江汉盆地区域站点 TRMM 月平均降水量较站点实测降水量偏高，而秦岭山地和大巴山山地域站点 TRMM 数据存在低估现象，该结论与表 5.22 中 BIAS 的统计结果相一致。分析 5～10 月 TRMM 降水在低估的原因，主要是山区降水量受地形因素的影响较大，降水随海拔的升高不具有明显的线性关系（张文纲等，2009；张杰等，2007），坡度、坡向和高程对降水量的影响较为显著，使得该区域的降水变得非常复杂。另外，研究区内气象站点多布设在海拔较低和平坦的区域，高海拔地形复杂地区测站较少，测站雨量器受外部环境风的影响比较大，捕捉的降水量可能会偏少，致使观测到的降水量存在一定的偏差，在反映该区的降水实际情况时有偏差。

（2）整个秦岭山区降水在年内分布很不均匀，夏季降水最为丰富，冬季和春季降水很少。整体上大巴山山地降水最为丰富，关中盆地降水较为贫瘠，4 个区域随纬度降低降水增多。

（3）在降水数值上，冬季和春季 TRMM 月平均降水数据与站点实测降水量差异不明显，夏季两者差异显著增大。

5.3.2　TRMM 降水数据的降尺度

降水作为全球地表物质交换、生态系统、水文循环等过程的基础组成部分（马金辉等，2013），在各种时空尺度的大气过程中扮演着极为重要的角色。降水数据被广泛应用水文、气象等方面，是诸多研究过程所需的必要数据。近年来，气象站点实测降水由于站点数量、分布、地形因素以及站点观测的连续性的影响，常无法满足实际研究与应用的精度需求，而与此同时，气象卫星因其监测范围广、观测时间连续、较高时空分辨率的优势能够为研究者提供精确的降水数据和便利的数据获取方式，卫星降水数据逐步被引入水文气象相关研究中（Liu et al.，2015）。

TRMM 卫星的目的是通过研究热带地区的降水量和潜热来进一步了解全球能量和水循环（季漩等，2013）。已经证明 TRMM 降水数据在月降水数据及更大时间尺度上具有良好的适用性，满足大范围区域的降水研究和应用要求（李相虎等，2013；蔡晓慧等，2013；刘俊峰等，2010；Huffman et al.，2007；Islam，2007）。对于降水较为丰富、且多为河流发源地的山区而言，山区降水的研究已经日益增多，但是山区地形复杂，水文气象观测站点布置稀疏、分布不均匀且观测数据不连续，导致数据获取困难。TRMM 等遥感卫星资料在一定程度上缓解了这一问题，但是对于更小尺度的山区降水研究而言，TRMM 降水产品的空间精度已经不满足需求，因此，有必要对 TRMM 降水产品进行降尺度研究。

本书利用 GWR 模型对 TRMM 降水产品进行降尺度分析，得到山地地区的降尺度结果降水数据，并引入地形因子对降尺度结果的影响进行验证，从而检验 GWR 降尺度模型在山地地区的适用性。

1. TRMM 降水数据精度验证

在进行降尺度研究之前，首先对 2010～2014 年 TRMM 降水产品的降水数据分别从年时间尺度上和月时间尺度上以站点实测降水数据为真值进行对比分析，从而检验 TRMM 降水产品在区域内的可使用性和准确性。其中年时间尺度上 $R=0.9003$，相对偏差为 -0.0129，TRMM 降水产品降水数据在研究区域的精度较高，能够较好地适用于区域内年降水的各种应用，从相对偏差数值中可以看出 TRMM 降水产品整体略微低估区域内降水。而在月时间尺度上，$R=0.9425$，相对偏差值为 -0.0247，TRMM 降水产品在月时间尺度上与站点实测降水数据的相关系数值有所增大，两者相关性较高，且同样整体低估真实降水。在这两种时间尺度上，区域内 TRMM 降水产品有着较好的精度，能够良好地适用于本书区域内各种类型的降水应用研究。基于以上，采用 TRMM 降水数据进行降尺度分析模拟实际降水有着一定的科学合理性。

2. 年降水降尺度结果与验证

（1）多年年平均降水降尺度结果。对 2010～2014 年的 TRMM 年降水数据和 NDVI 年数据分别求平均值，得到 TRMM 和 NDVI 年平均降水数据。对重采样的 NDVI 和 TRMM 原始数据构建 GWR 模型，得到常数项和系数项，重采样得到 1km 的新常数项和系数项，并对残差插值得到图 5.26（c）。利用模型计算得到图 5.26（b）和图 5.26（d）。

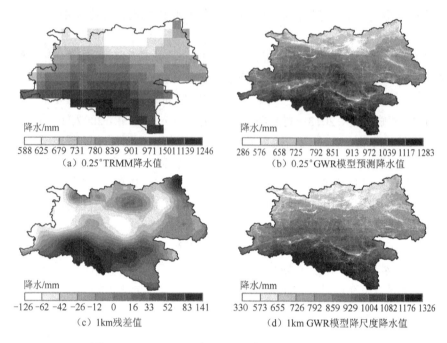

（a）0.25°TRMM降水值　　　　（b）0.25°GWR模型预测降水值

（c）1km残差值　　　　（d）1km GWR模型降尺度降水值

图 5.26　2010～2014 年 TRMM 年陕西秦岭山地年均

由图 5.26 可知：TRMM 原始年均降水范围为 591～1260mm，而经过 GWR 模型降尺度的 1km 降水范围为 382～1322mm。通过 GWR 模型降尺度，降水的区间范围变大；降水数据的空间分辨率从原始数据的 0.25° 提升到 1km，空间精度大幅度提升；GWR 降尺度结果与 TRMM 原始降水数据具有较为一致的空间分布特征，降水整体呈现南多北少，但是 GWR 降尺度结果细节性更强，能够体现更为细致的降水特征。

（2）多年年降水降尺度结果与验证。对 2010～2014 年 TRMM 原始数据和重采样的 NDVI 数据构建 GWR 模型，得到对应年份的常数项和系数项，并重采样得到 1km 的新常数项和系数项，并对残差插值得到 1km 残差分布图和利用模型计算得到 1km GWR 降尺度结果。

由图 5.27 可知：通过 GWR 降尺度的降水数据，其降水范围均大于原始 TRMM 降水数据降水范围。例如，2010 年 GWR 降尺度结果降水范围由 TRMM 原始数据的 591～1269mm 扩展到 382～1322mm；GWR 降尺度结果降水数据相较于 TRMM 原始降水数据有更多细节性的降水信息，空间分辨率大幅度提高；年降水整体呈现由南到北逐渐减少的趋势。山地降水较多，盆地相对降水较少。其中大巴山地区年降水丰富，均在 1000mm 以上，区域内降水最少的地方集中在关中盆地。

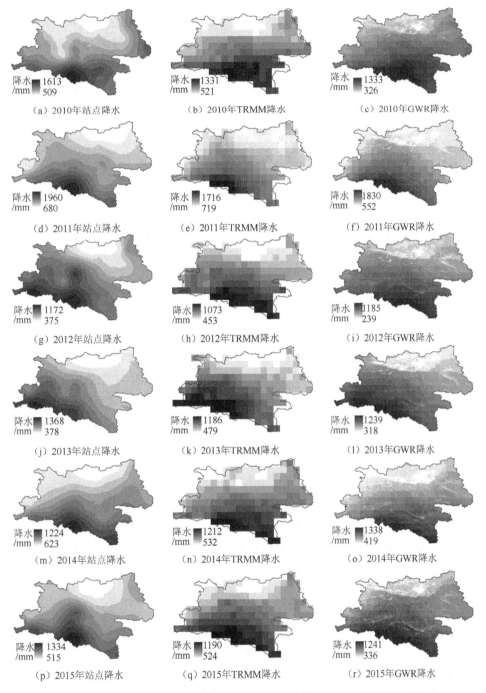

图 5.27　2010～2014 年各年 TRMM 降水数据和 GWR 模型降尺度结果

对 TRMM 原始降水数据和 GWR 降尺度结果降水数据与站点实测降水数据进行计算分析，得到图 5.28 和表 5.15。从图 5.28 得知：TRMM 降水数据和 GWR 降尺度结果降水数据与站点实测降水数据均存在线性关系，TRMM 原始降水数据与实测降水数据之间的相关性要略强于 GWR 降尺度降水数据。GWR 降尺度结果降水数据在将空间分辨率由 0.25° 提升到 1km 时，牺牲了较小部分的降水数据精度，但整体而言，GWR 降尺度结果降水数据与站点实测降水数据之间仍然存在较高的线性关系，能够很好地反映实际降水情况。

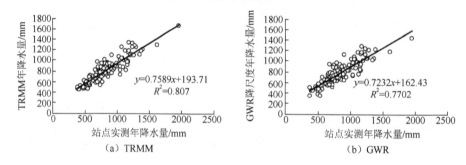

（a）TRMM　　　　　　　　　　　　　（b）GWR

图 5.28　多年降尺度数据及 TRMM 降水数据与观测数据散点图

表 5.15　年降水数据降尺度结果验证

评价指标	TRMM	GWR
R	0.9003	0.8794
RMSE	11.4008	14.1807
BIAS	−0.0129	−0.0852

从表 5.15 可知，相较于 TRMM 原始降水数据而言，GWR 降尺度结果降水数据的精度有所下降，与站点实测降水数据的相关性有所降低，相关系数由 TRMM 降水数据的 0.9003 减少到 0.8794。均方根误差和偏差都有略微增大，但整体而言，GWR 降尺度结果降水数据与站点实测降水数据的相关性仍然较好，均方根误差与偏差也都在可控范围内。GWR 降尺度降水数据仍然有着较高的准确性和精确度，能够正确反映实际降水。同时，从偏差分析中可以得知，TRMM 原始降水数据以及 GWR 降尺度结果降水数据对于站点实测降水都存在着小范围的低估降水。

3. 典型年月降水降尺度结果与验证

从图 5.29 可知：在降水较为丰富的情况下 GWR 降尺度结果更为明显，在降水丰富的地区和降水丰季 GWR 降尺度结果有着更好的细节效果，在降水较为贫瘠的区域，降尺度效果相对较差；一年中降水集中在 7～9 月，其中以 7 月的降水最为丰富，降水最丰富的地区为巴山地区，7 月月降水数据达到 500mm 以上。这一结果与研究区域实际降水状况相符，在降水相对较为丰富的 5～9 月，降水呈现南多北少，但是在降水相对贫乏的月份，降水大多呈现为东多稀少的趋势。

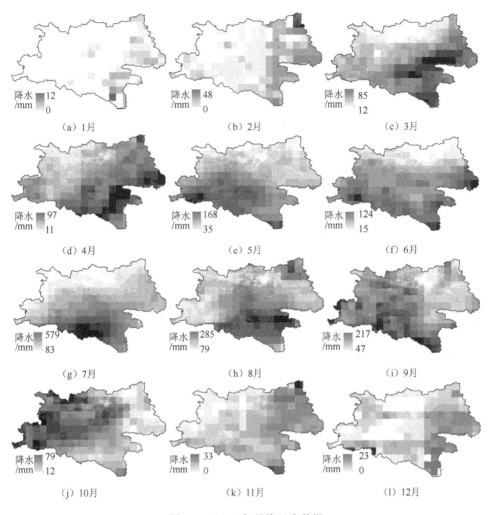

图 5.29　2010 年月降尺度数据

分别对 TRMM 月降水数据和 GWR 降尺度结果月降水和站点实测降水数据进行计算和对比分析，得到表 5.16。在月时间尺度上，TRMM 和 GWR 降尺度结果与站点实测降水的相关性有所提升，精度更高，但是由于月降水数据的样本数的增

表 5.16　2010 年月数据降尺度结果验证

评价指标	TRMM	GWR
R	0.9274	0.9250
RMSE	33.8093	34.7187
BIAS	−0.0182	−0.0670

多，均方根误差和相对误差都有所增大。在月时间尺度上进行对比分析，GWR 降尺度结果的月降水数据相关性相较于 TRMM 原始降水数据稍有减弱，而均方根误差以及相对误差都略微有所增大。相较于年时间尺度而言，月时间尺度上的精度下降幅度很小，相关系数的减小幅度及均方根误差的增大幅度都很小。

　　研究中选择关中盆地的华县、长安，秦岭山地的留坝与华山，汉江盆地的汉中石泉以及大巴山山地的宁强和镇坪 8 个较为典型且能够代表该区域特点的气象站点进行分析，得到图 5.30。由图 5.30 可知：研究区内降水主要集中在每年的 5～9 月，其中冬季 12 月至次年 2 月降水很少，大部分地区几乎为零；整体上，TRMM 降水产品对于降水存在一定低估，但是结合相关系数等值的比较，证明 TRMM 降水产品对于真实降水存在一定的表现能力，在月时间尺度上能较真实地反映区域降水情况；GWR 模型是基于 TRMM 降水数据进行的降尺度分析，得出的降尺度结果的降水数据整体上与 TRMM 原始降水数据结果相似，数值相差较小，趋势相同。整体而言，GWR 降尺度结果降水数据相较于 TRMM 原始降水数据降水值有所减小，但是程度不大。

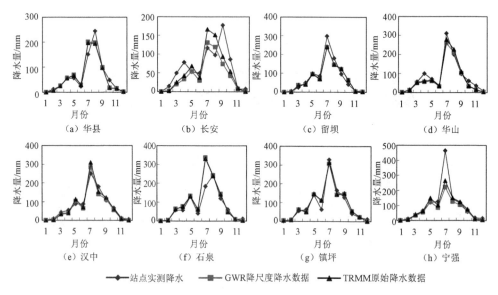

图 5.30　2010 年月尺度站点 TRMM 及 GWR 降尺度结果降水数据对比折线图

　　通过对长安、留坝气象站点的数据对比可知，由于站点实测降水相差较大的 TRMM 降水产品进行降尺度计算得到的 GWR 降尺度结果与 TRMM 降水产品本身也相差较大；而 TRMM 降水产品与站点实测降水相差较小的其他站点，TRMM 降水产品与 GWR 降尺度结果降水数据也更为相似，相差较小。这主要是由于 GWR 降尺度模型在进行降尺度研究时引入了与降水相关性较大的 NDVI 值，在一定程度上也偏离了对真实降水模拟相对较差的 TRMM 降水产品。

　　整体而言，TRMM 降水产品对降水有所低估，GWR 降尺度结果降水数据与 TRMM 原始降水数据整体一致，大多数情况下，数值相对有很小程度的减少，这也是在上述研究中 GWR 降尺度结果相较于 TRMM 原始降水数据对比真实降水数据的精度略微有所减弱的主要原因。

4. 地形对降尺度结果的影响

由于研究区域相对较小，气象站点分布较为稀少，且在高山地区相对缺乏，无法直接将区域分为不同高程区域进行对比分析。研究中所采用的 23 个气象站点，其中华县、秦都、泾河、武功、眉县、户县、长安属于关中盆地，站点海拔均在 500m 以下；太白、商县、商南、留坝、佛坪、镇安、华山、略阳属于秦岭山地，站点海拔在 500m 以上，其中以华山站点海拔最高，超过了 2000m；汉中、洋县、石泉、安康属于汉江盆地，整体海拔略高于关中盆地地区气象站点；宁强、镇巴、岚皋、镇坪属于大巴山山地，由于大巴山陕西段还未达到主峰峰顶部位，因此，气象站点海拔整体略低于秦岭山地的气象站点。对研究区内不同地区 TRMM 与 GWR 降尺度结果降水精度进行验证，结果如表 5.17 所示。

表 5.17　不同地区月时间尺度 TRMM 与 GWR 降尺度结果降水精度验证

区域	R			RMSE			BIAS	
	TRMM	GWR	变化程度	TRMM	GWR	变化程度	TRMM	GWR
关中盆地	0.8892	0.8920	0.31%	2.96	2.80	−5.56%	0.02	−0.10
秦岭山地	0.9255	0.9279	0.26%	3.29	3.30	0.53%	−0.04	−0.08
汉江盆地	0.9262	0.9338	0.82%	5.41	5.14	−4.98%	0.10	0.09
大巴山山地	0.9635	0.9486	−1.55%	5.71	7.09	24.16%	−0.08	−0.15

从表 5.17 可知，GWR 降尺度结果降水数据的精度从北至南，不断提升，其中关中盆地最小，是 4 个地区中唯一一个相关系数小于 0.9 的地区。整体来说，山地地区的相关系数数值大于盆地地区，对两个盆地地区进行对比，海拔相对较高的汉江盆地地区精度更高。

从相对误差的数值可以看出，TRMM 原始降水数据在大巴山山地和秦岭山地都对于真实降水值有一定的低估，而在盆地地区对降水存在一定范围的高估。而 GWR 降尺度结果的降水数据仅在汉江盆地高估降水，其他 3 个区域均不同程度的低估降水。整体而言，GWR 降尺度结果降水数据略小于 TRMM 降水数据。

在月时间尺度上，相关系数值整体较大，数据精度较高，在关中盆地、汉江盆地和秦岭山地三个地区，GWR 降尺度结果的降水数据精度相对于 TRMM 原始降水数据略微有所提高，提高程度较小，但是在大巴山山地精度有所下降，且程度大于上述三个地区。GWR 降尺度结果在海拔最高的秦岭山地相关系数等指标数值与 TRMM 原始降水数据的指标值相比较而言变化范围最小，最接近 TRMM 原始降水数据。综上，在陕西秦岭山地的四个不同地形区域内，GWR 降尺度方法都有着较好的表现，证明了 GWR 模型在山地地区是一种适用性较好的降尺度方法。

第6章 华阳古镇景区暴雨灾害风险评价

6.1 景区暴雨灾害防灾减灾能力评价

6.1.1 景区暴雨灾害防灾减灾能力评价指标体系的构建

1. 评价指标体系构建原则

（1）系统性原则。在构建秦岭生态景区暴雨灾害评价指标体系时必须遵循系统性原则，各指标之间需要有一定的逻辑联系。评价指标不仅要体现出山地、生态、旅游等特征，还要能反映出它们之间的潜在联系。每一个系统皆由一系列指标构成，这一系列指标共同构成一个有机的整体。

（2）典型性原则。秦岭生态景区暴雨灾害风险评价指标体系需要具有一定的典型性，能够准确反映出山地生态景区所具有的特征。即使评价指标数量较少，也能用于数据的计算，能够为不同区域的山地生态景区使用。在山地生态景区暴雨灾害风险评价指标体系构建过程中，需要突出山地、生态及景区特色，综合考虑暴雨灾害发生的影响因素，同时，在进行评价指标权重确定及等级划分时，需要与当地自然环境与社会环境相结合。

（3）科学性原则。任何评价指标体系的构建都需要把握科学性原则，构建的体系要能够真实客观地反映出所要评价的内容。在山地生态景区暴雨灾害风险评价指标体系的构建过程中，需要采用科学的方法和手段，结合相关文献及专家意见，通过观察、分析、讨论等方式确定指标体系的定性或定量化指标，指标体系必须明确、清晰地反映出山地生态景区暴雨灾害的风险程度。因此，构建指标体系必须以科学、严谨的态度来遴选指标，以便做出最真实、客观的暴雨灾害风险评价结果。

（4）可量化性原则。在遴选山地生态景区暴雨灾害风险评价指标时，需要注意范围的一致。指标体系的构建是为区域防减灾和风险管理服务的，指标的计算标准和方法需保持一致，指标简单明了、便于收集，可以从宏观上概括山地生态景区暴雨灾害风险程度。同时，各个指标需要有很强的可操作性和量化性，并结合当地实际情况来进行数据的等级划分，而对于那些不能进行量化的指标，可采用定性的方式来量化，便于最终的数学计算与分析。

（5）综合性原则。整体都是由一些具体要素组成的，这些要素间可能存在多种结构联系、领域的交叉、跨学科的综合等，如若单独针对某一要素进行分析的话，很有可能会做出错误的判断，因此，在评价指标体系的构建中，要综合平衡各个要素，考虑全面。

2. 评价指标体系构建依据

根据《国家综合防灾减灾规划（2011—2015）》、《中华人民共和国突发事件应对方法》以及危机管理领域的五阶段划分（马琳，2005），本书将景区暴雨灾害防灾减灾能力划分为监测预警能力、应急处置与救援能力、灾害管理能力和灾后恢复与重建能力 4 个一级指标。

本书参考并综合了多位学者的研究成果，并结合研究区特点，在其基础上进行了改进和完善。张风华等（2014）从地震危险性分析能力、地震监测预报能力、工程抗震预防能力、非工程性防御能力和震后应急救灾能力几个方面建立了城市防震减灾评价指标体系，本书在其危险性指标中 24h 最大降水量和年均降水量的基础上，结合景区的特殊性和年游客接待增加数，将三者组成"灾害风险识别能力"的子指标；胡俊峰等（2010）从防洪工程能力、监测预警能力、抢险救灾能力、社会基础支撑能力、科普宣教能力、科技支撑能力、灾害管理能力七个方面建立了区域防洪减灾能力评价指标体系，本书在吸纳汇总的基础上，将防洪工程能力和抢险救灾能力纳入"物质人员保障能力"二级指标中；宋超等（2007）从监测预报能力、灾害应急能力、救援物资储备、人类自然防灾能力几个方面建立了泥石流防灾减灾评价指标体系；刘晓静等（2012）从防御能力、应对能力、救援能力、重建能力几个方面建立了地震综合减灾能力评价指标体系。在上述已有研究的基础上，本书结合暴雨和景区两大特色，科学地选取体系指标，建立针对性强的景区暴雨灾害防灾减灾评价指标体系。

3. 评价指标体系框架

以暴雨灾害为切入点，以旅游景区为研究对象，以暴雨灾害防灾减灾能力为目标层，建立了景区暴雨灾害防灾减灾能力评价指标体系。体系中包含监测预警能力、应急处置与救援能力、灾害管理能力、灾后恢复与重建能力 4 个一级指标，监测能力、景区自建能力等 10 个二级指标，雨量站个数、景区设施建设年投资等 34 个三级指标。其中，还增加了雨量预警机个数、灾害预警标示个数、景区险情月排查次数、年游客接待量、游客自救能力等反映景区和暴雨特征的指标，使其更具针对性和完整性（图 6.1）。

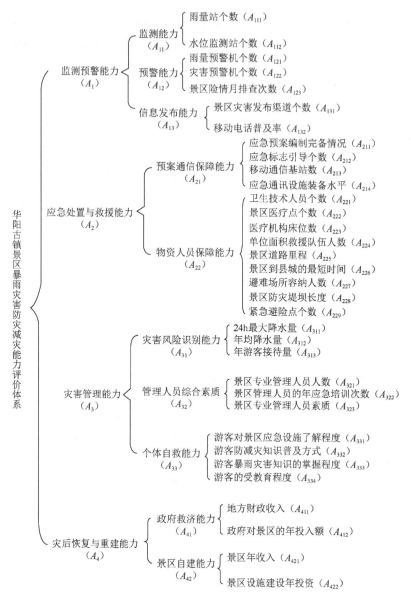

图 6.1 华阳古镇景区暴雨灾害防灾减灾评价指标体系框架

6.1.2 景区暴雨灾害防灾减灾能力的计算

指标权重反映了该指标对总体的影响程度，通过未确知测度模型及与之相配合的相似权法计算得到了监测预警能力、应急处置与救援能力、灾害管理能力、灾后恢复与重建能力 4 个一级指标的权重，以及监测能力、预警能力等 10 个二级指标的权重和 34 个三级指标的权重（表 6.1）。

表 6.1 各级指标权重值

一级指标	权重	二级指标	权重	三级指标	权重
A_1	0.297	A_{11}	0.123	A_{111}	0.035
				A_{112}	0.036
		A_{12}	0.123	A_{121}	0.036
				A_{122}	0.037
				A_{123}	0.036
		A_{13}	0.121	A_{131}	0.036
				A_{132}	0.035
A_2	0.258	A_{21}	0.092	A_{211}	0.020
				A_{212}	0.036
				A_{213}	0.036
				A_{214}	0.009
		A_{22}	0.119	A_{221}	0.036
				A_{222}	0.037
				A_{223}	0.037
				A_{224}	0.036
				A_{225}	0.035
				A_{226}	0.035
				A_{227}	0.023
				A_{228}	0.036
				A_{229}	0.037
A_3	0.200	A_{31}	0.062	A_{311}	0.004
				A_{312}	0.014
				A_{313}	0.036
		A_{32}	0.120	A_{321}	0.037
				A_{322}	0.036
				A_{323}	0.035
		A_{33}	0.046	A_{331}	0.010
				A_{332}	0.037
				A_{333}	0.010
				A_{334}	0.006
A_4	0.245	A_{41}	0.075	A_{411}	0.035
				A_{412}	0.005
		A_{42}	0.119	A_{421}	0.035
				A_{422}	0.033

从表 6.1 可知，在选取的 34 个三级指标中，权重相对较小的有 24h 最大降水量、政府对景区的年投入额、游客的受教育程度以及应急通讯设施装备水平，其中 24h 最大降水量的权重最小，为 0.004，其次为政府对景区的年投入额，权重为 0.005。24h 最大降水量反映某地区出现极端降水量的最大值，是一个偏离实际的值，因此，它对景区暴雨防灾减灾能力的影响程度不大。而景区灾害发布渠道个数、移动通信基站数、应急标志引导个数、年游客接待量、水位监测站数、雨量

预警机个数、景区险情月排查次数、景区医疗点、紧急避险点的个数、景区管理人员的应急培训次数、游客防灾减灾知识的普及方式、医疗机构床位数和卫生技术人员个数的权重相对较高，均超过 0.036，这些指标对暴雨防灾减灾能力具有较大的影响。整体来看，在这 34 个三级指标中，权重相对较高的指标集中在监测预警和医疗救助方面，而权重相对较低的指标偏向于游客对暴雨知识的了解情况。10 个二级指标中，预警能力、监测能力、信息发布能力和管理人员综合素质的权重相对较高，最高的是预警能力和监测能力，均为 0.123；而个体自救能力和灾害风险识别能力的权重相对较低，分别为 0.046 和 0.062；其他指标的权重介于它们中间。4 个一级指标中，监测预警能力和应急处置与救援能力权重相对较高，分别为 0.297 和 0.258；灾后恢复与重建能力紧随其后，最低的是灾害管理能力，其权重值为 0.200。综合来看，对景区暴雨灾害防灾减灾能力影响较大的是监测预警能力和应急处置与救援能力。

6.1.3 景区暴雨灾害防灾减灾能力综合评价

通过计算，得到了华阳古镇景区 2012～2014 年的暴雨灾害防灾减灾能力综合测度矩阵（表 6.2）。

表6.2 综合测度矩阵

年份	C_1（较高）	C_2（高）	C_3（中等）	C_4（低）	C_5（较低）
2012	0.080	0.009	0.030	0.067	0.815
2013	0.230	0.155	0.249	0.257	0.110
2014	0.848	0.034	0.030	0.014	0.074

在 0.6 的置信水平下，分别计算出 2012～2014 年的防灾减灾综合能力等级。2012 年的综合能力较低，2013 年的综合能力中等，2014 年的综合能力较高，并且逐年增强。结合一级指标测度矩阵的分析，华阳古镇景区暴雨防灾减灾能力随着监测预警能力、应急处置与救援能力、灾害管理能力和灾后恢复与重建能力的逐渐完善，尤其是权重较大的监测预警能力和应急处置与救援能力的不断增强，暴雨防减灾能力已经从 2012 年的较低变化为 2014 年的较高。景区的暴雨防减灾能力得到大幅度提升。

华阳古镇景区在 2010 年 9 月进行了试运营，在这一阶段，景区的各项工作刚刚起步，一些基础设施不够完善，管理人员综合素质不高，综合防灾能力较弱；2011 年 7 月发生了特大暴雨，景区几乎被完全摧毁，经过大半年的灾后恢复重建后重新开园，基础设施得到加固，预警设施投入使用，景区的防灾减灾能力得到了提高，计算得到 2013 年的综合能力有所提高；随着景区运营不断进入正轨，后续基础设施的不断完善，人员配置不断提高，景区的防灾减灾能力进一步提高。实际情况与计算得到的防灾减灾能力基本一致，说明该指标体系可以用来计算景区暴雨灾害的防灾减灾能力。

6.2　景区暴雨灾害风险评价

6.2.1　景区暴雨灾害风险评价指标体系构建

1.　评价指标体系指标的选取

山地生态景区暴雨灾害风险评价的核心就是指标体系的构建，因此选取哪些指标来进行评价十分重要。评价指标的选取需要考虑多种因素，包括导致灾害发生的景区环境的危险性、暴露性、脆弱性、防灾能力和减灾能力。

（1）危险性指标的选取。危险性是指暴雨引发崩塌、滑坡、泥石流等次生灾害的危险程度。本书结合山地生态景区的自然地理环境特点，将危险性分为诱发因素和内在因素。诱发因素是指暴雨灾害发生的最直接因素。山地生态景区所处区域的不同，在气候类型及景观上也存在差异，往往会产生多种自然灾害，但是引发暴雨灾害的最直接因素只有降水，因此，在危险性诱发因素指标的选取上，主要考虑景区所处区域的年均降水量、年均暴雨日数以及日最大降水量；内在因素是指山地生态景区产生暴雨灾害的内部环境。周丽君（2012）对山地景区危险性的影响因素进行了分析，介绍了危险性包含成灾因子与孕灾环境，本书在此基础上，完善了危险性影响因素的分析，在景区的内在因素中包含了海拔、坡度、植被覆盖率、河道宽度、河道破坏状况等评价指标。

（2）暴露性指标的选取。所谓暴露，指的就是承灾体与旅游风险源在一定时空内相遇，导致旅游风险的产生。在本书中，暴露性指的是承灾体的暴露程度，而承灾体包括暴露在灾害下的要素。周丽君（2012）、叶欣梁等（2014）、孙滢悦等（2010）对旅游地自然灾害的研究中均提到，旅游地自然灾害的暴露通常可以从多个角度进行区分，而最普遍的则是将暴露划分为三个基本类型，分别是人、财、物。在本书中同样将暴露性分为以下三类：人，既包括游客，又包含当地居民，人的暴露通常指由于暴雨灾害而产生的人员伤亡，可通过人员伤亡的数量直接体现出暴露性；财，指的是游客和当地居民的财物以及景区内的各种物质财产，在山地生态景区可通过旅游年收入、设施的投入、居民人均收入、游客随身财物情况等指标体现；物，主要指的是景区赖以发展的旅游资源，包括野生动植物资源、水景景观资源、历史文化资源等，可通过旅游资源普查得到的景区旅游资源数量来体现。人、财、物的暴露在山地生态景区暴雨灾害风险评价中也可称为生命暴露、财产暴露和资源暴露，暴露在危险下的要素越多，遭受损失的可能性越大，景区的暴雨灾害风险也越大。

（3）脆弱性指标的选取。对于山地生态景区而言，其脆弱性影响因素同样从人、财、物三方面进行分析，分别为生命脆弱、财产脆弱和资源脆弱。生命脆弱主要表现为游客、当地居民在面对暴雨灾害时的易损程度。在面对暴雨灾害时不同受教育程度、年龄阶段的人因其体力、经历的不同，对于突发事件的应对能力也不同。景区的人员除了游客，还有当地居民和管理人员，因而影响脆弱性的另一重要因素就是居民的脆弱指数；在旅游景区中，人员具有时间差异性，在旺季的时候游客较多，淡季的时候游客相对较少，因此在脆弱性影响因素中还需考虑景区的旅游容量，当游客达到容量最大值时，脆弱性大，风险也越大。财产脆弱对应的主要就是景区及当地居民财产损失的脆弱程度，同生命脆弱一样，可用景区设施脆弱程度及居民建筑脆弱程度来表示，其中，设施脆弱指的就是景区面对暴雨灾害，设施设备受到损坏的可能性，设施损坏与否与其维护、保养及更新密切相关，在衡量旅游设施脆弱程度的时候需综合衡量这三个因素对设施的影响程度；居民建筑脆弱指数指当地建筑面对暴雨灾害容易受到毁坏的比例，而建筑的毁坏也可通过数量、建筑使用寿命和质量三个因素进行判断。资源脆弱指的是景区赖以发展的旅游资源在面对暴雨灾害时受到损毁的容易程度，影响脆弱指数的因素主要有景区对旅游资源的保护程度以及旅游资源的等级，如果景区对资源保护程度较低、资源等级较高，那么暴雨来临时对旅游资源造成毁损的可能性越大，即脆弱性越大，暴雨灾害的风险也越大。

（4）防灾能力指标的选取。防减灾能力主要包括防灾能力与减灾能力两部分内容。防灾能力指政府及景区通过一系列的政策或手段对暴雨灾害起到一定的预防作用；而减灾能力主要是指当灾害发生后，政府、景区及游客自身的减灾措施。在景区暴雨灾害的防灾能力评价中，影响防灾能力的因素主要有景区对暴雨灾害的监测预警能力、应急处置与救援能力以及灾害管理能力。首先是监测预警能力，对暴雨的预防最主要的就是对水文站点进行监测，时刻关注降雨信息，快速、有效地通过多种渠道公布，同时还需要就景区自身进行监测，定时进行防灾设施的排查工作，从外部、内部进行双重监测。其次是应急处置与救援能力，像应急标志、应急设施、医疗、交通、避险场所以及河流堤坝等因素都关系到灾害的应急处置与救援能力的衡量。最后是灾害管理能力，这里主要是对景区人员的培训与管理，景区人员关系到防减灾的实施效果。

（5）减灾能力指标的选取。在暴雨灾害减灾能力评价中，从当地政府、景区自身及游客出发，考虑了灾后政府对景区的救济水平、景区的自建能力以及个体（主要包括游客、当地居民以及景区管理人员）自救能力对景区减灾能力的影响。

2. 景区暴雨灾害风险评价指标体系

由于山地所处地理环境的综合性和复杂性，引发暴雨灾害的因素很多。在综合以上对山地生态景区暴雨灾害的危险性、暴露性、脆弱性、防灾能力和减灾能力分析的基础上，遵循评价指标体系构建的五点原则，构建了 5 个一级指标、14 个二级指标、43 个三级指标的山地生态景区暴雨灾害风险评价指标体系，见图 6.2。

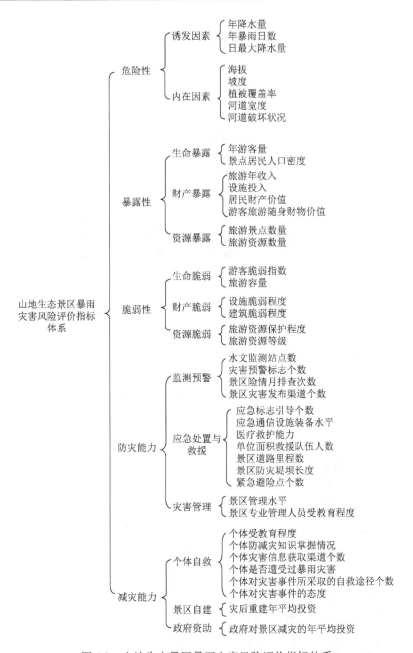

图 6.2　山地生态景区暴雨灾害风险评价指标体系

3. 景区各指标的分析

（1）危险性评价指标分析。

① 年降水量。年降水量是引发暴雨灾害的重要因素之一。当年降水量较多时，

暴雨灾害发生的可能性越大，引发泥石流、滑坡、崩塌等次生灾害的可能性也越大。本书搜集了华阳古镇景区水文监测站 2012～2014 年的年降水数据（图 6.3），作为景区暴雨灾害风险的评价指标之一。

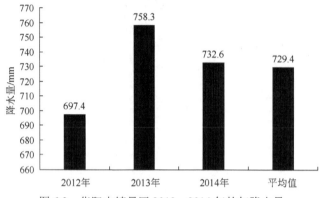

图 6.3　华阳古镇景区 2012～2014 年的年降水量

　　② 年暴雨日数。年暴雨日数的多少可以直接反映出暴雨灾害的危险性程度。暴雨日数越多，发生灾害的可能性越大，危险性越大，反之亦然。华阳古镇景区年暴雨日数是通过 2012～2014 年逐日降水数据所得，年均暴雨日数取三年的均值。具体年暴雨日数情况如图 6.4 所示。

　　③ 日最大降水量。当降水量较大，地表达到饱和状态时，暴雨灾害发生的可能性越大，即危险性越大。本书通过景区水文站点降水量数据得到 2012～2014 年每年的日最大降水量，如图 6.5 所示。

　　④ 海拔。山地的特征之一就是相对高度较高。随着海拔的变化，光照、降水、热量等均会发生变化，而降水是导致暴雨灾害的最重要因素之一，因此海拔是暴雨灾害风险评价的指标之一。华阳古镇景区相对海拔较高，根据下载的 DEM 数据得到景区海拔高程图（图 6.6）。从图中可知，景区华阳古街区域海拔最低为 963m，景区东北侧区域最高为 2740m，景区相对高度达到 1777m。

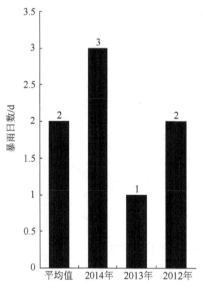

图 6.4　华阳古镇景区 2012～2014 年年暴雨日数

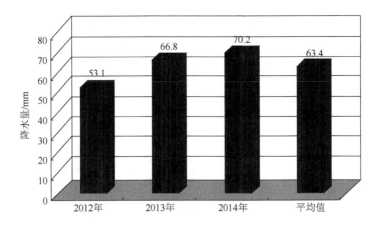

图 6.5　华阳古镇景区 2012～2014 年日最大降水量

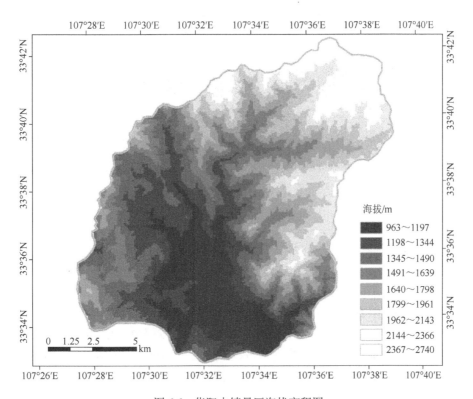

图 6.6　华阳古镇景区海拔高程图

⑤ 坡度。暴雨灾害及其次生灾害大多受到地形的影响。坡度越陡，发生灾害的可能性越大。因此在华阳古镇景区暴雨灾害风险评价中将地形坡度作为评价的重要因素。根据华阳古镇景区的 DEM 数据对景区内坡度进行划分，得到景区的

坡度图（图6.7）。从图中可知，景区内各旅游线路坡度差异较大，最小坡度为0.1627°，最大坡度为56.6419°，位于景区的东北侧。在4条线路中，华阳古街所在区域坡度较缓，红崖沟红色旅游线路次之，坡度变化较大的为鸳鸯河野生动物观赏线路和傥骆古道生态旅游线路。

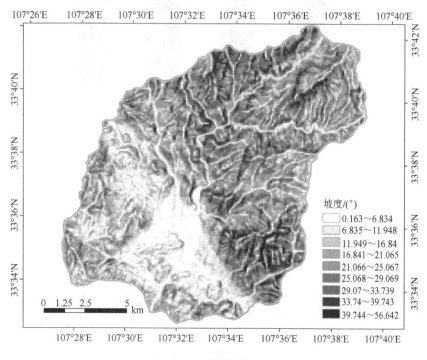

图6.7　华阳景区坡度图

⑥ 植被覆盖率。地表的植被覆盖率在很大程度上可以降低暴雨灾害发生的概率，减小灾害损失。华阳古镇景区地处秦岭腹地，植被覆盖率较高，本书利用ENVI软件对景区的遥感影像进行植被指数提取，得到景区的植被覆盖情况（图6.8）。通过计算得知华阳古镇景区的综合植被覆盖指数为85.7%，说明植被覆盖率很高。

⑦ 河道宽度。在进行景区暴雨灾害风险的评价过程中，河道宽度、河道破坏情况均是评价的重要指标。秦岭华阳古镇景区中主要有三条河流，分别是东河、西河和鸳鸯河。根据实际调查情况得知，东河、西河和鸳鸯河的河道宽度的均值分别为46.8m、28.9m和33.4m。

⑧ 河道破坏状况。同河道宽度一样，河道的破坏状况也与暴雨灾害的发生有着密切的联系。因此，将景区河道的破坏状况作为暴雨灾害风险评价的指标，对于评价结果的真实性与可靠性十分重要。由于河道破坏状况属于定性指标，没有具体数据，为了便于量化，根据河道实际情况对其破坏程度进行分等定级（表6.3）。

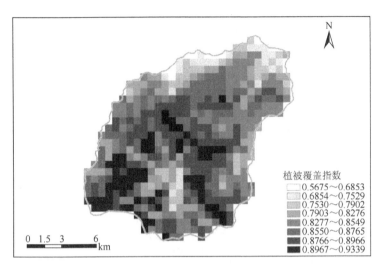

植被覆盖指数
- 0.5675~0.6853
- 0.6854~0.7529
- 0.7530~0.7902
- 0.7903~0.8276
- 0.8277~0.8549
- 0.8550~0.8765
- 0.8766~0.8966
- 0.8967~0.9339

图 6.8　华阳景区植被覆盖情况

表 6.3　河道破坏状况等级划分

河道破坏状况指标	等级
较完备的规划管理，行洪排涝能力差，环境状况差，违章搭建现象多	严重
较完备的规划管理，行洪排涝能力较差，环境状况较差，违章搭建现象较多	较严重
较完备的规划管理，行洪排涝能力较好，环境状况较好，违章搭建现象较少（符合两点以下）	一般
较完备的规划管理，行洪排涝能力较好，环境状况较好，违章搭建现象较少（至少符合三点）	良好
有详细的规划管理，行洪排涝能力好，环境状况好，没有违章搭建现象	不严重

　　根据调研小组实际调查所知，在 2010 年的"8·13"事件和 2011 年的"7·29"事件之后，景区进行了自建工作，其中包括制订详细的河道规划管理，对河道进行淤泥清理与环境保护工作，并清理周边区域的违规建筑，因此华阳古镇景区河道破坏状况良好。

　　（2）暴露性评价指标分析。

　　① 年游客量。当暴雨灾害发生时，游客在各个景点的聚集程度直接影响着各个景点的损失大小，而年游客量是衡量游客密集程度的指标之一，同样也是影响景区暴雨灾害风险评价的重要因素。为了便于景区内各个景点的风险度比较，本书采用各个景点的游客年接待量比例来计算景点的暴雨灾害风险度。在实际调研中，通过向景区管理委员会咨询得知，游客多集中在华阳古镇和鸳鸯河野生动物观赏线路。据统计，2014 年 4 条旅游线路的游客年接待比例分别为 70.6%、4.9%、8.3%、16.2%。

　　② 景点居民人口比例。景区当地居民的人口数量也与暴雨灾害暴露性有着密切的联系，当人口数量越多时，暴露性越大，风险性也越大。本书向华阳古镇镇政府部门人员咨询，并计算了旅游线路上各个景点的人口数量值，该指标是通过

计算各个景点居民人口数量占景区总数量的比例所得，各个景点居民人口分布情况见表 6.4。

表 6.4　各个景点居民的人口分布　　　　（单位：%）

明清华阳古街	比例	傥骆古道	比例	红崖沟	比例	鸳鸯河	比例
署衙	10.3	风雨桥	0.2	熊猫园	0.7	金猴谷	2.4
古城堡	5.8	封龙亭	0.2	红军林	2.4	彩虹瀑布	1.0
宝塔	8.3	隐龙潭	0.1	红二十五军司令部旧址	4.9	狝猴园	4.4
古戏楼	7.4	回龙湾	0.5	红军井	4.2		
寺庙	11.3	龙鳞滩	0.3	阴阳石	3.6		
古道遗迹	7.5	端公坝	0.7	朱鹮园	6.2		
		雷语潭	1.2	秦岭珍稀植物盆景园	6.4		
		谷口邑	4.3				
		三台寺	5.7				

　　③ 旅游年收入。在景区暴露性影响因素中，除了游客的人身安全外，还要考虑的就是财产的暴露程度，而衡量旅游景区财产暴露程度的重要指标之一则是旅游收入情况。为便于各个景点风险度的计算，本书通过比较各个景点旅游年收入的比例来衡量景点在遭受暴雨灾害后经济的损失大小。华阳古镇景区各旅游线路的旅游年收入情况通过每条线路的游客年接待量来体现，游客接待量数据由华阳古镇景区管委会所提供，2014 年 4 条线路旅游年收入比例见图 6.9。

　　④ 设施投入。暴露性中一个重要的衡量指标便是景区各景点的设施投入费用，包括基础设施和旅游接待设施。华阳古镇景区于 2006 年与长青保护区进行连片发展，构建了长青—华阳旅游区开发战略。表 6.5 中列举了自 2006 年以来华阳古镇景区所进行的基础设施和旅游接待设施建设情况，根据统计的数据可以计算各景点所在网格的设施投入比例。

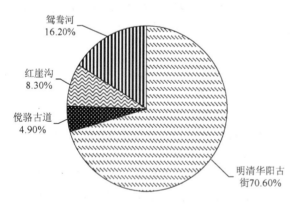

图 6.9　2014 年华阳古镇景区各旅游线路收入比例

表 6.5　华阳古镇景区设施建设项目

旅游线路	名称	单位	设计指标	投入/万元
明清华阳古街	门景服务区	处	1	400
	售票室	处	1	50
	工作管理人员办公场所	处	3	80
	供电、供水、供暖、排污设施	套	1	4000
	停车场	个	2	300
	车辆购置	辆	18	280
	垃圾处理站	座	1	150
	废物箱	个	122	1.5
	景区标志牌	个	289	1
	门景观赏台	处	1	400
	农家乐	个	34	7000
	清明古街道	条	7	4000
	唐华阳古城堡	座	1	1000
	蜀道文化大观园	处	1	350
	古廊道	条	1	350
	古渡口	个	1	300
	野生动物展示园	处	1	500
	仿古商业街	条	2	1100
	公路	条	1	200
傥骆古道	游览栈道	条	1	400
	工作管理人员办公场所	处	1	50
	废物箱	个	44	0.6
	景区标志牌	个	96	0.4
	农家乐	个	3	250
	游憩区	处	8	700
	亲水区	处	5	300
	古栈道	条	1	300
	公路	条	1	100
红崖沟	游览栈道	条	1	150
	工作管理人员办公场所	处	1	100
	废物箱	个	78	1.1
	景区标志牌	个	62	0.3
	农家乐	个	7	480
	门景区	处	2	730
	停车场	个	4	600
	朱鹮观视点	处	1	100
	朱鹮与蜀道徒步游憩带	条	1	300
	古蜀道	条	1	1000
	公路	条	1	180
鸳鸯河	游览栈道	条	1	50
	工作管理人员办公场所	处	1	40
	废物箱	个	30	0.5
	景区标志牌	个	81	0.5
	农家乐	个	3	200
	停车场	个	1	30
	亲水活动区	个	1	150
	休息庇护所	处	1	50
	金丝猴观赏台	处	1	200

根据所搜集的设施资料,对景区各旅游线路景点设施投入费用情况进行计算,结果见表6.6。

表6.6　各景点设施投入比例　　　　　（单位：%）

明清华阳古街	比例	傥骆古道	比例	红崖沟	比例	鸳鸯河	比例
署衙	12.4	风雨桥	1.1	熊猫园	3.7	金猴谷	1.4
古城堡	16.1	封龙亭	0.4	红军林	0.4	彩虹瀑布	0.6
宝塔	7.8	隐龙潭	0.8	红二十五军司令部旧址	2.7	猕猴园	1.3
古戏楼	6.7	回龙湾	0.2	红军井	0.3		
寺庙	10.6	龙鳞滩	0.4	阴阳石	0.4		
古道遗迹	21.7	端公坝	1.3	朱鹮园	3.4		
		雷语潭	0.7	秦岭珍稀植物盆景园	2.3		
		谷口邑	1.4				
		三台寺	1.9				

⑤ 居民人均收入比例。居民财产价值关系到暴露在灾害下财物的多少,当居民财产价值越多时,暴露性越大。该指标是通过各个景点周边居民人均收入占景区人均总收入的比例所得,具体情况见表6.7。

表6.7　各个景点居民人均收入比例　　　　　（单位：%）

明清华阳古街	比例	傥骆古道	比例	红崖沟	比例	鸳鸯河	比例
署衙	11.2	风雨桥	0.9	熊猫园	1.7	金猴谷	3.4
古城堡	9.6	封龙亭	0.7	红军林	0.4	彩虹瀑布	0.5
宝塔	10.3	隐龙潭	1.1	红二十五军司令部旧址	1.2	猕猴园	2.6
古戏楼	10.9	回龙湾	0.9	红军井	0.3		
寺庙	12.7	龙鳞滩	1.3	阴阳石	0.4		
古道遗迹	9.9	端公坝	2.1	朱鹮园	3.6		
		雷语潭	1.8	秦岭珍稀植物盆景园	1.8		
		谷口邑	4.1				
		三台寺	6.6				

⑥ 游客随身财物价值。灾害面前,游客的人身安全会受到威胁,随身财物也会受到损失。在进行华阳古镇景区暴雨灾害风险评价过程中,游客随身财物主要考虑现金、电子设备（手机、相机等）,由于各个景点间该数值是不变的,因此该指标为常量。

⑦ 旅游景点数量。华阳古镇景区4条观赏线路,分别是集饮食、住宿、娱乐、购物为一体的明清华阳古镇；连通关中与汉中的傥骆古道；以红25军司令部旧址

为旅游特色的红崖沟红色旅游线路；与珍稀动物近距离接触鸳鸯河野生动物观赏线路。每条旅游线路均具有不同的景致与文化，其具体景点见表 6.8 所示。

表 6.8　景区各旅游线路主要景点数量

旅游线路	各线路主要景点	景点数量
明清华阳古街	署衙、古城堡、宝塔、古戏楼、寺庙、古道遗迹	6
傥骆古道	风雨桥、封龙亭、隐龙潭、回龙湾、龙鳞滩、端公坝、雷语潭、谷口邑、三台寺	9
红崖沟	熊猫园、红军林、红二十五军司令部旧址、红军井、阴阳石、朱鹮园、秦岭珍稀植物盆景园	7
鸳鸯河	金猴谷、彩虹瀑布、猕猴园	3

⑧ 旅游资源数量。全国的旅游资源可分为八大主景类，31 种亚景类和 155 种景型，而华阳古镇景区涵盖了七大主景类，14 种亚景类和 41 种景型，涵盖率分别为 87.5%、45.2%、26.5%，旅游类型比较齐全。旅游资源单体指的是可作为独立观赏或利用的旅游资源基本类型的单独个体，表 6.9 列出了各个旅游线路的单体数量。根据网格内所包含旅游资源的数量，对旅游资源数量分等定级，为最后计算景区暴雨灾害风险度提供数据。

表 6.9　景区各旅游线路单体数量对比

旅游线路	单体总数	特品级五级单体数	优良级四级单体数	优良级三级单体数	普通级二级单体数	普通级一级单体数
明清华阳古街	24	6	3	2	1	12
傥骆古道	37	3	4	8	15	7
红崖沟	21	7	2	5	3	4
鸳鸯河	15	2	2	3	2	6

（3）脆弱性评价指标分析。

① 游客脆弱指数。周丽君（2012）在对山地景区进行旅游安全风险评价研究中指出，游客脆弱指数是指在游览过程中对意外事件表现出反应缓慢或容易受到伤害的游客数量占总游客量的比例，在本书中意外事件就特指暴雨灾害事件。一般而言，年龄在 20～50 岁的人群往往相对来说体力充沛、反应灵敏、自主意识较强，面对暴雨灾害事件，其反应能力和处理能力强于其他年龄阶段人群，在本书中，游客脆弱指数是通过计算年龄在 20 岁以下、50 岁以上游客的比例所得，即

$$A = \varepsilon \cdot r \tag{6.1}$$

式中，A 表示游客脆弱指数；ε 指年龄在 20 岁以下、50 岁以上游客的比例；r 是常数。

在实际调研中，本书通过发放问卷的方式随机抽取了 300 名游客，得到了游

客的年龄比例情况。通过问卷统计可知，进入华阳古镇景区的游客有 17.3% 为 20 岁以下、15.8% 在 50 岁以上，合计为 33.1%。根据式（6.1）可知，华阳古镇景区游客脆弱指数为 33.1%r。在各个景点间，这一指数为常量。

　　② 旅游容量。旅游容量是指旅游区内所能容纳的最大游客数量，该数值计算的前提是对环境不产生永久性破坏。旅游容量是一个大的概念，国家旅游局将其进行了细分，分为空间容量、设施容量、环境容量和社会心理容量。根据华阳古镇景区的现状，在本书中，环境容量主要是景区的空间容量，即在景区可活动空间内所能容纳游客的最大值。在国家旅游局制定的《旅游规划通则》中给出了日空间容量的计算公式：

$$C = \sum C_i = \sum (X_i \times Z_i / Y_i) \tag{6.2}$$

式中，C 为景区日空间总容量；C_i 为第 i 景点的日空间容量；X_i 为第 i 景点的可游览面积；Z_i 为第 i 景点的日周转率；Y_i 为第 i 景点的基本空间标准，也就是平均每位游客所占用的合理游览空间。

　　暴雨灾害具有突发性特点，可能是瞬时发生的，故这里考虑日空间总容量。根据式（6.2）对华阳古镇景区内各旅游线路上各景点环境容量进行计算，得到表 6.10。

表 6.10　各旅游景点环境容量

旅游线路	旅游景点	测算标准 /（m²/人）	景点面积 /m²	日周转率 /（次/日）	日旅游容量 /人次
清明华阳古街	署衙	40	200	8	40
	古城堡	20	400	5.3	106
	宝塔	20	528	6.7	177
	古戏楼	20	413	8	166
	寺庙	40	525	4	53
	古道遗迹	200	530000	1.8	4770
傥骆古道	风雨桥	60	1829	13.6	415
	封龙亭	100	820	8.6	71
	隐龙潭	100	726	7.4	54
	回龙潭	100	440	8	36
	龙鳞滩	100	318	9.5	31
	端公坝	200	1500	5.6	43
	雷语潭	100	812	9.5	78
	谷口邑	40	480	12	144
	三台寺	40	2000	3.5	175

旅游线路	旅游景点	测算标准 /（m²/人）	景点面积 /m²	日周转率 /（次/日）	日旅游容量 /人次
红崖沟	熊猫园	80	1000	2.8	35
	红军林	80	800	8	80
	红二十五军司令部旧址	40	600	4	60
	红军井	20	200	10	100
	阴阳石	20	180	6.8	62
	朱鹮园	80	3200	3.6	144
	秦岭珍稀植物盆景园	100	4000	3.8	152
鸳鸯河	金猴谷	40	20000	2.2	1100
	彩虹瀑布	100	3200	4	128
	猕猴园	40	10000	2.2	550

③ 设施脆弱程度。旅游景区的设施包括基础设施、娱乐设施、景观设施、服务设施以及表演设备等。设施的脆弱程度即景区内设施在暴雨灾害袭击下的损失程度，而设施的损坏与设施的维护、保养和更新有着密切联系。本书通过具体管理标准对景区设施脆弱程度进行分等划级，具体见表 6.11。

表 6.11　旅游景区设施脆弱程度分级

设施脆弱指标	等级
设施保证系统不全面，维修维护制度不完善，没有定期地更新与改造	脆弱
设施保证系统较不全面，维修维护制度较不完善，没有定期地更新与改造	较脆弱
较全面的设施保证系统，较完善的维修维护制度，不定期地更新与改造	一般
较全面的设施保证系统，较完善的维修维护制度，定期地更新与改造	较不脆弱
全面的设施保证系统，完善的维修维护制度，定期地更新与改造	不脆弱

④ 建筑脆弱程度。华阳古镇景区居民房屋结构类型大多为砖混结构，均为 2011 年特大暴雨事件之后所修建，抗灾能力较好，因此本书中房屋建筑脆弱程度为一个常量，各个景点间该指标保持不变。

⑤ 旅游资源保护程度。通过搜集旅游资源保护相关政策和措施，结合华阳古镇景区实际情况，对景区旅游资源保护程度进行分等定级，具体分级见表 6.12。

表6.12　旅游资源保护程度等级划分

旅游资源保护指标	等级
宣传渠道少，员工认识水平低，开发策略不正确，环保机制不健全，功能分区不明确	差
宣传渠道较少，员工认识水平较低，开发策略不正确，环保机制不健全，功能分区不明确	较差
宣传渠道较多，员工认识水平较高，较正确的开发策略，较健全的环保机制，较明确的功能分区（符合三点以下）	一般
宣传渠道较多，员工认识水平较高，较正确的开发策略，较健全的环保机制，较明确的功能分区	较完善
宣传渠道多，员工认识水平高，正确的开发策略，健全的环保机制，明确的功能分区	完善

⑥ 旅游资源等级。根据《旅游资源分类、调查与评价》（GB/T 18972－2003），结合对华阳古镇景区旅游资源的实际调查，通过十多名旅游专家对每一景点旅游资源评价，本书将旅游资源划分为五级，分别是特品级五级、优良级四级、优良级三级、普通级二级和普通级三级旅游资源。进行暴雨灾害风险评价时需根据不同景点所具有的资源等级进行分级，若同一景点具有多个资源，则选择最高级别的资源进行评价。

（4）防灾能力评价指标分析。防灾能力指的是灾害来临前的预防工作，在一定程度上减轻暴雨灾害带来的损失。本书从监测预警、应急处置与救援、灾害管理三个方面选取了13项指标对景区防灾能力进行评价分析。

① 水文监测。加强暴雨灾害的监测预警是防灾减灾工作的关键环节，是预防和减轻灾害损失的重要基础。水文监测站能够对江、河、湖泊、水库等水文参数进行实时监测，并通过无线通讯的方式传送监测数据，可以大大提高对降雨信息的监控，为防灾工作赢得充足的时间。华阳古镇景区目前有2个水文监测站，占洋县水文监测站点总数的2.6%。

② 灾害预警标志。灾害预警标志会对游客起到一定的警示作用。目前华阳古镇景区预警标志个数为98个，各个旅游线路所配备的预警标志个数占总数的比例见图6.10。

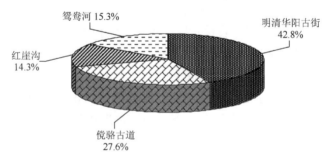

图6.10　华阳古镇景区各旅游线路灾害预警标志比例

③ 险情排查。华阳古镇景区暴雨灾害多发生于 7～9 月，因此在衡量该指标时仅计算 7～9 月险情排查次数占全年排查次数的比例。由管委会提供的数据可知，华阳古镇景区一年进行 23 次安全检查，7～9 月险情排查所占比例为 43.5%。

④ 灾害信息发布渠道。当灾害来临时，灾害信息的发布可以让居民及游客做好应灾的准备，在灾害面前从容自如，因此灾害信息发布对于防灾救灾尤为重要。该指标是通过景区灾害信息发布渠道占旅游信息发布渠道总数的比例来衡量。目前华阳古镇景区灾害信息发布渠道主要有微信平台、管理人员告知、无线电等方式，占景区旅游信息发布渠道个数的 37.5%。

⑤ 应急标志引导。灾害来临时，高效的应急处置与救援能够有效地降低灾害损失，是减灾能力中的重要因素之一。应急标志可以直观地引导游客到达安全地带，最大限度地降低灾害所带来的人员伤亡。目前，华阳古镇景区拥有 48 个应急标志，明清华阳古街、傥骆古道、红崖沟和鸳鸯河上应急标志占总数的比例分别为 39.6%、29.2%、16.7% 和 14.6%。

⑥ 应急通信设施。应急通信设备包括救灾车辆、GPS 定位仪、传呼机等。于华阳古镇景区的综合服务中心处于华阳古街内，景区所配备的应急通信设备均在华阳镇镇政府内。本书通过获取用于各个旅游线路的应急通信设施数量占总数中的比例来衡量该指标。华阳古镇景区的应急通信设施总量为救灾车辆 18 辆观光车、传呼机 40 个等，各旅游线路应急设施比例见图 6.11。

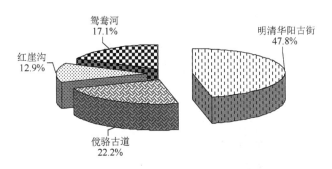

图 6.11　华阳古镇景区各旅游线路应急通信设施比例

⑦ 医疗救护能力。景区医院的医护人员数量、床位数等影响着灾后的救护能力。目前，华阳古镇景区的救护能力主要集中在明清华阳古街上，医院床位 20 个，医护人员 30 人，占到全景区的 90%；其余的救护能力则集中在红崖沟红色旅游线路上。在计算各条旅游线路暴雨灾害风险性时，应根据实际情况对各旅游线路救护能力进行整体赋值。

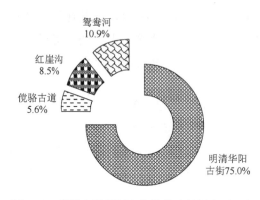

图 6.12　华阳古镇景区各旅游线路救援人员比例

⑧ 救援队伍。救援队伍人数的多少可以体现景区救灾能力水平。华阳古镇景区目前拥有 568 名救援人员，主要集中于明清华阳古街上，救援人员在各个旅游线路的分布比例见图 6.12。

⑨ 交通通达性。该指标通过计算各景点距离综合服务区的道路里程数来衡量其交通通达性，根据里程数进行分等定级。

⑩ 防灾堤坝。暴雨灾害来临时，堤坝长度可直接有效地降低灾害对河道两侧资源及设施的破坏程度。本书用各个旅游线路的堤坝长度占总长度的比例来对该指标进行分级，具体见图 6.13。

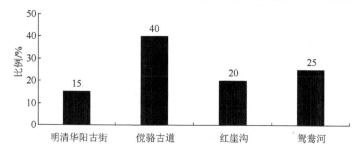

图 6.13　华阳古镇景区各旅游线路防灾堤坝比例

⑪ 紧急避险。紧急避险点是景区应对暴雨灾害为游客及居民所提供的安全场所。通过计算各旅游线路紧急避险点面积占景区总避险点面积的比例来进行指标的分级，具体见图 6.14。

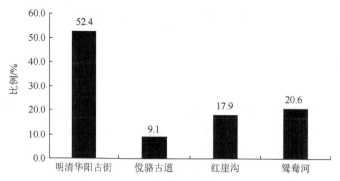

图 6.14　华阳古镇景区各旅游线路紧急避险点面积比例

⑫ 景区管理水平。通过走访华阳古镇景区管理委员会得知，景区目前的管理制度比较完善，管理状况良好，每年均会对景区人员进行培训。景区管理水平划分依据见表 6.13。

表 6.13　华阳古镇景区管理水平分级标准

分级依据	等级
管理制度较不明确，员工服务技能低，规章制度执行差	差
管理制度不明确，员工服务技能较低，规章制度执行较差	较差
管理制度较明确，员工服务技能较高，规章制度执行较好（符合两点）	一般
管理制度较明确，员工服务技能较高，规章制度执行较好	良好
管理制度明确，员工服务技能高，规章制度执行好	优秀

⑬ 景区管理人员受教育程度。景区的管理人员受教育程度关系到灾害管理的实施效果。华阳古镇景区目前有 89 名管理人员，其中大专学历以上的人员占到 89%，综合素质较高。

（5）减灾能力评价指标分析。华阳古镇景区减灾能力的分析从个体自救能力、景区自建能力和政府救济能力三方面选取指标。①个体受教育程度。在随机抽取的 300 名游客当中，游客受教育程度见图 6.15。②个体防减灾知识掌握情况。在随机抽取的 300 名游客当中，游客防减灾知识掌握情况见图 6.16。③个体灾害信息获取渠道。通过调查问卷的方式，随机抽选了 300 名华阳古镇景区游客进行调查。结果显示，景区通过网络、提示牌、导游讲解方式对游客进行了灾害知识的宣传，占到了灾害信息获取渠道总数的 50%。④个体是否遭受过暴雨灾害。通过问卷调查得知，华阳古镇景区 96% 的游客均有过暴雨灾害经历。可见，在个体减灾方面，景区的减灾能力较强。⑤个体对灾害事件采取自救途径。通过对游客的实际调查发现，有 84% 的游客能够做到听从管理人员的指挥和自救互助。⑥个体对灾害事件态度。通过调查发现，有 68.3% 的游客对暴雨灾害事件持有很高或

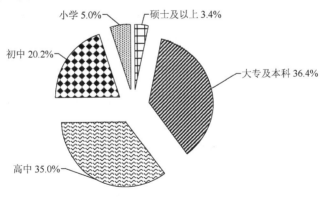

图 6.15　华阳古镇景区游客受教育程度

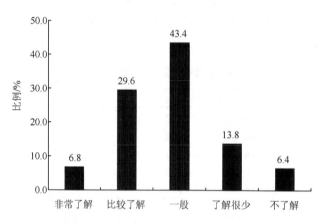

图 6.16　华阳古镇景区游客防减灾知识掌握情况

比较高的积极性，这对于景区防灾工作的实施意义重大。⑦景区灾后重建。根据华阳古镇景区管委会提供的资料可知，华阳古镇景区于 2010～2011 年连续遭受暴雨的袭击，景区内设施及资源损坏严重，灾后景区对设施及资源进行重建工作，先后投资了 1.23 亿元和 1.46 亿元，年平均投资 1.345 亿元，占景区年均总投资的 22.5%。⑧政府对景区的减灾投资。通过走访调查得知，洋县政府 2012～2014 年年均财政收入为 2.0287 亿元，政府对华阳古镇景区减灾年平均投资为 0.0824 亿元，减灾年平均投资比例为 4.1%。

6.2.2　景区暴雨灾害风险评价的计算

1. 评价指标数据的标准化处理

目前数据标准化的方法主要有直线型方法（如极值法、标准差法）、折线型方法（如三折线法）、曲线型方法（如半正态性分布）。本书中使用了极差标准化方法[式（3.2）]。

2. 评价指标权重的计算

由于秦岭华阳古镇景区于 2010 年和 2011 年连续两年遭受了暴雨的危害，灾后景区进行了旅游设施的重建及防灾设施的完备工作，因此进行景区暴雨灾害风险评价的指标数据选自灾后的 3 年，即 2012～2014 年。具体评价指标见表 6.14 所示。

表 6.14　华阳古镇景区暴雨灾害风险评价指标

目标层	因子层	指标层	目标层	因子层	指标层
华阳古镇景区暴雨灾害风险（A）	危险性（B_1）	年降水量（C_1） 年暴雨日数（C_2） 日最大降水量（C_3） 海拔（C_4） 坡度（C_5） 植被覆盖率（C_6） 河道宽度（C_7） 河道破坏状况（C_8）	华阳古镇景区暴雨灾害风险（A）	防灾能力（B_4）	水文监测站点数（C_{23}） 灾害预警标志个数（C_{24}） 险情排查次数（C_{25}） 灾害信息发布渠道比例（C_{26}） 应急标志引导个数（C_{27}） 应急通讯设施装备水平（C_{28}） 医疗救护能力（C_{29}） 救援队伍人数（C_{30}） 交通通达性（C_{31}） 景区防灾堤坝长度（C_{32}） 紧急避险点比例（C_{33}） 景区管理水平（C_{34}） 管理人员受教育程度（C_{35}）
	暴露性（B_2）	年游客量比例（C_9） 景点居民人口比例（C_{10}） 旅游年收入比例（C_{11}） 设施投入比例（C_{12}） 居民人均收入比例（C_{13}） 游客随身财物价值比例（C_{14}） 旅游景点数量（C_{15}） 旅游资源数量（C_{16}）		减灾能力（B_5）	个体受教育程度（C_{36}） 个体防减灾知识掌握情况（C_{37}） 个体灾害信息获取渠道个数（C_{38}） 个体是否遭受过暴雨灾害（C_{39}） 个体对灾害事件采取自救途径个数（C_{40}） 个体对灾害事件态度（C_{41}） 灾后重建年平均投资比例（C_{42}） 政府对景区减灾的年平均投资比例（C_{43}）
	脆弱性（B_3）	游客脆弱指数（C_{17}） 旅游容量（C_{18}） 设施脆弱程度（C_{19}） 建筑脆弱程度（C_{20}） 旅游资源保护程度（C_{21}） 旅游资源等级（C_{22}）			

具体计算过程如下：

① 层次分析法求主观权重。依据表 6.14 所示的华阳古镇景区暴雨灾害风险评价指标建立三级的层次结构模型，分别是目标层、因子层和指标层。当层次结构模型建立起来后，就可以根据模型构建上级对应下级的隶属关系。华阳古镇景区暴雨灾害风险评价判断矩阵见表 6.15。

表 6.15　A-B 判断矩阵

A	B_1	B_2	B_3	B_4	B_5
B_1	1	3	2	2	3
B_2	1/3	1	1/3	1/2	1/2
B_3	1/2	3	1	2	3
B_4	1/2	2	1/2	1	1/2
B_5	1/3	2	1/3	2	1

指标权重及一致性检验：按照层次分析法的计算步骤，得到了华阳古镇景区暴雨灾害风险评价指标的权重，见表 6.16 和表 6.17。

表 6.16　A-B 主观权重分配

B_1	B_2	B_3	B_4	B_5
0.359	0.086	0.273	0.133	0.149

λ_{max}=5.2223，CI=0.0556，RI=1.12，CR=0.0496<0.1

表 6.17　B-C 主观权重分配

B_1-C 指标	权重	B_2-C 指标	权重	B_3-C 指标	权重	B_4-C 指标	权重	B_5-C 指标	权重
C_1	0.170	C_9	0.304	C_{17}	0.360	C_{23}	0.216	C_{36}	0.169
C_2	0.195	C_{10}	0.204	C_{18}	0.226	C_{24}	0.090	C_{37}	0.038
C_3	0.285	C_{11}	0.137	C_{19}	0.116	C_{25}	0.127	C_{38}	0.115
C_4	0.034	C_{12}	0.115	C_{20}	0.168	C_{26}	0.112	C_{39}	0.304
C_5	0.117	C_{13}	0.038	C_{21}	0.061	C_{27}	0.073	C_{40}	0.074
C_6	0.064	C_{14}	0.046	C_{22}	0.069	C_{28}	0.028	C_{41}	0.054
C_7	0.046	C_{15}	0.067			C_{29}	0.034	C_{42}	0.028
C_8	0.09	C_{16}	0.089			C_{30}	0.044	C_{43}	0.218
						C_{31}	0.022		
						C_{32}	0.163		
						C_{33}	0.056		
						C_{34}	0.019		
						C_{35}	0.016		
λ_{max}=8.3536，CI=0.0505，RI=1.41，CR=0.0358<0.1		λ_{max}=8.2801，CI=0.0400，RI=1.41，CR=0.0283<0.1		λ_{max}=6.0407，CI=0.0081，RI=1.26，CR=0.0065<0.1		λ_{max}=13.6886，CI=0.0574，RI=1.56，CR=0.0367<0.1		λ_{max}=8.3296，CI=0.0471，RI=1.41，CR=0.0334<0.1	

② 熵权法求客观权重。以各个评价指标的标准化值为基础，按照式（4.38）～式（4.40）求得华阳古镇景区暴雨灾害风险评价指标的客观权重值（表 6.18）。

表 6.18　评价指标客观权重分配

评价指标	权重	评价指标	权重	评价指标	权重	评价指标	权重	评价指标	权重
C_1	0.041	C_9	0.052	C_{17}	0.053	C_{23}	0.041	C_{36}	0.037
C_2	0.014	C_{10}	0.025	C_{18}	0.041	C_{24}	0.014	C_{37}	0.015
C_3	0.045	C_{11}	0.012	C_{19}	0.023	C_{25}	0.026	C_{38}	0.034
C_4	0.009	C_{12}	0.015	C_{20}	0.024	C_{26}	0.016	C_{39}	0.048
C_5	0.022	C_{13}	0.017	C_{21}	0.041	C_{27}	0.015	C_{40}	0.028
C_6	0.013	C_{14}	0.016	C_{22}	0.024	C_{28}	0.009	C_{41}	0.019
C_7	0.009	C_{15}	0.025			C_{29}	0.012	C_{42}	0.09
C_8	0.016	C_{16}	0.029			C_{30}	0.015	C_{43}	0.042
						C_{31}	0.006		
						C_{32}	0.031		
						C_{33}	0.013		
						C_{34}	0.008		
						C_{35}	0.005		

③ 熵权-层次分析法综合权重。将指标的主观权重值与客观权重值复合，得到综合权重值，见表 6.19。

表 6.19　评价指标综合权重

评价指标	权重	评价指标	权重	评价指标	权重	评价指标	权重	评价指标	权重
C_1	0.243	C_9	0.272	C_{17}	0.269	C_{23}	0.194	C_{36}	0.159
C_2	0.083	C_{10}	0.131	C_{18}	0.208	C_{24}	0.066	C_{37}	0.065
C_3	0.266	C_{11}	0.063	C_{19}	0.117	C_{25}	0.123	C_{38}	0.146
C_4	0.053	C_{12}	0.078	C_{20}	0.122	C_{26}	0.076	C_{39}	0.207
C_5	0.13	C_{13}	0.089	C_{21}	0.162	C_{27}	0.071	C_{40}	0.121
C_6	0.077	C_{14}	0.084	C_{22}	0.122	C_{28}	0.043	C_{41}	0.082
C_7	0.053	C_{15}	0.131			C_{29}	0.057	C_{42}	0.039
C_8	0.095	C_{16}	0.152			C_{30}	0.071	C_{43}	0.181
						C_{31}	0.028		
						C_{32}	0.147		
						C_{33}	0.062		
						C_{34}	0.038		
						C_{35}	0.024		

3. 评价指标分级与赋分

根据对各评价指标的分析，参照周丽君（2012）、叶欣梁（2011）的研究成果，采用 5 级计分法对每个指标进行分等定级。对于不同的等级，分别赋予 1~5 分，具体评价指标分级得分情况见表 6.20。

表 6.20　暴雨灾害风险评价指标等级划分及赋分

评价指标	分级	得分/分	评价指标	分级	得分/分
年均降水量	700mm 以下	1	水文监测点	1 个	1
	700~720mm	2		2~3 个	2
	720~740mm	3		3~4 个	3
	740~760mm	4		4~5 个	4
	760mm 以上	5		5 个以上	5
年均暴雨日数	1d 以下	1	灾害预警标志比例	5%以下	1
	1~2d	2		5%~10%	2
	2~3d	3		10%~15%	3
	3~4d	4		15%~20%	4
	4d 以上	5		20%以上	5
年均日最大降水量	50~60mm	1	险情排查次数比例	5%以下	1
	60~70mm	2		5%~10%	2
	70~80mm	3		10%~15%	3
	80~90mm	4		15%~20%	4
	90mm 以上	5		20%以上	5

评价指标	分级	得分/分	评价指标	分级	得分/分
海拔	1200m 以下	1	灾害信息发布渠道比例	5%以下	1
	1200～1700m	2		5%～10%	2
	1700～2000m	3		10%～15%	3
	2000～2200m	4		15%～20%	4
	2200m 以上	5		20%以上	5
坡度	15°以下	1	应急标志比例	5%以下	1
	15°～30°	2		5%～10%	2
	30°～45°	3		10%～15%	3
	45°～60°	4		15%～20%	4
	60°以上	5		20%以上	5
植被覆盖率	90%以上	1	应急通信设施装备水平	5%以下	1
	80%～90%	2		5%～10%	2
	70%～80%	3		10%～15%	3
	60%～70%	4		15%～20%	4
	60%以下	5		20%以上	5
河道宽度	45m 以上	1	医护救助能力	20%以下	1
	35%～45m	2		20%～40%	2
	25%～35m	3		40%～60%	3
	15%～25m	4		60%～80%	4
	15m 以下	5		80%以上	5
河道破坏状况	不严重	1	救援人员比例	15%以下	1
	良好	2		15%～30%	2
	一般	3		30%～45%	3
	较严重	4		45%～60%	4
	严重	5		60%以上	5
年游客量比例	5%以下	1	交通通达性（距接待中心距离）	8km 以上	1
	5%～10%	2		6～8km	2
	10%～15%	3		4～6km	3
	15%～20%	4		2～4km	4
	20%以上	5		2km 以下	5
景点居民人口比例	1%以下	1	防灾堤坝比例	15%以下	1
	1%～4%	2		15%～30%	2
	4%～7%	3		30%～45%	3
	7%～10%	4		45%～60%	4
	10%以上	5		60%以上	5
旅游年收入比例	5%以下	1	紧急避险点面积比例	10%以下	1
	5%～10%	2		10%～20%	2
	10%～15%	3		20%～30%	3
	15%～20%	4		30%～40%	4
	20%以上	5		40%以上	5
设施投入比例	1%以下	1	管理水平	差	1
	1%～4%	2		较差	2
	4%～7%	3		一般	3
	7%～10%	4		良好	4
	10%以上	5		优秀	5

续表

评价指标	分级	得分/分	评价指标	分级	得分/分
居民人均收入比例	1%以下	1	大专及以上管理人员比例	20%以下	1
	1%～4%	2		20%～40%	2
	4%～7%	3		40%～60%	3
	7%～10%	4		60%～80%	4
	10%以上	5		80%以上	5
游客随身财物价值比例	1000 元以下	1	大学及以上游客比例	15 以下	1
	1000～4000 元	2		15%～30%	2
	4000～7000 元	3		30%～45%	3
	7000～10000 元	4		45%～60%	4
	10000 元以上	5		60%以上	5
旅游景点数量	1 个	1	个体防减灾知识掌握程度	不了解	1
	2～4 个	2		了解很少	2
	4～6 个	3		一般	3
	6～8 个	4		比较了解	4
	8 个以上	5		非常了解	5
旅游资源数量	5 个以下	1	个体灾害信息获取渠道比例	20%以下	1
	5～10 个	2		20%～40%	2
	10～15 个	3		40%～60%	3
	15～20 个	4		60%～80%	4
	20 个以上	5		80%以上	5
游客脆弱指数	15%r 以下	1	个体是否遭受过暴雨灾害	否	1
	15%r～30%r	2			
	30%r～45%r	3			
	45%r～60%r	4		是	5
	60%r 以上	5			
旅游容量	500 人以上	1	个体对灾害事件采取自救途径比例	20%以下	1
	300～500 人	2		20%～40%	2
	100～300 人	3		40%～60%	3
	50～100 人	4		60%～80%	4
	50 人以下	5		80%以上	5
设施脆弱指数	不脆弱	1	个体对灾害事件积极性	很低	1
	较不脆弱	2		较低	2
	一般	3		一般	3
	较脆弱	4		较高	4
	脆弱	5		很高	5
建筑脆弱程度	不脆弱	1	灾后重建投资比例	5%以下	1
	较不脆弱	2		5%～10%	2
	一般	3		10%～15%	3
	较脆弱	4		15%～20%	4
	脆弱	5		20%以上	5
旅游资源保护程度	完善	1	政府资助比例	1%及以下	1
	较完善	2		2%～3%	2
	一般	3		3%～4%	3
	较差	4		4%～5%	4
	差	5		5%以上	5

续表

评价指标	分级	得分/分	评价指标	分级	得分/分
旅游资源等级	普通级一级	1			
	普通级二级	2			
	优良级三级	3			
	优良级四级	4			
	特品级五级	5			

6.2.3　景区暴雨灾害风险综合评价

为了更好地表达景点之间的差异，本书以 350m 为单位对华阳古镇景区进行划分，形成若干个格网。根据山地生态景区暴雨灾害风险评价指标体系选取华阳古镇景区暴雨灾害的评价指标，结合实际调研所获得的指标数据，对 4 条主要旅游线路各个景点所在格网内相关数据进行暴雨灾害危险性、暴露性、脆弱性、防灾能力和减灾能力的计算，最终得到华阳古镇景区的暴雨灾害综合风险图。

1. 危险性评价

根据华阳古镇景区暴雨灾害危险性评价指标权重及得分，通过暴雨灾害风险计算模型，得到华阳古镇景区暴雨灾害的危险性评价图（图 6.17）。从图 6.17 可知，景区内暴雨灾害危险性较高的区域集中在通往秦岭腹地的 3 条旅游线路上，区域内旅游景点较多，秦岭深处山高水深，气候变化多样，导致暴雨灾害的危险性较大。古镇的中心区域处于中危险区，整个景区内的 3 条河流在古镇中心汇合，

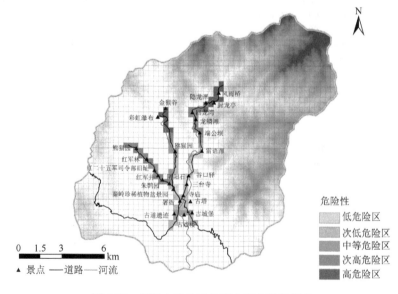

图 6.17　华阳古镇景区暴雨灾害危险性评价

而古镇地势较低，若发生暴雨，古镇的危险性较大。景区的低危险区域多分布在古镇周边区域，该区域旅游景点相对较少。综合来讲，景区暴雨灾害的高危险区域分布在秦岭山区的 3 条旅游线路上，其中倘骆古道生态旅游线路的危险性高于另两条旅游线路。

2. 暴露性评价

结合华阳古镇景区暴雨灾害的暴露性评价指标权重及得分，运用暴雨灾害风险计算模型，得到图 6.18。从图 6.18 可知，景区的高暴露区域集中在华阳古街上，古街有着较为齐全的旅游服务设施，保证游客的衣、食、住、行、娱，是游客最为集中的区域。次高暴露区域在鸳鸯河野生动物观赏线路的金猴谷，该景点为游客提供了最佳的金丝猴观赏点，资源丰富，游客较为集中。中暴露区域为熊猫园、朱鹮园、秦岭珍稀植物盆景园、猕猴园等景点，这些景点的交通便利，资源较为丰富，游客量也较多。低暴露区在倘骆古道生态旅游线路上，景点分布较为分散，游客量不集中，因此暴露性表现为低暴露区域。

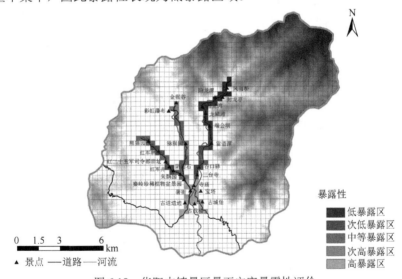

图 6.18 华阳古镇景区暴雨灾害暴露性评价

综合来讲，景区的高暴露区域集中在集住宿、娱乐、购物、服务为一体的华阳古街，这里人文建筑最多，暴露性最大。

3. 脆弱性评价

根据评价指标的权重及得分，结合暴雨灾害风险计算模型，得到景区的脆弱性评价图（图 6.19）。从图可知，脆弱性最高的集中在红崖沟红色旅游线路上，其中熊猫园和红军林景点的脆弱性程度较高；倘骆古道生态旅游线路为次高脆弱区域，该领域线路上端公坝的脆弱性程度最高，回龙湾、龙鳞滩、谷口驿和三台寺处于次高脆弱区域；华阳古街上各个景点均为中等脆弱区域；鸳鸯河野生动物观赏线路为低脆弱区域。

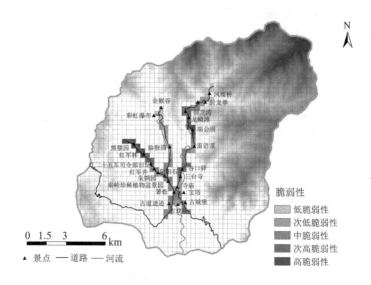

图6.19　华阳古镇景区暴雨灾害脆弱性评价

综合来讲，高脆弱区域沿红崖沟红色旅游线路分布，傥骆古道生态旅游线路为次高脆弱区域，华阳古街为中脆弱区域，鸳鸯河野生动物观赏线路为次低脆弱区域。

4. 防灾能力评价

结合华阳古镇景区暴雨灾害的防灾能力评价指标权重及得分，运用暴雨灾害风险计算模型，得到图6.20。在整个景区4条旅游线路中，华阳古街为高防灾能

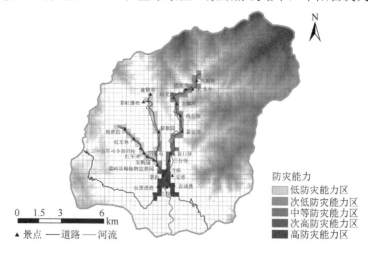

图6.20　华阳古镇景区暴雨灾害防灾能力评价

力区，明显高于其他 3 条旅游线路，这与其防灾设施、管理机制完备情况有关。傥骆古道生态旅游线路为中等防灾能力区域，虽然其地势较高，但是防灾设备和防灾管理水平较好，因此防灾能力为中等。红崖沟红色旅游线路和鸳鸯河野生动物观赏线路均为低等防灾能力区域，这是由于这两条旅游线路防灾设施较少、防灾管理较弱，景区疏于对该两条线路的暴雨灾害防灾建设。

综合来讲，华阳古街为高防灾能力区，明显高于其他三条旅游线路，傥骆古道生态旅游线路为中等防灾能力区域，红崖沟红色旅游线路和鸳鸯河野生动物观赏线路均为低等防灾能力区域。

5. 减灾能力评价

从图 6.21 可知，在景区的 4 条旅游线路中，华阳古街处于高减灾能力区域，傥骆古道生态旅游路线上除谷口驿和三台寺为高减灾区域外，其他景点均为次低减灾能力区域和低防灾能力区域。红崖沟生态旅游路线上熊猫园、朱鹮园和秦岭珍稀植物盆景园为高减灾能力区域，剩余景点均为低减灾能力区域。鸳鸯河野生动物观赏线路的金猴谷为高减灾能力区域，其余景点均为次低减灾能力区域。

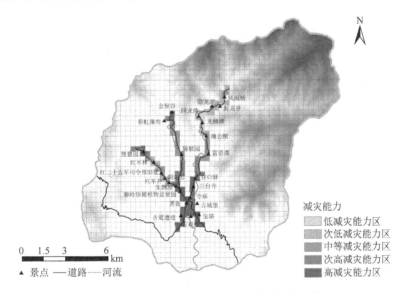

图 6.21　华阳古镇景区暴雨灾害减灾能力评价

6. 灾害风险综合评价

根据暴雨灾害风险计算模型，得到华阳古镇景区暴雨灾害风险的综合评价值，如图 6.22 所示。从图 6.22 可知，华阳古镇景区暴雨灾害风险程度在各个旅游线路上的差异很大，其中华阳古街的风险程度最高，这里是景区的综合服务中心，游客最为密集，旅游服务设施最齐全，且地势最低，相对于其他旅游线路而言，华阳古街的暴雨灾害风险较大。其次为红崖沟红色旅游线路上的景点，在该线路上，景点分布较为密集，各个景点的风险度十分接近，大多处于次高风险区。鸳鸯河野生动物观赏路线上有 3 个旅游景点，其中风险较大的为彩虹瀑布，金猴谷和猕猴园为中风险区和次高风险区。傥骆古道生态旅游线路中的各个景点大多处于次低风险区。

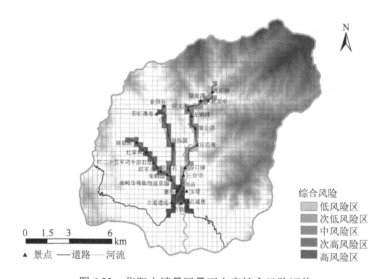

图 6.22　华阳古镇景区暴雨灾害综合风险评价

　　综上所述，在综合风险方面，华阳古街的风险程度最高；其次风险较大的为红崖沟红色旅游线路；鸳鸯河野生动物观赏路线风险较大的为彩虹瀑布；傥骆古道生态旅游线路中除回龙湾、龙鳞滩、端公坝三个景点处于中风险区外，其余景点均处于低风险区和次低风险区。华阳古镇景区各个旅游线路、各个景点间由于自然条件及旅游发展状况不同，暴雨灾害风险度也不同。

6.3　暴雨灾害风险防范对策

　　针对暴雨灾害防治提出如下建议：

　　（1）完善灾害应急预案。应急预案是景区有效应对暴雨灾害突袭的手段，可使灾害处置与救援有效实施。华阳古镇景区目前存在应急预案不完备的现象。例如，红崖沟红色旅游线路和鸳鸯河野生动物观赏线路的防灾设施不完善、灾害应急人员不专业等，需要景区健全紧急避难设施及应急设备，保证在暴雨灾害发生的第一时间能快速疏散游客，并提供完备的紧急庇护场所和应急物资，进一步完善应急预案。

（2）全民普及防减灾意识。民众是防减灾的主体，对于旅游景区而言，除了当地民众外，游客也是其防减灾的主要成员。因此，增强居民及游客的忧患意识，普及防灾、避灾知识是景区降低灾害损失的有利手段。华阳古镇景区的居民及游客集中分布在华阳古街上，当地政府与景区应通过景区标志系统、安全宣传手册、张贴海报横幅、导游讲解等方式加强全民的防减灾意识；充分利用"互联网+"、智慧旅游等新兴平台，通过广播、电视、LED 显示屏、微博、微信等途径组织和宣传灾害知识，培训应灾专业人员与志愿者；建立暴雨灾害博物馆，系统地向游客介绍暴雨灾害的起因、危害、应对措施和预防方法等知识，让游客对暴雨灾害有全面深刻的认识。

（3）提高灾害监测预警手段。在防减灾工作中，监测预警处于十分突出及重要的位置，加强天气的短时、临近预报，加强突发性气象灾害预警信号的制作、预警信息的发布，是提高暴雨灾害防减灾水平的重要科技保障。例如，采用新一代天气雷达和自动气象站、气象卫星等现代化探测手段，提高对暴雨的实时监测能力。

（4）加强气象灾害风险管理方法研究及其应用效果评价。突发性暴雨往往会产生灾害链效应，此类灾害防治是一个复杂的、动态的决策过程，需要引入气象灾害风险管理的理念。一方面，要加强突发性暴雨成灾机理研究、气象灾害及次生灾害发生发展规律研究、承载体脆弱性评估，真正提高气象灾害的预测预报和预警水平。另一方面，在成灾机理的研究基础上，进一步加强气象灾害风险评估与预测方法研究、风险规避方法研究、应急管理预案研制、因地制宜地应对机制的探索，以及区域防灾减灾能力评估，注重工程手段和非工程手段结合，从而最终达到防御和减轻暴雨灾害的目的，以满足综合防灾减灾和灾害应急管理的需求。

（5）提高气象保障服务能力，完善灾害应急响应系统。对于大暴雨这类灾害性天气，强降水过程多从中尺度天气系统中产生。为了更好地防灾减灾，一方面要大力加强对中小尺度天气系统的科学研究，提高对暴雨、大暴雨等灾害性天气的预报能力和业务监测水平；另一方面，要加快中小尺度监测基地的建设和改造，以便更好地发挥作用。暴雨洪涝灾害一旦发生，发布突发气象灾害预警信号以及突发气象灾害防御指南。气象灾害防御指挥部门要启动气象灾害应急预案，各级气象灾害相关管理部门及时将灾害预报警报信息及防御建议发布到负责气象灾害防御的实施机构，使居民及时了解气象灾害信息及防御措施。在应急机构组织指导下，有效防御、合理避灾防灾，安全撤离人员，将气象灾害损失降到最低限度。

　　（6）加强暴雨洪涝灾害防御的工程性措施。当前防洪减灾的主要工程性措施有以下三项：首先是修筑堤防、整治河道，以保证河水能顺利向下游输送。利用防堤约束河水泛滥是防洪的基本手段之一，是一项现实而长期的防洪措施。其次是修建水库。最后是在重点保护地区附近修建分洪区（或滞洪、蓄洪区），使超过水库、堤防防御能力的洪水有计划地向分滞洪区内输送，以保护下游地区的安全。

第7章　游客暴雨灾害风险感知评价体系的构建

7.1　影响因素分析

7.1.1　感知内容影响分析

　　旅游者灾害风险感知是指在社会、文化、心理等多方面因素的影响下，旅游者个体对外界各种旅游灾害事件的主观感受与认识。影响游客风险感知的因素一般可以分为灾害知识掌握状况、减灾态度、减灾行为倾向性特征等。

　　大量研究表明，暴雨灾害为突发性灾害，具有不可预料性。面对突发状况，游客的反应与游客对于这种状况的熟悉程度有很大关系，游客越熟悉，应对起来越从容，也越接近合理性，进而能够起到自我防御的作用，也可理解为游客的暴雨灾害知识掌握程度对于风险感知具有影响。游客在了解暴雨灾害知识的时候，首先会更注重与自身利益密切相关的方面，了解暴雨灾害的应急预案、预警信号，以及对人类活动的影响。其次，会思考引发暴雨灾害的原因，进而注意到引发暴雨灾害的人类活动和自然因素。然后，通过各种途径（媒体、网络、景区宣传）了解、学习暴雨灾害的各种知识。最后，关注暴雨灾害对自然环境的影响，以及影响暴雨灾害的自然因素。

　　游客通过对暴雨灾害知识的了解，形成自己面对暴雨灾害的应对态度。由于游客的背景不同，如知识背景、阅历、年龄、性别等，形成不同的防灾应灾态度。不同的态度会形成不同的关心程度，应对积极的人，对潜在风险会积极应对，感知相对来说较为敏锐，能力较强。相对消极应对的人，对于潜在危险处于"怠慢"状态，因此对潜在风险的感知能力较差。可见，不同的态度对暴雨灾害的风险感知也有着很大的影响。

　　游客在景区旅游时，应有一定的应对暴雨灾害的行为倾向。此外，还应在来景区前做好准备工作。例如，关注天气，了解当地自然地理环境等；发现安全问题时采取一定的措施，向景区管理人员反映、向周围游客说明等；景区突发暴雨灾害时，也有自己的行动，报警求助、积极自救以及听从安排离开灾害发生地等。

7.1.2　游客个体特征影响分析

　　本书在 Larsen 等（2009）、Ada 等（2011）提出的风险感知量表基础上设计此次问卷。问卷主要侧重点在于判断游客自然灾害风险感知影响因素，问卷分为两个部分（表 7.1）：对游客的性别、年龄、职业、婚姻状况、受教育程度、家中是否受过灾等基本信息进行调查，考察这些基本信息对风险感知的影响；调查游客对灾害的了解程度、减灾态度、减灾行为等一系列灾害感知能力。

表 7.1　游客自然灾害风险感知的影响因素

感知影响因素分类		主要感知影响因素	一级题目数
基本信息	游客特征	性别、年龄、职业、婚姻状况、受教育程度、 家中是否受过灾等	7
灾害感知能力	对灾害知识的了解程度	所知的自然灾害、灾害及其知识的了解渠道和程度、减灾知识学习的必要性等	11
	减灾态度	减灾与个人关系、灾害预报系统的可信度、灾害可否被预测、对灾害后果的看法、自然灾害对旅游行为是否有影响等	10
	减灾行为	是否参与保险、对政府减灾信息的披露和减灾行为是否满意、对太白山减灾建设是否满意、对减灾教育是否满意、面对灾害选择的行动方案等	9

本书用抽样调查方法进行问卷调查并收集原始数据。在问卷调查实施过程中，为扩大调查对象的地域范围，于 2012 年 1～5 月（旅游旺季）对前往太白山的游客进行了随机调查，本次调查共发放问卷 548 份，收回有效问卷为 500 份，问卷有效回收率为 91.2%。

本书将"游客旅游决策"作为因变量，Y 取值为 1 或 0，$Y=1$ 表示游客对自然灾害风险感知强，发生自然灾害后不会再来该旅游景点旅游；$Y=0$ 表示游客对自然灾害风险感知弱，发生自然灾害后还会来该旅游景点旅游。为了简化计算，满足调查样本要求，将影响风险感知的三大类因素进行了归类简化，建立了一组可以反映 Y 发生概率大小的变量值。

由于样本与解释变量之间存在一定的关系，为了使解释变量有效，经过仔细筛选，选取了 18 个影响因素作为变量：游客性别（X_1）、年龄（X_2）、自然灾害发生可能性（X_3）、受教育程度（X_4）、灾害知识了解程度（X_5）、自然灾害后果（X_6）、家中是否发生过自然灾害（X_7）、对政府减灾满意度（X_8）、减灾教育满意度（X_9）、信息披露满意度（X_{10}）、防灾与个人关系（X_{11}）、灾害预报可信度（X_{12}）、道路系统满意度（X_{13}）、是否投保（X_{14}）、家庭人均月收入（X_{15}）、游客数量与灾害关系（X_{16}）、是否支持景区门票附带保险（X_{17}）、提高门票完善减灾设施是否合理（X_{18}）等。假设旅游者对自然灾害的感知和旅游行为决策的选择主要取决于这些要素，这些要素的协同作用决定了游客个体对自然灾害风险感知的强弱，最终决定了旅游者的旅游行为决策选择。变量要素如表 7.2 所示。

表 7.2　影响游客对自然灾害风险感知的变量要素

变量名	取值范围	变量名	取值范围
性别（X_1）	1-男 0-女	防灾与个人关系（X_{11}）	1-有关系 0-没有关系
年龄（X_2）	24 岁以上 0~24 岁	灾害预报可信度（X_{12}）	1-可信 0-不可信
自然灾害发生可能性（X_3）	1-可能性大 0-可能性小	道路系统满意度（X_{13}）	1-基本满意 0-基本不满意
受教育程度（X_4）	1-高中及以下 0-大专及以上	是否投保（X_{14}）	1-是 0-否
灾害知识了解程度（X_5）	1-比较熟悉 0-很不熟悉	家庭人均月收入（X_{15}）	2000 元以上 0~2000 元
自然灾害后果（X_6）	1-可以控制 0-不可控	游客数量与灾害关系（X_{16}）	1-有关 0-没有关系
家中是否发生过自然灾害（X_7）	1-有很多 0-很少有	是否支持景区门票附带保险（X_{17}）	1-是 0-否
对政府减灾满意度（X_8）	1-基本满意 0-基本不满意	提高门票完善减灾设施是否合理（X_{18}）	1-合理 0-不合理
减灾教育满意度（X_9）	1-基本满意 0-基本不满意	发生自然灾害是否会来旅游（Y）	1-会 0-不会
信息披露满意度（X_{10}）	1-基本满意 0-基本不满意		

结合问卷结果并借助 Logit 模型，将"游客旅游决策"作为因变量 Y，假设 Y 为双值变量，其取值分别为 0 和 1，$Y=1$ 表示游客会来此地旅游，$Y=0$ 表示游客不会来此地旅游，$X_1, X_2, X_3, X_4, X_5, \cdots, X_n$ 为可能影响游客旅游决策的自变量。设 $Y=1$ 的概率为 P，则 $Y=0$ 的概率为 $1-P$，由于 y 是 0-1 型贝努利随机变量，因此 $E(y)=P$。将比数取自然对数得 $\ln[P/(1-P)]$，对 P 做 Logit 转换，记为 $\text{Logit}P$，则 $\text{Logit}P$ 的取值范围隶属于 $(-\infty, +\infty)$，以 $\text{Logit}P$ 作为因变量，建立线性回归方程：

$$\text{Logit}P = \alpha + \beta_1 x_2 + \beta_2 x_2 + \cdots + \beta_n x_n \tag{7.1}$$

式（7.1）是在自变量为 $X_i(i=1,2,\cdots,n)$ 条件下 $P=1$ 的概率，因此可以用它来代替 P 本身作为自变量，其 Logstic 回归方程为

$$f(P) = \frac{\exp(\beta_1 x_2 + \beta_2 x_2 + \cdots + \beta_n x_n)}{1 + \exp(\beta_1 x_2 + \beta_2 x_2 + \cdots + \beta_n x_n)} \tag{7.2}$$

该模型属于 Logstic 回归模型，在拟合时采用最大似然估计法进行参数估计。模型中参数是常数项，表示自变量取值全为 0 时，比数的自然对数值，参数称为 Logsitc 回归系数，表示当其他自变量保持不变时，该自变量取值增加一个单位引起比数比自然对数值的变化量。

实证检验结果：研究中采用对数似然比来检验模型的整体拟合程度，在给定的 5% 显著水平下，若统计量所对应的对数似然比检验的显著性指标 P 小于 0.05

（SPSS 使用 0.05 作为变量进入的概率），表明自变量与因变量有着显著影响。运用 SPSS 软件中 Binary Logistic 方法，然后根据极大似然估计的统计量的概率检验（$P<0.5$），剔除对因变量影响不显著的自变量，优化模拟整合效果（薛薇，2004）。通过对调查问卷的统计，得出了以下结果（表 7.3），对游客风险感知的显著性因素为：性别、年龄、学历、家底人均月收入、自然灾害了解程度、信息披露满意度、减灾教育满意度和防灾与个人关系 8 个因素，计算结果见表 7.4。

表 7.3　旅游者自然灾害风险感知调查统计

变量名	取值范围	比例/%	变量名	取值范围	比例/%
性别（X_1）	1-男	54.7	防灾与个人关系（X_{11}）	1-有关系	83
	0-女	45.3		0-没有关系	17
年龄（X_2）	24 岁以上	56.6	灾害预报可信度（X_{12}）	1-可信	69
	0～24 岁	43.4		0-不可信	31
自然灾害发生可能性（X_3）	1-可能性大	67.2	道路系统满意度（X_{13}）	1-基本满意	71
	0-可能性小	32.8		0-基本不满意	29
受教育程度（X_4）	1-高中及以下	27	是否投保（X_{14}）	1-是	62
	0-大专及以上	73		0-否	38
灾害知识了解程度（X_5）	1-比较熟悉	84.5	家庭人均月收入（X_{15}）	2000 元以上	80
	0-很不熟悉	15.5		0～2000 元	20
自然灾害后果（X_6）	1-可以控制	48.4	游客数量与灾害关系（X_{16}）	1-有关系	69
	0-不可控	51.6		0-没有关系	31
家中是否发生过自然灾害（X_7）	1-有很多	11.8	是否支持景区门票附带保险（X_{17}）	1-是	75
	0-很少有	88.2		0-否	25
对政府减灾满意度（X_8）	1-基本满意	79.9	提高门票完善减灾设施是否合理（X_{18}）	1-合理	37
	0-基本不满意	20.1		0-不合理	63
减灾教育满意度（X_9）	1-基本满意	69.9	发生自然灾害是否还会来旅游（Y）	1-会	56.9
	0-基本不满意	31.1		0-不会	43.1
信息披露满意度（X_{10}）	1-基本满意	75.9			
	0-基本不满意	24.1			

表 7.4　Y：因变量-检验个体对自然灾害风险感知

项目	性别	年龄	受教育程度	灾害知识了解程度	减灾教育满意度	信息披露满意度	防灾与个人关系看法	家庭人均月收入
β	0.624	-1.733	1.767	0.590	-4.591	0.296	-0.209	-0.108
标准差 S	0.221	0.536	0.457	0.198	0.158	0.130	0.092	0.440
回归系数统计量 wald	7.968	10.460	14.976	7.127	15.002	5.106	5.126	5.986
变量显著性概率	0.005	0.001	0.000	0.008	0.000	0.024	0.024	0.014
比数比 Exp(B)	0.236	0.177	1.853	1.698	0.001	1.345	0.881	0.898

从模型的运行结果来看，经过优化检验，剔除的影响不显著变量有自然灾害发生可能性（X_3）、自然灾害后果（X_6）、家中是否发生过自然灾害（X_7）、对

政府减灾满意度（X_8）、灾害预报可信度（X_{12}）、道路系统满意度（X_{13}）、是否投保（X_{14}）、游客数量与个人关系（X_{16}）、是否支持景区门票附带保（X_{17}）、提高门票完善减灾设施是否合理（X_{18}）。

1. 性别的影响

（1）程度分析。从检验结果来看，变量性别的系数是 0.624，wald 检验结果 $P=0.005<0.05$，说明性别的影响显著，统计学意义明显。由表 7.4 得知，比数比 Exp(B)=0.236 表示自变量的高水平（X_1=1 代表男）和低水平（X_2=0 代表女）之比，导致因变量向高水平发展的强度。这里的含义是，对于游客的自然灾害感知，排除其他因素，男性游客对自然灾害感知的程度是女性游客的 0.236 倍。结果表明，在旅游自然灾害事件发生的时候，女性游客市场受事件影响比较大，而男性游客市场受事件影响相对来说比较小。

（2）机理分析。一般情况下，由于女性在家庭旅游决策中起到的是决策性作用，旅游目的地一旦发生自然灾害事件，旅游经济受危机影响就会相对严重（亚伯拉罕·匹赞姆著，叔佰阳译，2005）。此外，不同的性别使得个体思维方式、学习能力、对待新鲜事物的态度以及灾害事件的看法等存在很大差异。一般而言，男性较女性在面对危机事件、处理问题时更为沉着理性。

2. 年龄的影响

（1）程度分析。从检验结果来看，变量年龄的系数是 –1.733，wald 检验结果 $P=0.001<0.05$，说明年龄的影响显著，统计学意义明显。由表 7.4 得知，比数比 Exp(B) = 0.177 表示自变量的高水平（X_2=1 代表 24 岁以上的游客）和低水平（X_2=0 代表 0～24 岁的游客）之比，导致因变量向高水平发展的强度。这里的含义是，对于游客的自然灾害感知，排除其他因素，24 岁以上的游客对自然灾害感知的程度是 0～24 岁游客的 0.177 倍。

（2）机理分析。一般情况下，随着年龄的不断增长，人的经历以及知识等都在不断地上升，对待问题会更加客观理性，对一些灾害事件的承受能力也会增强，因而随着年龄的增长，游客对自然灾害风险感知的能力也就越强。

3. 受教育程度的影响

（1）程度分析。从检验结果来看，变量受教育程度的系数是 1.767，wald 检验结果 $P=0.000<0.05$，表明受教育程度的影响因素显著，统计学意义明显。游客对自然灾害的风险感知直接与旅游者的受教育程度有关，一般情况下，受教育程度越高，游客的感知能力就越强。由表 7.4 得知，比数比 Exp(B) = 1.853 表示自变量的高水平（X_4=1 代表大专及以上学历的游客）和低水平（X_4=0 代表高中及以

下学历的游客）之比，导致因变量向高水平发展的作用强度。这里的含义是，对于游客的自然灾害感知，排除其他因素，大专及以上学历的游客对自然灾害感知的程度是高中及以下学历的游客的 1.853 倍。

（2）机理分析。游客受教育程度越高，了解的知识也就越多，视野也就越开阔，因而在现实生活中，面对灾害事件，学历越高的人群往往比学历低的人群处理事情时更加理性，其自然灾害感知能力一般比较强。

4. 灾害知识了解程度的影响

（1）程度分析。从检验结果来看，变量自然灾害了解程度的系数是 0.590，wald 检验结果 P=0.008＜0.05，变量自然灾害了解程度的影响因素显著，统计学意义明显。游客对自然灾害的风险感知直接与旅游者的自然灾害了解程度有关，一般情况下，如果自然灾害类型对游客来说是全新的或者是未知的，则游客对危机事件的风险感知会明显增加。由表 7.4 得知，比数比 Exp(B)=1.698 表示自变量的高水平（X_5=1 代表对自然灾害比较了解）和低水平（X_5=0 代表对自然灾害不了解）之比，导致因变量向高水平发展的强度。这里的含义是，对于游客的自然灾害感知，排除其他因素，对自然灾害比较了解的游客其自然灾害感知的程度是对自然灾害不了解游客的 1.698 倍。

（2）机理分析。当旅游地发生一种新型的或者是大家不十分了解的自然灾害事件时，对旅游目的地的旅游业影响较大。为了降低自然灾害对旅游业的影响，减少旅游者的风险感知，有效的方法是借助专家和专业部门的声音，宣传自然灾害发生原因和发展规律，使游客了解事件、理解事件。

5. 减灾教育满意度的影响

（1）程度分析。从检验结果来看，变量减灾教育满意度的系数是 –4.591，wald 检验结果 P=0.000＜0.05，变量减灾教育满意度的影响因素显著，统计学意义明显，说明游客对减灾教育的满意度会直接影响游客的自然灾害风险感知。由表 7.4 得知，比数比 Exp(B) = 0.001 表示自变量的高水平（X_9=1 代表游客对减灾教育满意）和低水平（X_9=0 代表游客对减灾教育不满意）之比，导致因变量向高水平发展的作用强度。这里的含义是，对于游客的自然灾害感知，排除其他因素，对减灾教育不满意直接影响游客对自然灾害的风险感知。

（2）机理分析。当自然灾害事件发生时，对游客进行相关知识的培训和教育相当重要，通过知识的传播让游客了解自然灾害事件的起因、发生发展过程、产生的后果，以及如何应对和预防，对于消除和减轻游客的风险感有重要作用。

6. 信息披露满意度的影响

（1）程度分析。从检验结果来看，变量信息披露满意度的系数是 0.296，wald 检验结果 $P=0.024<0.05$，变量信息披露满意度的影响因素显著，统计学意义明显。说明游客对自然灾害披露的满意度会直接影响游客的自然灾害风险感知。由表 7.4 得知，比数比 $\text{Exp}(B)=1.345$ 表示自变量的高水平（$X_{10}=1$ 代表游客对自然灾害信息披露满意）和低水平（$X_{10}=0$ 代表游客对自然灾害披露不满意）之比，导致因变量向高水平发展的强度。这里的含义是，对于游客的自然灾害感知，排除其他因素，对自然灾害信息披露不满意直接影响游客对自然灾害的风险感知。

（2）机理分析。随着社会的进步，政府对境内外媒体采取越来越开放透明的态度。自然灾害发生后，媒体和政府等对灾害事件进行实时报道，从而消除游客由于猜测而对危机事件产生的恐慌，能够降低整体风险感。信息沟通在所有危机管理中都处于重要地位。

7. 游客对防灾与个人关系看法的影响

（1）程度分析。从检验结果来看，变量游客对防灾与个人关系的看法的系数是 -0.209，wald 检验结果 $P=0.024<0.05$，变量游客对防灾与个人关系的看法的影响因素显著，统计学意义明显，说明游客对防灾与个人关系的看法会直接影响游客的自然灾害风险感知。由表 7.4 得知，比数比 $\text{Exp}(B)=0.881$ 表示自变量的高水平（$X_{11}=1$ 代表游客认为防灾有个人有关）和低水平（$X_{11}=0$ 代表游客认为防灾与个人基本无关）之比，导致因变量向高水平发展的强度。这里的含义是，对于游客的自然灾害感知，排除其他因素，对游客对防灾与个人关系的看法直接影响游客对自然灾害的风险感知。

（2）机理分析。在一般情况下，对于任何事件，只有更好地了解事件本身与自身的关系所在，才能更好地解决事件。对于自然灾害事件也是如此，只有认识到自然灾害与自身的关系，才能督促人们自觉学习防灾等各方面的知识，从而减少损失。

8. 家庭人均月收入的影响

（1）程度分析。从检验的结果来看，变量收入的系数是 -0.108，wald 检验结果 $P=0.014<0.05$，说明收入的影响显著，统计学意义明显。由表 7.4 得知，比数比 $\text{Exp}(B)=0.898$ 表示自变量的高水平（$X_2=1$ 代表收入在 2000 元以上）和低水平 $X_2=0$ 代表收入在 0～2000 元）之比，导致因变量向高水平发展的强度。这里的含义是，对于游客的自然灾害感知，排除其他因素，收入在 2000 元以上的游客对自然灾害感知的程度是收入在 0～2000 元的游客的 0.898 倍，反过来收入在 0～

2000 元的游客的风险感知是收入在 2000 元以上游客的 1 倍。结果表明，在旅游自然灾害事件发生的时候，收入在 2000 元以上的游客市场受事件影响比较小，而收入在 0～2000 元的游客市场受事件影响相对来说比较大。

（2）机理分析。经济基础决定上层建筑，一般而言，高收入水平的人群旅游经验比较丰富且经历的事情比较多，在考虑各方面问题时比较慎重和理性。

通过对景区游客的调查得出：自然灾害风险感知在不同年龄和文化程度的游客间存在显著差异。不同的人群对风险感知的影响区别很大，根据表 7.4 的检验结果可以得出：影响游客自然灾害风险感知的显著性要素影响程度最重要的首先是 X_4 受教育程度（1.853），其次是 X_5 灾害知识了解程度（1.698），然后是 X_{10} 信息披露满意度（1.345）和 X_{15} 家庭人均月收入（0.898）。而 X_4 防灾与个人关系（0.177）、X_1 性别（0.236）、X_2 年龄（0.177）、减灾教育满意度（0.001）对风险感知的影响因素较小。

7.2 评价指标体系构建

7.2.1 评价指标体系的构建原则

以下五个方面是评价指标体系构建过程中应遵循的原则（王书霞，2014）。

（1）科学客观性原则。要充运用合理恰当的理论知识与科学的评价模型，针对游客对于暴雨灾害风险感知的方方面面，从客观实际出发，实事求是，避免个人主观意识的加入，从各个方面保证评价指标选取的科学性和客观性。

（2）整体系统性原则。评价指标体系是一个整体，包含能够反映游客对于暴雨灾害风险感知的各个方面，缺少其中任何一个方面都不能科学合理地对游客的感知能力做出评价。系统性是指评价指标之间具有逻辑性和层次性，胡乱地将各个指标拼凑在一起是不能科学合理地做出评价结果的。

（3）理论性与可操作性相结合原则。科学合理的指标选取要遵循一定的理论知识，由知识指导实践，但也不能一味地参照理论知识而缺少实际的可操作性，在参考理论知识的同时要和实践相结合，使得评价指标体系切实可行。

（4）相关性与非兼容性相结合原则。指标与指标之间不可胡乱拼凑，要有一定的相关性，对于评价结果起到协同作用，但指标与指标之间不可重复包含，相关的同时又要具有非兼容性，这样才能科学合理地对游客的感知能力做出评价。

（5）定性与定量相结合原则。一些指标对于评价体系的构成至关重要，但其很难量化，因此本书对于一些指标做出定性描述。但单纯描述对于评价的结果难免模糊不直观，因此在指标的选取上要有系统性，将定性指标转化为定量指标，使其能够有数值可以计算，使评价结果直观明了，做到定性与定量优势互补。

7.2.2　评价指标的类型

本书涉及的指标按统计形式划分为定量指标和定性指标。定量指标用来测量暴雨灾害游客风险感知量的属性，可以用准确数值来定义，并能够精确衡量游客风险感知程度。定性指标，指不能直接通过数据计算来分析评价内容，是反映暴雨灾害游客风险感知质的属性和对其的客观描述，常用"是""否"或"有""无"来描述。为了便于进行分析处理，通常使用李克特量表转化为"1、2、3、4、5级"或"好、中、差"等，根据不同的等级赋予不同分值。

7.2.3　建立评价框架的基本思路

（1）查阅文献，访谈游客，借鉴相关研究。根据已有的研究成果，结合暴雨灾害游客风险感知评价的目的，初步确定从暴雨灾害知识、暴雨灾害风险态度、面对暴雨灾害所采取的决策（即风险行为）这三个维度建立评价指标体系的框架。

（2）指标筛选。在以往相关研究的基础上，通过对秦岭景区的游客进行访谈，总结游客感知风险的途径，初步拟定暴雨灾害风险感知指标体系，然后通过专家咨询调查问卷，对初步拟定的指标体系进行筛选。

（3）确定指标体系。考虑数据获得的难易程度及专家反馈的建议，通过数理分析对暴雨灾害风险感知评价指标体系进行修改，最终确定指标体系。

7.2.4　评价指标体系的设计

1．评价指标初步拟定

（1）查阅相关文献，借鉴相关研究。本书在参考李景宜等（2002）、周旗等（2008、2009）、郁耀闯等（2008、2009）的基础上初步确定了从暴雨灾害知识、暴雨灾害风险态度和暴雨灾害风险行为三大维度建立评价指标体系。

（2）访谈法。利用访谈法对秦岭景区游客进行访谈，深入到游客中，了解游客的思维方式，强调在自然情景下与游客的互动，充分了解游客是如何感知风险的，并对这些信息进行整理，得到其风险感知的渠道；其次对灾害、旅游、地理、心理等专业的师生进行咨询，初步确定了暴雨灾害游客风险感知评价指标体系。

2．评价指标筛选

游客风险感知指标是秦岭暴雨灾害游客风险感知评价体系的核心和载体。根据暴雨灾害风险感知的影响因素，本书把减灾知识、减灾态度和减灾行为三个方面作为指标的一级指标。进而分别从影响三个大指标的因素着手构建各个指标的二级指标，依次类推构建各个二级指标对应的三级指标。例如，暴雨灾害的知识掌握程度这个一级指标，其二级指标包括暴雨灾害的类型、引发暴雨灾害的原因等，而二级指标中暴雨灾害的类型这一指标的三级指标又包括泥石流、滑坡、崩塌等。依次类推，完成每个指标的设计与选取，进而完成整个指标体系的构建。

在建立的初步指标下设立专家咨询调查表，依据建立咨询调查问卷对暴雨灾害游客风险指标体系进行筛选，向灾害、旅游、地理、心理等专业的师生发放指标体系调查问卷，通过重要性对调查问卷中的预选指标进行打分并修订指标，依据重要性程度分别对调查问卷中不重要的指标赋值 1 分、一般重要的指标赋值 2 分、重要指标赋值 3 分、很重要的指标赋值 4 分（Aagja et al.，2010；Landeta，2005；李俊漪等，2004；曾光，1994）。

对调查问卷的指标打分情况进行统计，对其重要性程度进行排序，如果某指标重要性程度排序在 20%以后，就将这个指标删除，实现指标数据的筛选，并通过变异系数和肯德尔和谐系数判断评分者意见是否统一（Landeta，2005；李俊漪等，2004；曾光，1994）。

（1）变异系数。变异系数是反映专家协调程度的度量指标，是反应相对于某个指标情况的波动状况。变异系数越小表示专家的协调程度越高，变异系数越大表示专家的协调程度越低。变异系数公式为

$$CV = (SD/MN) \times 100\% \tag{7.3}$$

式中，SD 表示标准偏差；MN 表示平均数。

（2）肯德尔和谐系数计算。肯德尔和谐系数是反映不同的评价者对评价指标的评分一致情况。和谐系数值越大，表示评价者给出的评价意见越统一，值越小表示评价者给出的评价意见越不同意，计算公式如下：

$$W = \frac{12S}{K^2(N^3 - N)} \tag{7.4}$$

同一个评价者对评价指标评分没有相同的等级时，计算公式如下：

$$S = \sum_{i=1}^{n}(R_i - \overline{R_i})^2 = \sum_{i=1}^{n}R_i^2 - \frac{1}{n}(\sum_{i=1}^{n}R_i)^2 \tag{7.5}$$

式中，S 表示每个评价指标等级之和与这些和平均数的离差平方和；R_i 表示每个评价指标的等级之和；K 表示评价者的人数或者评价者评分所依据的标准数；N 表示被评价对象个数。

同一个评价者对评价指标评分有相同的等级时，计算公式如下：

$$W = \frac{12S}{K^2(N^3 - N) - K\sum_{i=1}^{K}T_i} \tag{7.6}$$

$$T_i = \sum_{i=1}^{m}(n_{ij}^3 - n_{ij})^2 \tag{7.7}$$

式中，K，N，S 的含义与式（7.5）中的含义相同；n_{ij} 表示第 i 个指标评价者所给

出的评价结果中第 j 个重复等级的相同等级数。当评价者给所有指标打分时，如果没有相同等级，则 $T_i = 0$，因此只需考虑结果有相同等级时的 T_i 值。

（3）肯德尔和谐系数显著性检验。①当评价者的人数 K 满足 $3 \leqslant K \leqslant 20$，被评价的指标 N 满足 $3 \leqslant N \leqslant 7$，可通过查找《肯德尔和谐系数（$W$）显著性临界值表》检验其 W 是否达到了显著性水平，如果计算出来的 S 值大于在表中所查到的临界值，那么 W 就达到了显著水平。②当被评价的指标 $N > 7$ 时，可使用卡方检验 W 是否达到显著水平。首先构造统计量 $x_2 = K(N-1)rW$，自由度 $df = N-1$，如果 $x_2 \geqslant x_2(df)$，那么 W 就达到了显著水平，即 K 个评价者意见一致性水平高；如果 $x_2 < x_2(df)$，那么 W 没有达到显著水平，即 K 个评价者意见显著不一致。

3. 评价指标筛选结果

（1）调查者积极性。本次调查共发放问卷 20 份，回收 20 份，回收率为 100%，即调查者的积极性系数为 100%。

（2）调查者反馈意见。通过咨询调查问卷把原来的二级指标"地势高低与暴雨灾害的关系"归在了三级指标"游客对暴雨灾害产生的地形了解情况"，把"暴雨灾害与全球变暖气候"归在了三级指标"游客对暴雨灾害产生的天气、气候状况了解情况"，把二级指标"景区的过度开发与暴雨灾害的关系"归在了三级指标"导致暴雨灾害发生的人类活动"，把原来的 4 个三级指标"对蓝色预警信号的了解""对黄色预警信号的了解""对橙色预警信号的了解""对红色预警信号的了解"改为"预警信号类型了解情况""预警信号强度的了解情况""预警信号发出后的防御知识了解"这三个更加细化清晰的三级指标，容易让人理解接受，把原来的二级指标"完善防灾减灾设施""预防措施""应急工作"改为三级指标"对政府完善防灾减灾设施的建议""对暴雨灾害进行预防的建议""对暴雨灾害进行应急的建议"，它们同属于新增加的二级指标"政府防灾减灾的工作"。

（3）指标重要性打分及变异系数。根据专家的反馈意见重新制订调查问卷，并对指标的重要性进行打分，通过指标重要性打分情况进行排序，运用 SPSS 19.0 软件对指标重要性分数进行变异系数分析并对其排序，根据重要性打分情况和变异系数排序，删除了原来的三级指标"暴雨灾害易发生时间""降水多少与暴雨灾害的关系""破坏环境是否犯罪""灾害预报系统的可信度""灾害发生时对您个人和家庭的影响""自然灾害的预测性""对预报系统的可信度""对自然灾害后果的害怕度""自然灾害后果的可控性""对防灾减灾教育力度的满意度""对景区防灾减灾行为的满意度""对信息的纰漏是否满意""对政府防灾减灾行为的满意度"。

（4）肯德尔和谐系数。通过 SPSS 19.0 软件求得肯德尔和谐系数，Kendall's W 系数为 0.346，卡方检验值为 110.084，且 P 值小于 0.001，结果达到了显著水平，说明专家意见具有一致性。

通过以上分析，得到的暴雨灾害游客风险感知评价指标体系如表 7.5 所示。

表 7.5　游客暴雨灾害风险感知能力评价指标体系

一级指标	二级指标	三级指标
灾害知识	对引发暴雨灾害自然因素的了解（X_1）	暴雨强度
		地形走势
		山体走向
		地质结构
		河流分布
		植被覆盖
	对暴雨引发的次生灾害的了解（X_2）	泥石流
		滑坡
		崩塌
		洪涝
		水土流失
		传染病
	引发暴雨灾害的人类活动（X_3）	破坏林草植被
		围湖造田
		侵占河道、破坏河床
		过量抽取地下水
		设施防洪标准偏低
		开山采石
	暴雨灾害对自然环境产生的影响（X_4）	破坏植被
		破坏地质结构
		堵塞河道、淤高河床
		水土流失
		山体受损
		污染环境
	暴雨灾害对人类活动产生的影响（X_5）	威胁生命安全
		破坏财物
		影响经济发展
		破坏水利、交通、电力、通讯等基础设施
		造成农作物减产或绝产
		引发传染病
	对暴雨预警信号的了解（X_6）	预警信号类型及强度
	对防减灾宣传渠道的了解（X_7）	新闻媒体和网络
		期刊
		景区宣传及提示
		朋友介绍
		导游讲解
		防灾教育培训及演练
	对应急预案的了解（X_8）	灾后应急预案

一级指标	二级指标	三级指标
灾害知识	景区或政府灾害知识宣传经历（X_9）	灾害特点
		灾害危害性
		灾害类型
		灾害致灾因素
		灾前识别
		灾后处置
灾害风险态度	暴雨灾害预防态度（X_{10}）	提前预防
	对暴雨灾害预警系统态度（X_{11}）	预警系统
	暴雨灾害能否管理（X_{12}）	灾害管理
	是否关注暴雨灾害信息披露（X_{13}）	政府媒体对暴雨信息披露
	是否关注景区已发生的暴雨灾害（X_{14}）	已发灾害
	是否有必要在景区增加植被覆盖（X_{15}）	植被覆盖
	是否有必要在景区内疏通河道、保护河床（X_{16}）	疏通河道、保护河床
	是否有必要在灾后做好卫生防疫（X_{17}）	卫生防疫
	是否关注景区灾后重建（X_{18}）	灾后重建
	是否认为防灾减与个人无关（X_{19}）	防减灾与个人关系
	灾后是否配合工作人员安排（X_{20}）	工作配合度
灾害风险行为倾向	是否愿意参加保险（X_{21}）	人身意外、财产、交通等保险
	是否愿意门票附带保险（X_{22}）	门票附带保险
	是否愿意提高门票价格以提升景区防减灾水平（X_{23}）	景区门票价格提升
	是否愿意配合景区防减灾工程建设（X_{24}）	景区防减灾工程配合
	为预防灾害倾向于做哪些准备工作（X_{25}）	了解当地自然环境
		关注天气变化
		携带急救药品
		提前设计安全游览路线
		购买相关保险
		了解景区应急预案及设施
	发现不安全现象倾向于采取的措施（X_{26}）	向有关政府部门反映
		向有关媒体反映
		向景区管理部门反映
		向周围游客说明
		不向任何人反映
	灾害发生时倾向于采取何种行动方案（X_{27}）	报警求助
		逃离现场
		听从指挥
		自救互助
		积极投身救灾工作

7.2.5 评价指标体系合理性预调查

1. 预调查

通过预调查检验被调查者是否理解问卷题目，对被调查者进行访谈，找出问卷中有歧义的问题并进行修正，并通过调查问卷质量检验方法对其进行检验。本书以太白山国家森林公园的游客为预调查对象，以网络发放和当面发放的形式对游客进行问卷调查。调查问卷分为两部分，第一部分为秦岭暴雨灾害游客风险感知能力调查表，第二部分为个人基本情况调查表。

2. 预调查问卷回收率

本次预调查总共发放问卷 300 份，其中通过 QQ、Email、问卷星等网络方式发放 200 份，以当面发放的形式发放 100 份，网络共回收 153 份调查问卷，回收率为 76.5%，当面问卷共回收 100 份调查问卷，回收率为 100%，两种方式共回收 253 份调查问卷，总回收率为 84.3%，满足调查问卷回收率基本要求。

3. 预调查问卷有效率

通过 Excel 软件对调查问卷数据进行录入，在录入过程中对问卷填写的有效性进行判断，结果显示 253 份调查问卷全部有效，即有效率为 100%，达到了在类似检验中充足样本量的要求（郑生民等，2006）。

4. 预调查问卷信度分析结果

通过 SPSS 19.0 软件对调查问卷的信度采用 Cronbach's α 系数和折半信度分析，结果如表 7.6 所示。

表 7.6　各维度信度系数

维度	Cronbach's α	折半信度
B_1（暴雨灾害知识）	0.719	0.797
B_2（风险态度）	0.713	0.831
B_3（风险行为）	0.804	0.754
总计	0.836	0.743

由表 7.6 可以看出：预调查问卷总体的 Cronbach's α 为 0.836，折半信度为 0.743，暴雨灾害知识、风险态度、风险行为三个维度的 Cronbach's α 分别为 0.719、0.713、0.804，折半信度分别为 0.797、0.831、0.754，符合整体量表 Cronbach's α 和折半信度均大于 0.7 的条件，即调查问卷信度水平良好。

5. 预调查问卷效度分析结果

（1）内容效度。在制订问卷时，咨询有关师生的意见，并对调查问卷的题目进行评定，通过调整、修改问卷题目，保证问卷题目的可读性，内容的正确性和合理性，在对问卷进行当面发放时对被调查者进行访谈，结果表明此次调查问卷具有很好的内容效度（傅抱璞等，1983）。

（2）结构效度。通过 Excel 计算出调查问卷三个维度的得分情况和总问卷的得分情况，运用 SPSS 19.0 软件对调查问卷数据进行相关性分析。相关系分析可以判断变量之间是否存在联系，关系是否密切。相关系数值在 –1 到 1 之间，相关系数大于 1，表示变量之间正相关，相关系数小于 1，表示变量之间负相关，相关系数的绝对值越大，即越接近 1，说明变量的之间的相关程度越高，相关系数的绝对值越小，即越接近 0，说明变量之间的相关程度越低（董恩宏，2012；袁梦练，2012；王明祁，2011）。

依据 Tuker 的判断，调查问卷各个维度间的相关系数最好在中低等水平，即相关系数在 0.1～0.6，因素之间的相关程度不宜太高和太低，太高可能问题之间有重复，太低可能测量结果与实际不符（于艳艳，2012；黄璐，2011）。调查问卷的相关分析结果如表 7.7 所示。

表 7.7　各维度得分与总得分之间的相关性

	暴雨灾害知识	风险态度	风险行为	总体
暴雨灾害知识	1.000	0.377	0.467	0.874
风险态度	0.377	1.000	0.196	0.516
风险行为	0.467	0.196	1.000	0.772
总体	0.874	0.516	0.772	1.000

通过表 7.7 可以看出，调查问卷的三个维度之间的相关性系数在 0.1～0.5，表明三维度相关性处于中低水平，满足 Tuker 的判断；三维度与总体的相关系数在 0.5～0.9，表明三维度与总体的相关性处于中高水平，说明问卷的结构性良好。

依据回收率、有效率、信度和效度对调查问卷的质量进行检验，可以得到本次调查问卷的质量良好，即指标合理性、科学性水平高，可以用于以后的调研工作。

7.2.6　有限理性评价指标体系

人类的理性程度受外在信息密度、自身的智力因素、情绪因素、心态因素和非理性因素的影响。信息密度是指人类对于要获取信息的接触频率，频率越高，意味着信息密度越大，对于接触者就更熟悉接触到的信息。智力因素又称之为心智成本，和人类自身先天和后天发育程度有关，智力越高，对于题目的理解也就越省时，心智成本也就越低。情绪因素方面，和人类自身的心情有关，心情好，情绪相对平和，趋于理性状态，心情不好，趋于非理性状态。心态因素是人们对事物发展的反应和理解表现出的不同的思想状态和观点，是心理活动的综合反映。心态越好，对事物的认识就越乐观，评价结果就越理性。非理性因素是指游客的直觉和灵感对阅读题目的影响，直觉和灵感在一定程度上对于创作起到积极影响，但是对于题目的理解为突发奇想，跳跃性的，对于理性状况又有一定的影响。因此，根据游客自身的状况，在指标体系中选取了理性程度测评的一级指标，并根据其影响因素选取了相对应的信息密度、心智成本、情绪因子、心态因素和非理性因素五个二级指标，并进一步根据二级指标设计对其有影响的三级指标，有限理性指标体系如表 7.8 所示。

表 7.8 有限理性评价指标体系

理性指数	信息密度	以前暴雨灾害信息的收集难度
		搜集暴雨灾害信息的方式和途径
		收集暴雨灾害信息花费时间
		暴雨灾害信息的警觉性
	心智成本	对暴雨灾害信息的理解程度
		以前理解接收暴雨灾害信息花费的时间
	情绪因子	收集暴雨灾害信息时的心情
		填写问卷时花费时间
	心态因素	填写问卷时的积极程度
	非理性因素	填写问卷时的直觉答题状况
		填写问卷时灵感发挥状况

7.3 权重确定

7.3.1 评价指标重要性排序确定

通过主成分分析法计算不同指标重要性，并依据指标重要性得出指标排序。在对数据进行主成分分析之前，首先需要对数据进行 KMO 和 Bartlett 球形检验，其中 KMO 值大于 0.7 且 Bartlett 球形检验中显著性小于 0.05 时才适合使用主成分分析法。通过检验后对数据进行主成分分析，获得所提取的每个主成分对应的特征根及方差贡献率，并通过成分矩阵获取每个变量在各主成分中的因子载荷；利用所获取的特征根和各变量在主成分中对应的因子载荷，可以计算出各指标在主成分线性组合中的系数。具体算法为：将各指标在主成分中的因子载荷除以该主成分所对应特征根的开方，得出各主成分的线性组合；得到各指标在不同主成分中线性组合中的系数后，以各主成分的方差贡献率为权重，对该指标在各主成线性组合中的系数做加权平均，即可得出各指标在综合得分模型中的系数，而该系数代表了不同指标在评价系统中的贡献率的大小，因此，可将其看成指标在系统中的重要性，并据此进行指标重要性排序，其中指标重要性计算流程如图 7.1 所示。

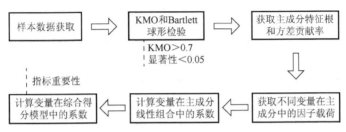

图 7.1　指标重要性计算流程

运用主成分分析法对每个景区所获取的数据进行指标重要性排序。在计算过程中，分别对灾害知识、灾害风险态度、灾害风险行为倾向部分指标进行主成分分析，以确定各三级指标在每一个部分的重要性，并对问卷整体数据进行主成分分析，以加权方式确定三个二级指标的重要性。

首先提取可以解释的总方差，即各主成分的特征根和方差贡献率，提取原则为依据主成分累计方差贡献率达到 80%，这样可以保证所提取的主成分包含了原来所有指标的主要信息。在用主成分分析法进行指标重要排序时，只要知道主成分特征根、主成分贡献率及各指标在主成分中的因子载荷，便可计算出各指标在综合得分模型中的系数，该系数代表指标重要性，并据此进行排序。

1. 翠华山景区

通过 SPSS 对翠华山景区数据做主成分分析，首先从可解释的方差表格中提取特征根和方差贡献率，并从成分矩阵中提取因子载荷，见表 7.9。各指标重要性见表 7.10。

表 7.9　翠华山景区灾害知识部分特征根、方差贡献率及因子载荷

指标	主成分				
	F1	F2	F3	F4	F5
X_1	0.296	0.687	−0.222	−0.108	0.157
X_2	0.191	0.666	−0.523	−0.010	−0.213
X_3	0.778	−0.127	0.177	0.100	−0.044
X_4	0.820	−0.152	0.162	0.160	−0.176
X_5	0.835	−0.063	−0.083	0.081	0.115
X_6	0.114	0.707	0.452	−0.139	−0.461
X_7	0.820	−0.081	0.017	−0.066	0.149

续表

指标	主成分				
	F1	F2	F3	F4	F5
X_8	0.080	0.712	0.419	−0.236	0.425
X_9	−0.187	0.448	0.106	0.858	0.099
特征根	2.793	2.171	0.885	0.870	0.541
方差贡献率	31.035	24.148	9.831	9.664	6.061

表 7.10　翠华山景区各部分指标重要性

项目	指标	重要性	项目	指标	重要性
灾害知识	X_1	0.181	灾害风险态度	X_{15}	0.165
	X_2	0.089		X_{16}	0.164
	X_3	0.185		X_{17}	0.198
	X_4	0.182		X_{18}	0.196
	X_5	0.191		X_{19}	0.212
	X_6	0.164		X_{20}	0.217
	X_7	0.181	灾害风险行为倾向	X_{21}	0.218
	X_8	0.230		X_{22}	0.176
	X_9	0.182		X_{23}	0.285
灾害风险态度	X_{10}	0.274		X_{24}	0.248
	X_{11}	0.281		X_{25}	0.048
	X_{12}	0.293		X_{26}	0.119
	X_{13}	0.287		X_{27}	0.041
	X_{14}	0.281			

从表 7.10 可以看出，翠华山景区灾害知识部分各指标重要性排序为：$X_8 >$ $X_5 > X_3 > X_9 = X_4 > X_7 = X_1 > X_6 > X_2$，灾害风险态度部分各指标重要性排序为：$X_{12} > X_{13} > X_{11} = X_{14} > X_{10} > X_{20} > X_{19} > X_{17} > X_{18} > X_{15} > X_{16}$，灾害风险行为倾向部分各指标重要性排序为：$X_{23} > X_{24} > X_{21} > X_{22} > X_{26} > X_{25} > X_{27}$。得出各三级指标重要性之后，对问卷整体数据运用主成分法计算出各二级指标重要性，根据计算及分析得出灾害知识重要性为 0.614，灾害风险态度重要性为 0.599，灾害风险行为倾向重要性为 0.464，因此三个二级指标重要性排序为：灾害知识＞灾害风险态度＞灾害风险行为倾向。

2. 华阳古镇景区

对华阳古镇景区数据做主成分分析，分别提取问卷各部分中主成分特征根、主成分贡献率及各指标在主成分中的因子载荷，见表 7.11。各指标重要性见表 7.12。

表 7.11　华阳古镇景区灾害知识部分特征根、方差贡献率及因子载荷

指标	主成分				
	F1	F2	F3	F4	F5
X_1	−0.162	0.799	0.260	−0.108	0.252
X_2	−0.296	0.708	−0.279	−0.326	0.178
X_3	0.701	0.222	0.036	−0.088	0.161
X_4	0.699	0.214	0.128	−0.132	0.031
X_5	0.807	0.285	−0.011	−0.064	−0.024
X_6	−0.313	0.638	−0.227	0.592	−0.010
X_7	0.536	0.279	0.081	0.341	−0.166
X_8	−0.121	0.715	0.395	−0.128	0.284
X_9	−0.325	0.242	0.847	0.101	0.311
特征根	2.914	2.279	0.984	0.676	0.588
方差贡献率	32.380	25.324	10.935	7.514	6.538

表 7.12　华阳古镇景区各部分指标重要性

项目	指标	重要性	项目	指标	重要性
灾害知识	X_1	0.174	灾害风险态度	X_{15}	0.156
	X_2	0.021		X_{16}	0.181
	X_3	0.217		X_{17}	0.177
	X_4	0.210		X_{18}	0.243
	X_5	0.232		X_{19}	0.208
	X_6	0.092		X_{20}	0.212
	X_7	0.211	灾害风险行为倾向	X_{21}	0.206
	X_8	0.185		X_{22}	0.171
	X_9	0.131		X_{23}	0.343
灾害风险态度	X_{10}	0.217		X_{24}	0.170
	X_{11}	0.231		X_{25}	0.138
	X_{12}	0.327		X_{26}	0.141
	X_{13}	0.328		X_{27}	0.051
	X_{14}	0.283			

从表 7.12 可知，华阳古镇景区灾害知识部分各指标按重要性排序为：$X_5 >$ $X_3 > X_7 > X_4 > X_8 > X_1 > X_9 > X_6 > X_2$，灾害风险态度部分各指标重要性排序为：$X_{13} > X_{12} > X_{14} > X_{18} > X_{11} > X_{10} > X_{20} > X_{19} > X_{16} > X_{17} > X_{15}$，灾害风险行为倾向部分各指标按重要性排序为：$X_{23} > X_{21} > X_{22} > X_{24} > X_{26} > X_{25} >$ X_{27}。经过计算，二级指标重要性排序为：灾害风险态度（0.547）＞灾害知识（0.493）＞灾害风险行为倾向（0.465）。

3. 金丝峡景区

金丝峡景区指标重要性计算过程中所提取数据如表 7.13 所示。各指标重要性见表 7.14。

表 7.13　金丝峡景区灾害知识部分特征根、方差贡献率及因子载荷

指标	主成分				
	F1	F2	F3	F4	F5
X_1	0.033	0.787	0.110	0.080	0.036
X_2	0.063	0.690	0.067	−0.232	0.283
X_3	0.835	0.014	−0.154	0.044	0.081
X_4	0.822	0.081	−0.185	−0.068	0.118
X_5	0.849	0.047	0.012	−0.099	0.024
X_6	0.076	0.274	0.164	0.043	0.713
X_7	0.763	0.055	0.255	−0.202	−0.130
X_8	0.324	0.163	0.913	0.149	0.165
X_9	0.158	0.048	0.138	0.963	0.036
特征根	2.867	2.088	0.931	0.728	0.644
方差贡献率	31.851	23.201	10.343	8.094	7.153

表 7.14　金丝峡景区各部分指标重要性

项目	指标	重要性	项目	指标	重要性
灾害知识	X_1	0.192	灾害风险态度	X_{15}	0.144
	X_2	0.165		X_{16}	0.140
	X_3	0.191		X_{17}	0.138
	X_4	0.188		X_{18}	0.084
	X_5	0.200		X_{19}	0.176
	X_6	0.178		X_{20}	0.180
	X_7	0.185	灾害风险行为倾向	X_{21}	0.250
	X_8	0.265		X_{22}	0.252
	X_9	0.182		X_{23}	0.343
灾害风险态度	X_{10}	0.201		X_{24}	0.139
	X_{11}	0.220		X_{25}	0.048
	X_{12}	0.354		X_{26}	0.108
	X_{13}	0.256		X_{27}	0.023
	X_{14}	0.223			

从表 7.14 可知，金丝峡景区灾害知识部分各指标按重要性排序为：$X_8 > X_5 > X_1 > X_3 > X_4 > X_7 > X_9 > X_6 > X_2$，灾害风险态度部分各指标重要性排序为：$X_{12} > X_{13} > X_{14} > X_{11} > X_{10} > X_{20} > X_{19} > X_{15} > X_{16} > X_{17} > X_{18}$，灾害风险行为倾向部分各指标按重要性排序为：$X_{23} > X_{22} > X_{21} > X_{24} > X_{26} > X_{25} > X_{27}$。经过计算，二级指标重要性排序为：灾害知识（0.622）＞灾害风险态度

（0.548）＞灾害风险行为倾向（0.231）。

4. 南宫山景区

南宫山景区指标重要性计算过程中所提取数据如表 7.15 所示。各指标重要性见表 7.16。

表 7.15　南宫山景区灾害知识部分特征根、方差贡献率及因子载荷

指标	主成分				
	F1	F2	F3	F4	F5
X_1	0.176	0.744	−0.195	−0.240	0.175
X_2	0.205	0.742	−0.228	−0.333	−0.149
X_3	0.807	−0.025	0.152	0.063	0.246
X_4	0.867	−0.013	0.138	0.078	0.070
X_5	0.837	0.222	0.017	0.102	0.054
X_6	−0.036	0.634	−0.261	0.666	−0.255
X_7	0.753	0.122	0.080	−0.065	−0.289
X_8	−0.289	0.643	0.354	0.208	0.477
X_9	−0.125	0.403	0.797	−0.117	−0.104
特征根	2.841	2.099	1.016	0.753	0.590
方差贡献率	31.572	23.328	11.292	8.363	6.559

表 7.16　南宫山景区各部分指标重要性

项目	指标	重要性	项目	指标	重要性
灾害知识	X_1	0.151	灾害风险态度	X_{15}	0.219
	X_2	0.108		X_{16}	0.231
	X_3	0.236		X_{17}	0.247
	X_4	0.233		X_{18}	0.248
	X_5	0.258		X_{19}	0.252
	X_6	0.134		X_{20}	0.300
	X_7	0.171	灾害风险行为倾向	X_{21}	0.185
	X_8	0.185		X_{22}	0.281
	X_9	0.136		X_{23}	0.343
灾害风险态度	X_{10}	0.308		X_{24}	0.170
	X_{11}	0.311		X_{25}	0.132
	X_{12}	0.348		X_{26}	0.155
	X_{13}	0.257		X_{27}	0.077
	X_{14}	0.338			

从表 7.16 可知，南宫山景区灾害知识部分各指标按重要性排序为：$X_5 >$ $X_3 > X_4 > X_8 > X_7 > X_1 > X_9 > X_6 > X_2$，灾害风险态度部分各指标重要性排序为：$X_{12} > X_{14} > X_{11} > X_{10} > X_{20} > X_{13} > X_{19} > X_{18} > X_{17} > X_{16} > X_{15}$，灾害风险行为倾向部分各指标按重要性排序为：$X_{23} > X_{22} > X_{21} > X_{24} > X_{26} > X_{25} >$ X_{27}。经过计算，二级指标重要性排序为：灾害知识（0.792）＞灾害风险态度（0.545）＞灾害风险行为倾向（0.305）。

5. 太白山景区

太白山景区指标重要重要性计算过程中所提取数据如表 7.17 所示。各指标重要性见表 7.18。

表 7.17　太白山景区灾害知识部分特征根、方差贡献率及因子载荷

指标	主成分					
	F1	F2	F3	F4	F5	F6
X_1	0.270	0.660	-0.284	-0.132	0.377	-0.047
X_2	0.419	0.657	-0.292	-0.103	0.130	-0.229
X_3	0.720	0.239	-0.160	-0.207	0.143	0.327
X_4	0.757	0.285	0.060	-0.271	-0.179	0.136
X_5	0.755	0.357	0.070	0.126	-0.010	-0.002
X_6	0.329	0.598	-0.019	0.020	-0.696	-0.072
X_7	0.551	-0.256	0.206	0.597	0.090	-0.393
X_8	0.086	0.595	0.423	0.446	0.082	0.488
X_9	0.127	0.247	0.790	-0.476	0.144	-0.206
特征根	2.410	1.971	1.045	0.925	0.732	0.620
方差贡献率	26.778	21.899	11.611	10.277	8.133	6.892

表 7.18　太白山景区各部分指标重要性

项目	指标	重要性	项目	指标	重要性
灾害知识	X_1	0.158	灾害风险态度	X_{15}	0.130
	X_2	0.144		X_{16}	0.120
	X_3	0.191		X_{17}	0.166
	X_4	0.173		X_{18}	0.193
	X_5	0.241		X_{19}	0.166
	X_6	0.091		X_{20}	0.220
	X_7	0.136	灾害风险行为倾向	X_{21}	0.219
	X_8	0.297		X_{22}	0.162
	X_9	0.111		X_{23}	0.339
灾害风险态度	X_{10}	0.202		X_{24}	0.160
	X_{11}	0.231		X_{25}	0.104
	X_{12}	0.329		X_{26}	0.032
	X_{13}	0.260		X_{27}	0.031
	X_{14}	0.200			

从表 7.18 可知，太白山景区灾害知识部分各指标按重要性排序为 $X_8 > X_5 > X_3 > X_4 > X_1 > X_2 > X_7 > X_9 > X_6$，灾害风险态度部分各指标重要性排序为：$X_{12} > X_{13} > X_{11} > X_{20} > X_{10} > X_{14} > X_{18} > X_{19} = X_{17} > X_{15} > X_{16}$，灾害风险行为倾向部分各指标按重要性排序为：$X_{23} > X_{21} > X_{22} > X_{24} > X_{25} > X_{26} > X_{27}$。经过计算，二级指标重要性排序为：灾害风险行为倾向（0.537）＞灾害知识（0.535）＞灾害风险态度（0.363）。

6. 太平森林公园景区

太平森林公园景区指标重要性计算过程中所提取数据如表 7.19 所示。各指标特征值见表 7.20。

表 7.19　太平森林公园景区灾害知识部分特征根、方差贡献率及因子载荷

指标	主成分				
	F1	F2	F3	F4	F5
X_1	0.119	0.729	−0.137	0.395	−0.055
X_2	0.137	0.695	−0.447	0.147	0.041
X_3	0.849	−0.044	−0.007	0.031	0.070
X_4	0.812	0.003	0.064	0.039	−0.066
X_5	0.841	−0.090	−0.016	0.107	−0.140
X_6	0.275	0.669	0.203	−0.328	−0.465
X_7	0.784	−0.087	0.131	−0.206	0.266
X_8	−0.092	0.714	0.341	−0.193	0.508
X_9	−0.039	0.200	0.728	0.267	−0.132
特征根	2.875	2.030	1.158	0.768	0.596
方差贡献率	31.941	22.560	12.868	8.534	6.624

表 7.20　太平森林公园景区各部分指标重要性

项目	指标	重要性	项目	指标	重要性
	X_1	0.188		X_{15}	0.151
	X_2	0.122		X_{16}	0.164
	X_3	0.195	灾害风险态度	X_{17}	0.149
	X_4	0.193		X_{18}	0.235
灾害知识	X_5	0.170		X_{19}	0.238
	X_6	0.134		X_{20}	0.245
	X_7	0.185		X_{21}	0.142
	X_8	0.195		X_{22}	0.276
	X_9	0.153		X_{23}	0.325
	X_{10}	0.255	灾害风险行为倾向	X_{24}	0.170
	X_{11}	0.261		X_{25}	0.111
灾害风险态度	X_{12}	0.260		X_{26}	0.111
	X_{13}	0.290		X_{27}	0.107
	X_{14}	0.277			

从表 7.20 可知，太平森林公园景区灾害知识部分各指标按重要性排序为：$X_8 = X_3 > X_4 > X_1 > X_7 > X_5 > X_9 > X_6 > X_2$，灾害风险态度部分各指标重要性排序为：$X_{13} > X_{14} > X_{11} > X_{12} > X_{10} > X_{20} > X_{19} > X_{18} > X_{16} > X_{15} > X_{17}$，灾害风险行为倾向部分各指标按重要性排序为：$X_{23} > X_{22} > X_{24} > X_{21} > X_{25} = X_{26} > X_{27}$。经过计算，二级指标重要性排序为：灾害知识（0.713）＞灾害风险态度（0.649）＞灾害风险行为倾向（0.343）。

7. 瀛湖风景区

太平森林公园景区指标重要性计算过程中所提取数据如表 7.21 所示。各指标重要值见表 7.22。

表 7.21　瀛湖风景区灾害知识部分特征根、方差贡献率及因子载荷

指标	主成分				
	F1	F2	F3	F4	F5
X_1	0.683	0.579	−0.138	−0.104	−0.175
X_2	0.591	0.514	−0.157	−0.232	−0.109
X_3	0.628	0.306	0.049	−0.134	0.417
X_4	0.648	0.229	0.045	0.154	0.147
X_5	0.726	0.356	−0.061	0.255	0.003
X_6	0.476	0.605	−0.047	−0.245	0.199
X_7	0.681	0.354	0.075	0.037	−0.314
X_8	0.230	0.658	0.001	0.712	0.078
X_9	0.124	0.238	0.956	−0.053	−0.021
特征根	3.029	1.985	0.973	0.743	0.548
方差贡献率	33.656	22.061	10.814	8.255	6.094

表 7.22　瀛湖风景区各部分指标重要性

项目	指标	重要性	项目	指标	重要性
	X_1	0.226		X_{15}	0.187
	X_2	0.181		X_{16}	0.146
	X_3	0.243	灾害风险态度	X_{17}	0.221
	X_4	0.239		X_{18}	0.247
灾害知识	X_5	0.265		X_{19}	0.260
	X_6	0.216		X_{20}	0.269
	X_7	0.214		X_{21}	0.241
	X_8	0.275		X_{22}	0.130
	X_9	0.197		X_{23}	0.249
	X_{10}	0.222	灾害风险行为倾向	X_{24}	0.202
	X_{11}	0.277		X_{25}	0.133
灾害风险态度	X_{12}	0.282		X_{26}	0.135
	X_{13}	0.328		X_{27}	0.129
	X_{14}	0.317			

从表 7.22 可知，瀛湖风景区灾害知识部分各指标按重要性排序为：$X_8 > X_5 > X_3 > X_4 > X_1 > X_6 > X_7 > X_9 > X_2$，灾害风险态度部分各指标重要性排序为：$X_{13} > X_{14} > X_{12} > X_{11} > X_{20} > X_{19} > X_{18} > X_{10} > X_{17} > X_{15} > X_{16}$，灾害风险行为倾向部分各指标按重要性排序为：$X_{23} > X_{21} > X_{24} > X_{26} > X_{25} > X_{22} > X_{27}$。经过计算，二级指标重要性排序为：灾害知识（0.806）＞灾害风险态度（0.510）＞灾害风险行为倾向（0.436）。

7.3.2　景区间指标重要性差异分析及规律探寻

灾害知识部分指标分为三大类，分别为"自然科学知识类"、"人地关系类"及"预防、预警及培训宣传类"，"自然科学知识类"包含的指标为 X_1、X_2 和 X_4，"人地关系类"包括指标 X_3 和 X_5，"预防、预警及培训宣传类"包括指标 X_6、X_7、X_8 和 X_9。灾害风险态度部分指标分为"预防、预警类"、"灾后管理与建设类"及"防减灾配合度类"，"预防、预警类"包含指标 X_{10}、X_{11}、X_{14}、X_{15} 及 X_{16}，"灾后管理与建设类"包括指标 X_{12}、X_{13}、X_{17} 和 X_{18}，"防减灾配合度类"包含指标 X_{19} 和 X_{20}。灾害风险行为倾向部分指标可分为"防减灾支持程度类"和"灾前、灾后行为类"两大类，"防减灾支持程度类"包含指标 X_{21}、X_{22} 和 X_{23}，"灾前、灾后行为类"包含指标 X_{24}、X_{25}、X_{26} 和 X_{27}。

1. 灾害知识部分

（1）不同景区三级指标重要性差异。灾害知识部分各景区间指标重要性差异对比如图 7.2～图 7.4 所示。可以看出，自然科学知识类指标中指标 X_2 重要性在不同景区间变化较大，指标 X_1 和 X_4 虽有波动，但变化不大。人地关系类指标 X_3 和 X_5 指标重要性最大值和最小值之间存在较大差异。预防、预警及培训宣传类指标中指标 X_6 和指标 X_9 重要性差异较大，指标 X_7 重要性在太白山和华阳古镇景区出现较大差异，指标 X_8 重要性在太白山和南宫山景区间表现出较大差异。

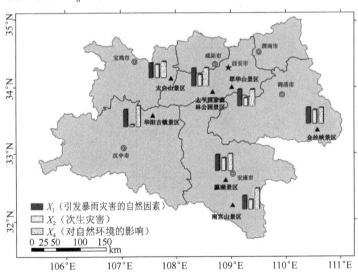

图 7.2　自然科学知识类指标重要性差异

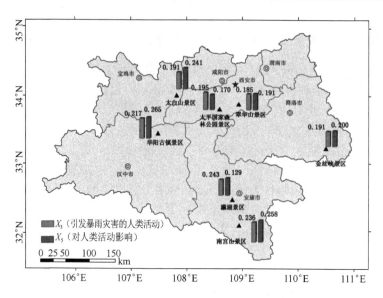

图 7.3　人地关系类指标重要性差异

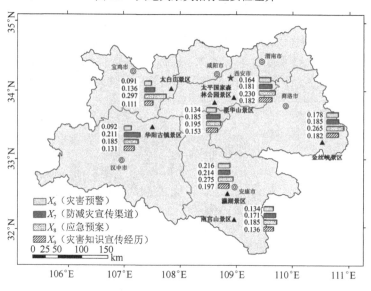

图 7.4　预防、预警及培训宣传类指标重要性差异

（2）规律总结。根据表 7.23 可以看出，虽然不同数据得出的指标重要性之间有着不小的差异，但表现出一定的规律。在进行指标重要性排序时，在不同景区指标重要性计算结果的基础上，通过借鉴二分法的思路并结合统计学中众数和中位数的概念进行指标排序位置的确定。首先根据二分法的思路将最终要确定的指标排序分为两部分，第一部分指标重要性要高于第二部分。通过取指标在各景区重要性排序的众数或者中位数可知，指标 X_1、X_3、X_4、X_5、X_8 排名虽然体现

出了一定的波动性，但基本保持在前 6 的序位，有着较高的重要性。根据其排序分布规律将这 5 个指标归结为整个排序的前 5 位；指标 X_2、X_6、X_7、X_9 基本保持在 5~9 的序位，重要性相对于其他 5 个指标而言较低，故将这 4 个指标归结为整个排序的后 4 位。其中，X_8 取众数基本能保持在第 1 位；X_5 在第 1 和第 2 波动但第 2 序位出现频数较高，且通过专家判断该指标在太平森林公园景区出现第六的序位不太合理，因此进行调整；X_3 排名介于 2~4，通过取中位数可确定其排名为第 3；X_4 排名在 3~5，通过取众数可知其序位应在第 4；X_1 排名波动性较大，介于 3~6，因此其排名在高重要性指标部分为最后，排第 5。X_2 和 X_6 排名较稳定，根据众数来看基本保持在第 9 和第 8 位；X_7 排名波动较大，介于 3~7，根据中位数其序位应在第 5 或者第 6，但指标 X_1 整体排序要高于 X_7，且已排第 5 位，故 X_7 序位为 6；X_9 排名基本保持在第 7 和第 8，X_7 排名总体高于 X_9，即 X_7 重要性高于 X_9。据此推断，灾害知识部分各指标重要性排序应为：X_8（应急预案）＞X_5（对人类活动影响）＞X_3（引发暴雨灾害的人类活动）＞X_4（对自然环境的影响）＞X_1（引发暴雨灾害的自然因素）＞X_7（防减灾宣传渠道）＞X_9（灾害知识宣传经历）＞X_6（灾害预警）＞X_2（次生灾害）。

表 7.23　各景区灾害知识部分指标重要性排序

指标	翠华山景区	华阳古镇景区	金丝峡景区	南宫山景区	太白山景区	太平森林公园	瀛湖风景区
X_1	6	6	3	6	5	4	5
X_2	9	9	9	9	6	9	9
X_3	3	2	4	3	3	2	3
X_4	4	4	5	3	4	4	4
X_5	2	1	2	1	2	6	2
X_6	8	8	8	8	9	8	6
X_7	7	3	6	5	7	5	7
X_8	1	5	1	4	1	1	1
X_9	5	7	7	7	8	7	8

2. 灾害风险态度部分

（1）不同景区三级指标重要性差异。灾害风险态度部分各景区间指标权重差异对比如图 7.5~图 7.7 所示。由图可知，预防、预警类指标重要性差异较小，指标 X_{10}、X_{11} 和 X_{14} 重要性分别在瀛湖风景区、华阳古镇景区及太白山景区出现较低值。灾后管理与建设类指标中，指标 X_{12} 重要性在不同景区间有一定差异，在金丝峡景区最低；指标 X_{13} 重要性在金丝峡景区较低，在其他景区差别不大；指标 X_{17} 重要性在不同景区间差异较小；指标 X_{18} 重要性在金丝峡景区最低；指标 X_{16} 在太白山景区和瀛湖景区重要性较低，在其他地区差别不大。防减灾配合度类指标 X_{19} 和 X_{20} 重要性在不同景区间差异不大。

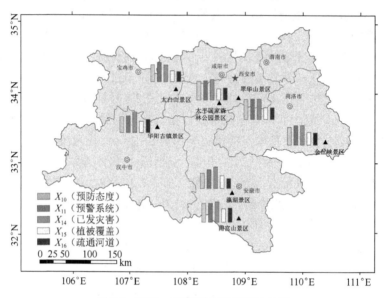

图 7.5　预防、预警类指标重要性差异

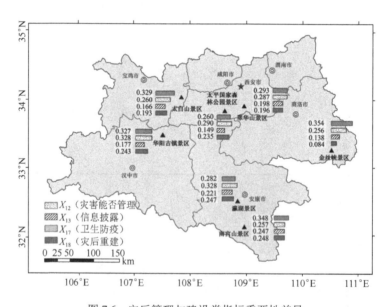

图 7.6　灾后管理与建设类指标重要性差异

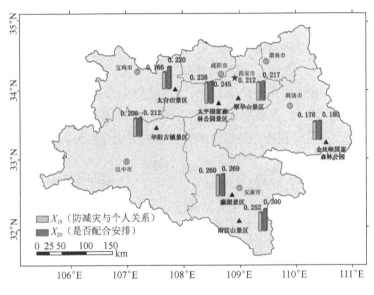

图 7.7　防减灾配合度类指标重要性差异

（2）规律总结。由表 7.24 可知，虽然灾害风险态度部分各指标重要性排序波动较灾害知识部分要大，但基本还是体现出了一定的规律性。首先根据二分法思路将灾害风险态度部分指标序列分为重要部分和次重要部分。根据各指标重要性排序结果众数及中位数来看，指标 X_{10}、X_{11}、X_{12}、X_{13}、X_{14}、X_{20} 排名虽有波动，但基本能保持在前 6，故这 6 个指标在灾害风险态度感知能力评价方面具有较高的重要性，为整个指标序列中重要部分指标；指标 X_{15}、X_{16}、X_{17}、X_{18}、X_{19} 序位基本在 6～11 位，故这 5 个指标重要性较之上面 6 个要低，占整个指标序列中次重要部分。其中指标 X_{12} 和 X_{13} 序位根据众数来看基本保持在前两名，但总体来说 X_{12} 排名较 X_{13} 靠前，故 X_{12} 排在第 1 位，X_{13} 排第 2 位，指标 X_{13} 重要性排序在南宫山景区出现异常，根据专家审评应为不合理情况，故进行排除；指标 X_{11} 和 X_{14} 重要性排序波动性较大，两个指标排序中位数都为 4，且指标 X_{11} 排序众数为 3，指标 X_{14} 排序众数为 2，因此仅从客观排序结果来看难以界定二者顺序，依据专家知识及经验考虑指标 X_{14} 重要性应略大于 X_{11}，故而两指标排序定为 X_{14} 第 3，X_{11} 第 4；指标 X_{10} 排序结果较稳定，根据众数来看基本保持在第 5，故而序位为 5；指标 X_{20} 排序也出现一定波动，但其整体排序地域指标 X_{10}，故在重要部分指标应位于最末尾，排序为 6。次重要部分指标中，除指标 X_{19} 重要性排序较为稳定外，其余几个指标排序波动性都较大，因此，在进行指标重要性排序时不能完全依靠客观排序结果进行界定，在专家经验及理论知识基础上对排序进行调整及最终确定较为科学合理的排序结果。指标 X_{19} 根据重要性排序众数来看，其序位应为 7；

从重要性排序结果中看出指标 X_{17} 和 X_{18} 排序整体高于 X_{15} 和 X_{16}，根据二分法可以再次将 4 个指标分为重要部分和次重要部分；在重要部分指标 X_{17} 和 X_{18} 中，难以通过众数判断两指标序位，中位数结果也不合理，经专家审定，考虑 X_{18} 重要性大于 X_{17}，且从客观排序结果来看 X_{18} 排序综合来看也略高于 X_{17}，因此 X_{18} 序位为 8，指标 X_{17} 为 9；次要部分指标 X_{15} 和 X_{16} 其重要性排序结果显示二者重要性间差别不大，仅从客观排序结果也难以界定二者优先关系，通过专家评判考虑指标 X_{16} 重要性略高于 X_{15}，因此，X_{16} 序位应为 10，X_{15} 序位为 11。综上，灾害风险态度部分各指标重要性排序应为：X_{12}（灾害能否管理）＞ X_{13}（信息披露）＞ X_{14}（已发灾害）＞ X_{11}（预警系统）＞ X_{10}（预防态度）＞ X_{20}（是否配合安排）＞ X_{19}（防减灾与个人关系）＞ X_{18}（灾后重建）＞ X_{17}（卫生防疫）＞ X_{16}（河道疏通）＞ X_{15}（植被覆盖）。

表 7.24　各景区灾害风险态度部分指标重要性排序

指标	翠华山景区	华阳古镇景区	金丝峡景区	南宫山景区	太白山景区	太平森林公园	瀛湖风景区
X_{10}	5	6	5	5	5	5	8
X_{11}	3	5	4	3	3	3	4
X_{12}	1	2	1	1	1	4	3
X_{13}	2	1	2	6	2	1	1
X_{14}	4	3	3	2	6	2	2
X_{15}	11	11	8	11	10	10	10
X_{16}	10	9	9	10	11	9	11
X_{17}	8	10	10	9	9	7	9
X_{18}	9	4	11	8	7	8	7
X_{19}	7	8	7	7	8	7	6
X_{20}	6	7	6	5	4	6	5

3. 灾害风险行为倾向部分

（1）不同景区三级指标重要性差异。灾害风险行为倾向部分各景区间指标重要性差异对比如图 7.8～图 7.9 所示。由图可知，防减灾支持程度类指标 X_{21}、X_{22} 和 X_{23} 重要性在不同景区出现较大差异，指标 X_{21} 重要性在金丝峡景区和太平森林公园景区差异最大，指标 X_{22} 重要性在太平森林公园和瀛湖景区差异最大，指标 X_{23} 重要性在太白山景区最高，在瀛湖景区最低。灾前、灾后行为类指标重要性在不同景区间均出现了较大差异。

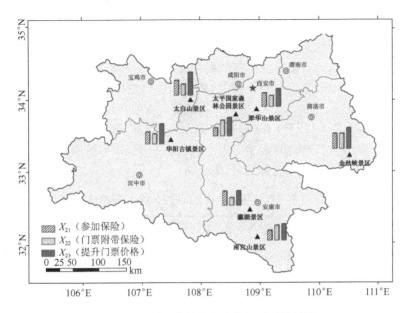

图 7.8　防减灾支持程度类指标重要性差异

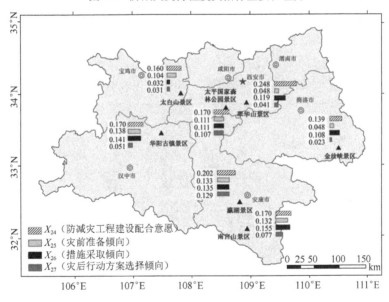

图 7.9　灾前、灾后行为类指标重要性差异

（2）规律总结。由表 7.25 可知，灾害风险行为倾向部分各指标相对重要性波动不大，首先根据二分法思路将指标分为重要部分和次重要部分，显然，从各指标重要性排序众数来看，指标 X_{21}、X_{22}、X_{23}、X_{24} 基本维持在前 4 的序位，X_{25}、X_{26}、X_{27} 保持在后 3 的序位，且各指标相对序位变动较小。重要指标部分，根据众数的结果来看，指标 X_{23} 序位应为 1；指标 X_{21} 和 X_{22} 排序结果依据众数显示基

本为第 2 和第 3，且从众数来看指标 X_{22} 序位应为 2，X_{21} 序位为 3，但专家审评后认为指标 X_{21} 重要性应当略高于指标 X_{22}，因而本书考虑将指标 X_{21} 序位定为 2，指标 X_{22} 序位定为 3；从重要性排序结果众数来看，指标 X_{24} 序位应为 4。次重要部分指标 X_{25}、X_{26} 和 X_{27} 重要性排序较稳定，重要性排序众数结果显示，3 个指标序位 5～7 依次应为 X_{26}、X_{15}、X_{27}。综上，灾害风险行为倾向部分各指标重要性排序应为：X_{23}（提升门票价格）＞X_{21}（参加保险）＞X_{22}（门票附带保险）＞X_{24}（防减灾工程建设配合意愿）＞X_{26}（措施采取倾向）＞X_{25}（灾前准备倾向）＞X_{27}（灾后行动方案选择倾向）。

表 7.25　各景区灾害风险行为倾向部分指标重要性排序

指标	翠华山景区	华阳古镇景区	金丝峡景区	南宫山景区	太白山景区	太平森林公园	瀛湖风景区
X_{21}	3	2	3	3	1	4	2
X_{22}	4	3	2	2	2	3	6
X_{23}	1	1	1	1	3	2	2
X_{24}	2	4	4	4	4	3	3
X_{25}	6	6	6	6	5	5	5
X_{26}	5	5	5	5	6	6	4
X_{27}	7	7	7	7	7	7	7

4. 二级指标

（1）不同景区二级指标重要性差异。如图 7.10 所示，二级指标中灾害知识指

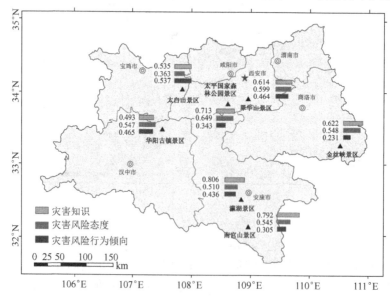

图 7.10　二级指标重要性差异

标重要性在南宫山景区为最大值，在华阳古镇景区取最小值，整体虽有波动，但可看出其重要性在 3 个二级指标中基本能保持取最大值；灾害风险态度指标重要性在太白山景区取最小值，而在金丝峡景区取最大值，其重要性值大小基本保持在第 2；灾害风险行为倾向指标重要性在太白山景区取最大值，在金丝峡景区取最小值，且除了在太白山以外，其重要性在 3 个二级指标中都取最小。

（2）规律总结。由表 7.26 可知，二级指标相对重要性波动较小。该研究可以通过采取众数的方法直接确定各二级指标重要性排序，灾害知识排序众数为 1，序位为 1；灾害风险态度排序众数为 2，序位为 2；灾害风险行为倾向排序稳定在第 3，序位为 3。以此同时，得出的最终结果跟专家判断一致，故此认为二级指标重要性排序为：灾害知识＞灾害风险态度＞灾害风险行为倾向。

表 7.26　各景区指标重要性排序

二级指标	翠华山景区	华阳古镇景区	金丝峡景区	南宫山景区	太白山景区	太平森林公园	瀛湖风景区
灾害知识	1	2	1	1	2	1	1
灾害风险态度	2	1	2	2	3	2	2
灾害风险行为倾向	3	3	3	3	1	3	3

7.3.3　评价指标权重计算

1. 风险感知评价模式

游客暴雨灾害风险感知评价可划分为两级模式，如图 7.11 所示，一级评价为综合风险感知能力评价，二级评价为灾害知识、灾害风险行为及灾害风险态度三个层面感知评价。在指标重要性排序的基础上，通过序关系分析法进行指标权重计算，为进行风险感知能力系统评价奠定基础，其中游客暴雨灾害风险感知作为目标层，是最终评价目标；灾害知识、灾害风险态度及灾害风险行为倾向作为准则层，是中间评价环节；评价指标 $X_1 \sim X_{27}$ 为方案层，是进行系统评价的基础。

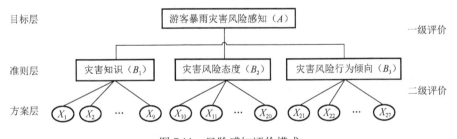

图 7.11　风险感知评价模式

在进行指标权重计算之前，需要明晰风险感知能力评价基本流程及评价模型，以确定需要针对哪些层次间指标权重进行计算，游客风险感知能力评价基本流程如图 7.12 所示。

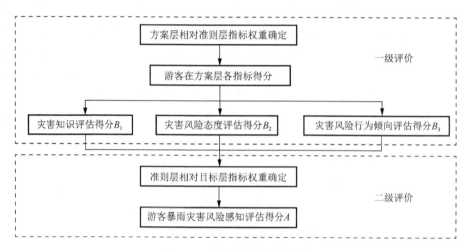

图 7.12　风险感知评价流程

从图 7.11 及图 7.12 可知，风险感知的评价是通过递阶层次进行的。将系统评价分解成两级评价模式，二级评价通过方案层对准则层进行评估，一级评价通过准则层对目标层进行评估，在综合评价时未通过方案层直接对目标层进行评估，而是通过层层分解的模式，先通过方案层评估准则层并最终评估目标层，使得系统评估更加简单且层次分明。

二级评级即通过方案层对准则层进行评估，评估模型可概括为

$$B_i = \sum_{j=1}^{n} w_{ij} \cdot S_{ij} \tag{7.8}$$

式中，B_i 表示准则层评估得分；i 取值 1、2、3，分别表示灾害知识、灾害风险态度及灾害风险行为倾向 3 个二级指标；n 表示第 i 个二级指标中包含的三级指标个数；w_{ij} 表示第 i 个二级指标中第 j 个三级指标权重；S_{ij} 表示第 i 个二级指标中第 j 个三级指标得分，其中 S_{ij} 通过问卷数据进行计算。

一级评级即通过准则层进行最终目标层评估，评估模型为

$$A = \sum_{i=1}^{3} w_i \cdot B_i \tag{7.9}$$

式中，A 表示目标层评估得分，即游客风险感知得分；w_i 为准则层指标相对目标层权重。

根据风险评估模式及流程要求，在进行权重确定时，需分别计算方案层指标相对于准则层指标权重，即三级指标 $X_1 \sim X_{27}$ 权重，以及准则层相对于目标层权重，即二级指标灾害知识、灾害风险态度和灾害风险行为倾向权重。

2. 指标权重确定

7.3.2 小节确定了指标重要性排序，基于该排序可确定唯一序关系，并据此通过序关系分析法进行指标权重确定。

（1）灾害知识部分指标权重。序关系分析法计算灾害知识部分指标权重：
①序关系的确定。根据通过主成分分析法得到的灾害知识部分指标重要性排序 $X_8 > X_5 > X_3 > X_4 > X_1 > X_7 > X_9 > X_6 > X_2$，灾害知识部分指标的一个序关系 $X_1^* > X_2^* > X_3^* > X_4^* > X_5^* > X_6^* > X_7^* > X_8^* > X_9^*$，其中 X_1^* 代表所有评价指标中重要性排第 1 的指标，也即 X_8，X_2^* 代表所有评价指标中重要性排第 2 的指标，也即 X_5，$X_3^* \sim X_9^*$ 依次类推。②指标间相对重要性程度比值确定。令指标 X_{k-1}^* 与 X_k^* 的重要程度比记为 $r_k = w_{k-1}/w_k$（其中 $k=2$，3，…，n），r_k 代表重要性排序相邻的两个指标重要程度的比值，其赋值通过邀请专家并结合表 7.27 以打分的方式完成。③指标重要程度计算。因指标 X_8，X_5，…，X_2 的序关系满足 $X_1^* > X_2^* > \cdots > X_9^*$，所以灾害知识部分指标权重的计算满足下列公式：

$$w_n = \left(1 + \sum_{k=2}^{n} \prod_{i=k}^{n} r_i\right)^{-1} \tag{7.10}$$

$$w_{k-1} = r_k w_k (k = 2,3,\cdots,n) \tag{7.11}$$

邀请专家进行指标间重要性程度比值赋分时参考表 7.27 标准进行。

表 7.27 赋值表参考

r_k	重要性程度	备注
1.0	指标 X_{k-1} 与指标 X_k 有相同重要性	其中 1.1、1.3、1.5 和 1.7 代表中间值
1.2	指标 X_{k-1} 比指标 X_k 稍微重要	
1.4	指标 X_{k-1} 比指标 X_k 明显重要	
1.6	指标 X_{k-1} 比指标 X_k 非常重要	
1.8	指标 X_{k-1} 比指标 X_k 极端重要	

对灾害知识部分指标间相对重要性程度进行比值赋值，即获取 r_i。在进行指标间相对重要性程度判断过程中，通过邀请 6 位相关专业专家及学者进行打分，在详细介绍研究背景、手段及技术要求的条件下，让评判专家进行赋值表的构建。同时，不同专业背景、研究方向的专家由于认知角度不同，其所得结论也不同。因此，在专家选取上，应合理考虑专家专业背景之间的平衡性，以保证赋分结果的公正客观、科学严谨。为综合考虑各评判专家意见，首先针对不同专家所得指标间相对重要程度比值计算指标权重，最后通过加权平均的方式得出最终指标权重，指标权重计算结果如表 7.28 所示。

表 7.28 灾害知识部分指标权重

指标	X_1	X_2	X_3	X_4	X_5	X_6	X_7	X_8	X_9
专家 1	0.100	0.042	0.155	0.110	0.170	0.054	0.077	0.221	0.070
专家 2	0.102	0.040	0.159	0.122	0.174	0.047	0.068	0.227	0.062
专家 3	0.111	0.037	0.158	0.122	0.174	0.048	0.074	0.209	0.067
专家 4	0.091	0.031	0.165	0.118	0.198	0.037	0.053	0.258	0.049
专家 5	0.108	0.043	0.155	0.119	0.170	0.047	0.072	0.221	0.066
专家 6	0.106	0.033	0.152	0.117	0.182	0.039	0.066	0.255	0.051
加权平均	0.103	0.037	0.157	0.118	0.178	0.045	0.068	0.232	0.061

由表 7.28 可知，指标 X_8（应急预案）和 X_5（对人类活动影响）权重较高，分别为 0.232 和 0.178；X_6（灾害预警）、X_2（次生灾害）和 X_9（灾害知识宣传经历）权重较低，分别为 0.045、0.037 和 0.061；指标 X_3（哪些人类活动或引发暴雨灾害）、X_4（对自然环境的影响）、X_1（引发暴雨灾害的自然因素）、X_7（防减灾宣传渠道）权重分别为 0.157、0.118、0.103 和 0.068。

（2）灾害风险态度部分指标权重。灾害风险态度部分指标重要性排序 $X_{12} > X_{13} > X_{14} > X_{11} > X_{10} > X_{20} > X_{19} > X_{18} > X_{17} > X_{16} > X_{15}$，灾害风险态度部分指标的一个序关系 $X_1^* > X_2^* > X_3^* > X_4^* > X_5^* > X_6^* > X_7^* > X_8^* > X_9^* > X_{10}^* > X_{11}^*$，其中 X_1^* 代表重要性排第 1 的指标 X_{12}，X_2^* 代表重要性排第 2 的指标 X_{13}，$X_3^* \sim X_{11}^*$ 依次类推。通过邀请专家打分的方式，可以得出指标间重要程度比值 r_k，通过 r_k 可以计算出灾害风险态度部分指标权重，具体计算过程参考灾害知识部分指标权重计算，最后通过加权计算最终权重，如表 7.29 所示。

表 7.29 灾害风险态度部分指标权重

指标	X_{10}	X_{11}	X_{12}	X_{13}	X_{14}	X_{15}	X_{16}	X_{17}	X_{18}	X_{19}	X_{20}
专家 1	0.096	0.105	0.227	0.162	0.116	0.033	0.036	0.040	0.048	0.057	0.080
专家 2	0.095	0.105	0.229	0.163	0.126	0.033	0.037	0.037	0.044	0.053	0.079
专家 3	0.085	0.102	0.251	0.157	0.112	0.035	0.038	0.042	0.046	0.055	0.077
专家 4	0.089	0.098	0.247	0.165	0.118	0.032	0.035	0.038	0.046	0.051	0.081
专家 5	0.082	0.107	0.251	0.167	0.128	0.026	0.034	0.034	0.041	0.053	0.075
专家 6	0.085	0.093	0.238	0.170	0.121	0.031	0.034	0.041	0.049	0.059	0.077
加权平均	0.089	0.102	0.240	0.164	0.120	0.032	0.036	0.039	0.046	0.055	0.078

由表 7.29 可知，指标 X_{12}（灾害能否管理）、X_{13}（信息披露）和 X_{14}（已发灾害）权重较高，分别为 0.240、0.164 和 0.120；指标 X_{17}（卫生防疫）、X_{16}（河道疏通）和 X_{15}（植被覆盖）权重较低，分别为 0.039、0.036 和 0.032；指标 X_{11}（预警系统）、X_{10}（预防态度）、X_{20}（是否配合安排）、X_{19}（防减灾与个人关系）和 X_{18}（灾后重建）权重分别为 0.102、0.089、0.078、0.055 和 0.046。

（3）灾害风险行为倾向部分指标权重。灾害风险行为倾向部分指标重要性排

序为 $X_{23} > X_{21} > X_{22} > X_{24} > X_{26} > X_{25} > X_{27}$，得出灾害风险行为倾向部分指标的一个序关系 $X_1^* > X_2^* > X_3^* > X_4^* > X_5^* > X_6^* > X_7^*$，其中 X_1^* 代表重要性排第 1 的指标 X_{23}，X_2^* 代表重要性排第 2 的指标 X_{21}，$X_3^* \sim X_7^*$ 依次类推。通过专家打分得出指标间重要程度比值 r_k，通过 r_k 可以计算出灾害风险行为倾向部分指标权重，具体计算过程参考灾害知识部分指标权重计算。由灾害行为倾向部分指标相对重要性程度 r_i，最后计算出该部分指标权重，见表 7.30。

表 7.30　灾害风险行为倾向部分指标权重

指标	X_{21}	X_{22}	X_{23}	X_{24}	X_{25}	X_{26}	X_{27}
专家 1	0.212	0.193	0.233	0.128	0.078	0.086	0.071
专家 2	0.201	0.183	0.241	0.141	0.080	0.088	0.067
专家 3	0.216	0.180	0.260	0.129	0.073	0.081	0.061
专家 4	0.208	0.189	0.229	0.135	0.082	0.090	0.068
专家 5	0.208	0.189	0.229	0.135	0.082	0.090	0.068
专家 6	0.216	0.180	0.281	0.120	0.067	0.080	0.056
加权平均	0.210	0.186	0.245	0.131	0.077	0.086	0.065

由表 7.30 可知，指标 X_{23}（提升门票价格）和 X_{21}（参加保险）权重较高，分别为 0.245 和 0.201；指标 X_{26}（措施采取倾向）、X_{25}（灾前准备倾向）和 X_{27}（灾后行动方案选择倾向）权重较低，分别为 0.086、0.077 和 0.065；指标 X_{22}（门票附带保险）和 X_{24}（防减灾工程建设配合意愿）权重分别为 0.186 和 0.131。

（4）二级指标权重。根据二级指标重要性排序，结合专家经验得出指标间相对重要程度比值如表 7.31 所示。

表 7.31　二级指标赋值表

指标	r_2	r_3
专家 1	1.2	1.4
专家 2	1.1	1.4
专家 3	1.2	1.6
专家 4	1.3	1.5
专家 5	1.2	1.4
专家 6	1.2	1.5

由二级指标相对重要性程度 r_i 计算出准则层对目标层权重如表 7.32 所示。

表 7.32　二级指标权重

指标	灾害知识	灾害风险态度	灾害风险行为倾向
专家 1	0.412	0.343	0.245
专家 2	0.391	0.355	0.254
专家 3	0.425	0.354	0.221

指标	灾害知识	灾害风险态度	灾害风险行为倾向
专家 4	0.438	0.337	0.225
专家 5	0.412	0.343	0.245
专家 6	0.419	0.349	0.233
加权平均	0.416	0.347	0.237

由表 7.32 计算可知，最终所得二级指标权重为灾害知识权重为 0.416，灾害风险态度权重为 0.347，灾害风险行为倾向权重为 0.237。

7.4　模　型　建　立

7.4.1　风险感知评价模型

获得指标的权重和赋分之后，便可以计算游客暴雨灾害感知能力的得分，其中计算部分包括游客暴雨灾害知识、应对暴雨灾害的态度、防灾减灾的倾向性行为三部分中指定题目，需要说明的是感知能力的计算得分为某个群体的感知能力，并非个人，其计算过程如下（文彦君等，2010）。

（1）对每一部分的每道题进行计算，公式为

$$S_{ij} = \frac{10 \times \sum_{k=1}^{i} Q_{jk} \times P_{jk}}{A} \tag{7.12}$$

式中，S_{ij} 表示第 i 部分第 j 题游客所得分数；i 的取值为 1、2、3，分别代表暴雨灾害感知能力指标体系中的暴雨灾害知识、应对暴雨灾害的态度以及面对暴雨灾害的倾向性行为；j 为第 i 部分第 j 道题；k 表示第 j 题第 k 个答案；Q_{jk} 表示第 j 题中选第 k 个答案的游客数量；P_{jk} 表示第 j 题中第 k 个答案被赋予的分数；A 为参加调查的游客数量。

（2）计算各个部分的总体得分，公式为

$$S_i = \sum_{m=1}^{n} S_{ij} \times W_{ij} \tag{7.13}$$

式中，S_i 为指标体系中各部分得分；i 的取值为 1、2、3；n 是指标体系各部分题目总数；j 表示第 i 部分第 j 道题；W_{ij} 表示第 i 部分第 j 题权重；S_{ij} 表示第 i 部分第 j 题游客所得分数。

（3）计算所有部分的总体得分，即游客对暴雨灾害的风险感知能力，公式为

$$S = \sum_{i=1}^{3} S_i \times W_i \tag{7.14}$$

式中，S 表示暴雨灾害感知能力综合得分；W_i 表示指标体系各部分权重；S_i 表示指标体系各部分得分。

7.4.2　有限理性模型

本书根据调查问卷理性程度测评部分的调查数据，计算每个游客的理性得分。根据大量研究和调查问卷的设计原则，6 分是具有正常思维的人，10 分是具有完全理性的人。根据得分样本，绘制得分的频率分布直方图，横坐标表示分数，纵坐标表示每个分数段内的人数（频率），根据频率分布直方图拟合成表示密度分布特征的密度函数曲线（王华东等，2013）。根据在理性范围内的人数占总人数的比值来计算所计算人群的理性程度，是一个群体范围内的理性状况，并非个人。

首先根据问卷理性程度测评部分的题目计算每个游客的得分，计算公式为

$$B = \sum_{i=1}^{10} Q_{ij} \times C_{ij} \times W_i \quad (j=1,\ 2,\ 3,\ 4,\ 5) \tag{7.15}$$

式中，B 为每个游客的理性指数得分；Q_{ij} 为游客选择的第 i 题的第 j 个答案；C_{ij} 为第 i 题第 j 个答案所对应的分数；W_i 为第 i 题的权重。

根据得分样本划分每个分数段，统计出每个分数段的人数，得出游客得分的频率分布直方图，并通过高斯函数拟合成表示游客得分的密度分布特征的曲线，这条曲线应符合正态分布特征，如图 7.13 所示。

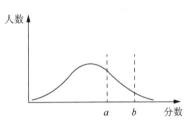

图 7.13　密度分布曲线

运用高等数学微积分的原理，不难得出理性指数的公式为

$$R = \frac{\int_a^b f(x)\mathrm{d}x}{\int_0^{10} f(x)\mathrm{d}x} \tag{7.16}$$

式中，R 表示理性指数；a，b 表示取得的分数在理性范围内的两个边界值。在本书中，满分 10 分表示完全理性，根据问卷设计题目的原则，赋分 6 分的答案为正常一般人的思维，将 6 分以上的人定为是具有理性思维的人，即公式中 $a=6$，$b=10$。由此便可以计算出某群体内的理性程度状况。

7.4.3　基于有限理性的风险感知评价模型

根据 7.4.2 小节模型计算得出游客的暴雨灾害风险感知能力，但并未考虑游客填写问卷时的一些非理性因素，如智力水平、心态因素、受环境因素的影响等。要想去除这些非理性因素对调查数据的影响，最大限度地接近真实，特别设计了测评游客理性程度状况的题目，并根据这些题目，运用一定的计算模型计算出游

客的理性程度,即上面所设计的有限理性评价模型部分。在本书中,将模型计算得出的某群体游客暴雨灾害风险感知能力得分乘以该群体游客的理性指数,以达到去除非理性因素对调查数据的影响,得到有限理性程度下游客暴雨灾害的风险感知能力计算模型。具体公式为

$$S' = S \times R \qquad (7.17)$$

式中,S' 表示有限理性程度下游客的暴雨灾害风险感知能力;S 表示游客通过知识、态度和行为三方面得出的暴雨灾害风险感知能力;R 表示理性指数。

第8章 游客暴雨灾害风险感知评价

8.1 风险感知综合评价

8.1.1 秦岭游客风险感知综合评价

以实地调研的数据为基础，根据第 7 章建立的风险感知评价模型，对秦岭地区游客暴雨灾害风险感知进行测评。灾害知识指标 $A_1 \sim A_9$ 分别为引发暴雨灾害的自然因素、暴雨灾害引发的自然灾害、引发暴雨灾害的人为因素、暴雨灾害对自然环境产生的影响、暴雨灾害对人类产生的影响、暴雨预警信号类型及强度、景区防减灾宣传渠道、对暴雨灾害应急预案了解情况、从景区及政府获取的灾害知识。减灾态度指标 $B_1 \sim B_{11}$ 分别为暴雨是否需要预防、暴雨预警系统关注度、灾害是否能够被管理、是否关注暴雨灾害信息披露、是否关注景区已发生的暴雨灾害、是否需要增加景区植被覆盖度、是否需疏通景区河道、灾后是否需做好景区卫生防疫工作、是否关注灾后重建、是否认为防灾减灾与自己无关、灾时是否配合景区管理人员工作。减灾行为指标 $C_1 \sim C_7$ 分别为是否愿意参加保险、是否同意门票附带保险、是否愿意通过提高门票价格来完善景区防减灾水平、是否愿意配合景区防减灾工程建设、灾前准备工作、遇到不安全现象采取的措施、灾时行动方案。

1. 灾害知识评价

秦岭地区游客暴雨灾害知识感知情况如表 8.1 所示。从表 8.1 可以看出，游客灾害知识掌握程度不高，灾害知识部分综合得分为 54.18 分，各题项平均分为 55.73 分。其中，得分最高的题项为 A_2，得分为 66.60 分，说明游客对于暴雨灾害诱发的次生灾害有一定的了解。题项 A_1 和题项 A_6 得分也较高，分别为 61.08 分和 61.39 分，游客清楚特殊自然环境容易引发暴雨灾害，且对暴雨预警方面信息了解较多。得分最低的题项为 A_3 和 A_7，得分分别为 48.74 分和 46.36 分，说明大部分游客认为暴雨灾害诱因主要为自然因素，人类活动对暴雨灾害影响较小，且游客对于景区防灾害知识宣传渠道了解较少，这也一定程度上解释了为何游客灾害知识掌握程度不高。总体来说，秦岭地区游客暴雨灾害知识掌握程度不高，游客灾害知识的获取亟待加强，这既需要游客提高自身获取灾害知识的积极性，也需要景区和政府加强暴雨灾害知识的相关宣传。

表 8.1　秦岭山地暴雨灾害二级指标评价　　　　　（单位：分）

项目	指标	得分	项目	指标	得分
灾害知识	A_1	61.08	灾害风险态度	B_7	86.10
	A_2	66.60		B_8	82.11
	A_3	48.74		B_9	73.13
	A_4	50.96		B_{10}	78.37
	A_5	57.99		B_{11}	82.43
	A_6	61.39		平均	79.56
	A_7	46.36		综合	78.38
	A_8	52.12	灾害风险行为倾向	C_1	78.68
	A_9	56.31		C_2	75.87
	平均	55.73		C_3	62.62
	综合	54.18		C_4	77.83
灾害风险态度	B_1	87.30		C_5	41.98
	B_2	78.36		C_6	36.06
	B_3	79.14		C_7	45.21
	B_4	75.05		平均	59.75
	B_5	66.65		综合	65.44
	B_6	85.53			

2. 减灾态度评价

根据表 8.1 可知，秦岭地区游客暴雨灾害减灾态度较为积极，减灾态度部分综合得分为 78.38 分，各题项平均得分为 79.56 分。其中，得分最高的题项为 B_1，得分为 87.30 分，大部分游客认为暴雨灾害需要提前预防以减轻灾害损失，游客对灾害预防持较积极态度。除了灾害提前预防得分较高外，关于灾前预防及灾后卫生防疫工作类题项得分也较高，如 B_6、B_7 及 B_8 得分别为 85.53 分、86.10 分和 82.11 分，且 B_{11} 得分也较高，为 82.43 分，说明游客认为景区应当采取积极措施预防暴雨灾害的发生，且游客愿意配合景区防减灾工作。得分最低的为题项 B_5，得分为 66.65，游客对于未发生的暴雨灾害有较高的警惕性，然而对于景区过往已发生的灾害关注度较低。综合来看，秦岭地区游客暴雨灾害减灾态度较为积极，游客对灾害预防持较高的关注度及有极高参与积极性。

3. 减灾行为评价

如表 8.1 所示，秦岭地区游客暴雨灾害减灾行为表现一般，减灾行为部分综合得分为 65.44 分，各题项平均得分为 59.75 分。其中得分较高的题项为 C_1、C_2 和 C_4，得分分别为 78.68 分、75.87 分和 77.83 分，说明游客倾向于在灾前通过购买保险的方式以补偿在可能发生的暴雨灾害中受到的损失。C_5、C_6、C_7 得分都偏低，分别为 41.98 分、36.06 分和 45.21 分，说明游客在遇到暴雨灾害时应对行为能力较低，且灾前准备工作有所不足，受到游客灾害知识掌握程度较低的影响，游客应灾行为能力低下。

4. 感知能力综合评价

秦岭地区游客暴雨灾害综合风险感知能力较为一般，综合感知能力得分为 65.25 分，其中灾害知识得分 54.18 分，减灾态度得分 78.38 分，减灾行为得分 65.44 分。秦岭地区游客减灾态度表现较为积极，游客具备一定的防减灾意识，对暴雨灾害持较高的关注度，然而由于游客暴雨灾害知识掌握度较低，导致游客减灾行为能力表现一般，游客虽然对于防减灾有较高热情，但由于其灾害知识了解较少，在面对灾害时应灾行为受到限制。

8.1.2　七大景区游客风险感知综合评价

1. 南宫山景区游客风险感知评价

（1）灾害知识评价。南宫山景区游客暴雨灾害二级指标得分如表 8.2 所示，各评价指标分值范围为 46.94～67.82 分，平均 59.77 分，综合得分 59.27 分，游客暴雨灾害知识掌握程度较低，处于及格水平。其中 A_8 和 A_9 得分最低，分别为 48.98 分和 46.94 分，说明景区及政府对灾后应急预案及基本灾害知识宣传力度不够，游客很少从景区及政府层面获取相关知识。A_2 和 A_5 得分最高，游客对影响切身利益方面关注度较高且对暴雨引发的一系列次生灾害较了解，暴雨灾害严重影响人类生产活动，且游客可能亲身经历过，因此这方面知识掌握程度较高。A_3 和 A_4 得分都高于平均水平，说明游客对于暴雨对自然及人类社会带来的影响了解较多，且了解人类活动的不合理性易引发暴雨灾害。A_1 和 A_7 得分都较低，大部分游客缺乏地理学相关专业知识，难以确切说明哪些自然因素容易导致暴雨灾害的发生，且游客平时对天气预警系统缺乏关注，导致不了解暴雨预警信号及强度。总体来说，游客暴雨灾害知识掌握度表现一般。游客对于亲身经历过及可能影响到自身利益方面的灾害知识掌握较多，但对于专业灾害知识了解程度较低。景区及政府对于灾害知识的宣传力度不够，宣传手段也不够丰富。

表 8.2　南宫山景区暴雨灾害二级指标得分　　　　（单位：分）

项目	指标	得分	项目	指标	得分
灾害知识	A_1	59.73	灾害风险态度	B_7	83.20
	A_2	66.46		B_8	84.90
	A_3	63.06		B_9	77.07
	A_4	65.51		B_{10}	77.07
	A_5	67.82		B_{11}	82.11
	A_6	60.27		平均	80.14
	A_7	59.12		综合	79.08
	A_8	48.98	灾害风险行为倾向	C_1	79.52
	A_9	46.94		C_2	77.89
	平均	59.77		C_3	65.24
	综合	59.27		C_4	77.48
灾害风险态度	B_1	87.62		C_5	53.81
	B_2	80.48		C_6	47.28
	B_3	78.91		C_7	57.89
	B_4	75.85		平均	65.59
	B_5	71.01		综合	69.29
	B_6	83.33			

（2）减灾态度评价。游客暴雨灾害减灾态度表现积极。各评价指标得分范围为 71.01~87.62 分，平均 80.14 分，综合得分 79.08 分，各指标分值基本处于良好以上水平，整体呈现较高水平。B_1 得分最高，为 87.62 分，大部分游客认为暴雨灾害需提前预防以降低灾害损失。B_5 得分最低（71.01 分），说明游客对现在及未来可能发生的暴雨灾害较为关注，而对于过往已发生的暴雨灾害关注度较低。B_6、B_7、B_8 得分都较高，达到良好水平，游客对于灾前应做的防灾措施及灾后的减灾工作持较积极的肯定态度，有一定的防减灾意识。B_{11} 得分 82.11 分，说明在灾害发生后游客对管理人员进行防灾减灾及救灾活动表现出配合态度。B_4 得分 75.85 分，B_8 得分 77.07 分，游客对于未经历的暴雨灾害、灾害发生后的建设工作的关注热情偏低。B_{10} 得分 77.07 分，处于中等水平，说明游客虽有一定防灾减灾意识，还不够强烈，认为防减灾属于政府及景区层面工作，与自身虽相关但关系不大。整体上来说，游客对暴雨灾害的防范持积极态度，游客对于政府及景区防灾减灾工作表示支持，但当防减灾工作需要自身参与时游客热情有所下降。

（3）减灾行为评价。游客暴雨灾害减灾行为表现一般。该部分各评价指标分值范围为 47.28~79.52 分，平均为 65.59 分，综合得分 69.29 分，整体表现处于中等水平。其中 C_1 和 C_2 得分最高，分别为 79.52 分和 77.89 分，说明游客外出旅行时安全意识较强，愿意为自身安全购买相关保险。C_6 得分最低，为 47.28 分，游客处理影响其安全的事件的方式较为单一，这与其所掌握的灾害知识的多少有关。C_5 和 C_7 得分低于及格水平，分别为 53.81 分和 57.89 分，游客对于可能会发生的暴雨灾害重视度不够，导致其所做的准备工作不充分；受游客暴雨灾害知识水平限制，暴雨灾害发生时游客表现不佳，大部分游客只准备了单一的行动方案。

（4）感知能力综合评价。南宫山景区游客暴雨灾害风险综合感知能力不强，感知能力指数为 68.52 分。其中，减灾态度得分最高，为 79.08 分，减灾行为次之（69.29 分），灾害知识得分最低，仅为 59.27 分。游客暴雨灾害知识水平较低，说明景区及政府对于灾害知识的宣传教育力度不够，游客自身收集灾害知识的主动性不强，导致其灾害知识掌握程度不高。游客暴雨灾害减灾态度表现较好，说明知识水平并不是减灾态度的决定因素；尽管游客缺乏相关专业知识，但其心理上对于防灾减灾持积极支持态度。游客减灾行为表现不容乐观，虽其防减灾热情较高，但受到灾害知识水平的限制，其减灾行为能力不强。

2. 华阳古镇景区游客风险感知评价

（1）灾害知识。由表 8.3 可知，华阳古镇景区游客的灾害知识掌握情况较差，得分普遍偏低，其中灾害知识部分综合得分为 52.27 分，各项平均得分为 54.70 分。其中得分最低的是 A_7（39.70 分），说明该景区游客对灾害知识宣传的重视度不够；A_3 得分也较低，为 43.23 分；游客对暴雨灾害对自然环境产生的影响了解较少，造成 A_4 题项得分也较低，为 44.65 分。在暴雨灾害对人类产生影响的了解程度上，游客表现不佳，A_5 得分为 51.38 分；游客对暴雨灾害应急预案的了解程度也不高，A_6 得分为 62.15 分，仅 6.1% 的游客对应急预案非常了解，表明游客对灾害应急预案的关注度不够。灾害知识部分致力于了解游客对暴雨灾害基础知识的掌握程度，游客在该部分题项得分较差，说明游客暴雨灾害知识较为缺乏。

表 8.3　华阳古镇景区暴雨灾害二级指标得分　　　　　　　（单位：分）

项目	指标	得分	项目	指标	得分
灾害知识	A_1	63.30	灾害风险态度	B_7	89.56
	A_2	69.09		B_8	90.37
	A_3	43.23		B_9	81.41
	A_4	44.65		B_{10}	79.73
	A_5	51.38		B_{11}	84.14
	A_6	62.15		平均	83.46
	A_7	39.70		综合	81.57
	A_8	54.07	灾害风险行为倾向	C_1	80.61
	A_9	64.71		C_2	79.80
	平均	54.70		C_3	63.77
	综合	52.27		C_4	77.58
灾害风险态度	B_1	88.82		C_5	39.63
	B_2	80.81		C_6	34.14
	B_3	79.26		C_7	40.41
	B_4	78.11		平均	59.42
	B_5	77.78		综合	66.17
	B_6	88.08			

（2）减灾态度。减灾态度部分旨在了解游客对暴雨灾害的认知倾向和情感倾向。游客的减灾态度得分较高，为 81.57 分，各题项平均得分为 83.46 分，处于良好水平，说明游客减灾态度积极。其中，游客在其中 4 个题项得分处于优等水平，分别为：B_8（90.37 分）、B_7（89.56 分）、B_1（88.82 分）、B_6（88.08 分）。其余各题项得分处于良好水平，说明游客的减灾态度比较积极，能够正确认识到防灾减灾的重要性。

（3）减灾行为。减灾行为部分是为了了解游客在面临暴雨灾害时的行为倾向。从表 8.3 可知，游客减灾行为感知能力差，该部分综合得分为 66.17 分，各题项平均得分为 59.42 分，且游客在各题项得分差异较大。其中得分最低的是 C_6（34.14 分），77.1% 的游客只会选择 1～2 种措施，大多数游客面对安全隐患问题时重视度不够；其次是 C_5（39.63 分），58.2% 的游客只会选择一项或两项准备工作来预防暴雨灾害的发生；最后是 C_7（40.41 分），60.6% 的游客表示只了解其中一种或两种方案，大多数游客在保护自身生命财产安全时表现欠佳。

（4）感知能力综合评价。对华阳古镇景区游客风险感知能力评价结果显示，游客灾害知识得分 52.27 分，减灾态度得分 81.57 分，减灾行为得分 66.17 分，游客暴雨灾害风险感知综合指数为 65.73 分。华阳古镇景区游客减灾态度良好，灾害知识与减灾行为感知能力较差，游客灾害知识匮乏，缺乏正确的减灾行为指导，综合感知能力也较差。

3. 翠华山景区游客风险感知评价

（1）灾害知识。由表 8.4 可知，游客在灾害知识部分的得分普遍较低，综合得分为 49.53 分，各题项平均得分为 50.22 分，说明翠华山景区游客对灾害知识的掌握程度普遍偏低。其中得分较高的题项有 A_2（61.96 分）、A_6（60.78 分）和 A_1（58.04 分），说明翠华山景区游客对暴雨灾害自然孕灾环境、危害及其预防及预警信号了解程度较高。A_7、A_3 这两项得分偏低，分别为 24.24 分和 37.74 分，翠华山景区游客对暴雨灾害人为孕灾环境及灾害知识宣传渠道了解较少，当前游客获取暴雨知识主要通过网络、媒体和通信设备等途径自主获取，政府和景区对暴雨灾害知识的宣传力度还不够，因此，获取知识途径项得分较低。

（2）减灾态度。游客减灾态度部分的得分普遍较高，该部分综合得分为 76.79 分，各题项平均得分为 77.85 分。其中，得分较高的题项有 B_1（84.92 分）、B_6（83.86 分）、B_7（84.98 分）、B_8（83.50 分），说明游客对于暴雨灾害的预防持有很积极的态度，并在一定程度上认为可以通过采取相应的措施减少暴雨灾害的发生。游客对于灾后工作具有较高的关注度，随着人们对自身健康水平关注度的提高，对于灾害发生后带来的疫情也持有较高的关注度，因此，卫生防疫工作的得分较高。得分较低的题项为 B_5（62.74 分），翠华山景区距离西安市较近，位于秦岭边缘，交通方便，大部分游客为短途旅游，遭遇暴雨灾害的概率较小，因此该景区游客对于景区以前发生的暴雨灾害关注度不高。

表 8.4　翠华山景区暴雨灾害二级指标得分　　　　（单位：分）

项目	指标	得分	项目	指标	得分
	A_1	58.04		B_7	84.98
	A_2	61.96		B_8	83.50
	A_3	37.74		B_9	70.94
	A_4	42.28	灾害风险态度	B_{10}	76.98
	A_5	52.48		B_{11}	79.44
灾害知识	A_6	60.78		平均	77.85
	A_7	24.24		综合	76.79
	A_8	56.64		C_1	70.32
	A_9	57.82		C_2	71.22
	平均	50.22		C_3	57.82
	综合	49.53		C_4	78.74
	B_1	84.92	灾害风险行为倾向	C_5	32.60
	B_2	71.78		C_6	32.46
	B_3	77.76		C_7	42.30
灾害风险态度	B_4	79.46		平均	55.07
	B_5	62.74		综合	61.60
	B_6	83.86			

（3）减灾行为。游客减灾行为部分的得分相对灾害知识部分的得分较高，但是低于减灾态度。C_1、C_2、C_4 三个题项的得分较高，分别为 70.32 分、71.22 分和 78.74 分，说明游客对偏向于在暴雨灾害发生购买相关保险以补偿可能发生的灾害给自身带来的损失。题项 C_5、C_6、C_7 得分较低，翠华山景区游客在暴雨灾害预防准备及灾后行为应对方面表现欠佳，游客对于暴雨灾害知识掌握的匮乏，导致灾害发生时游客采取有效措施保护自身的能力较差。

（4）感知能力综合评价。通过对翠华山景区游客风险感知能力测评可知，游客暴雨灾害风险感知综合测评得分为 61.60 分，其中灾害知识部分得分 49.53 分，减灾态度部分得分 76.79 分，减灾行为部分得分 60.55 分。翠华山景区游客风险感知能力不高，其中减灾态度较为积极，对暴雨灾害表现出较强关注，但其灾害知识掌握程度较低，导致其减灾行为受到限制，因此得分也不高。

4. 瀛湖风景区游客风险感知评价

（1）灾害知识。从表 8.5 可以看出，瀛湖风景区游客对于暴雨灾害相关知识掌握程度较低，该部分综合得分为 57.76 分，各题项平均得分为 56.60 分。其中，暴雨与人类活动关系（A_3、A_5）、暴雨与自然环境关系（A_4、A_6）这两类题项得分最高，依次为 60.37 分、68.21 分、69.56 分、61.42 分，说明景区游客已开始关注人类与自然之间的和谐相处的关系以及自然环境对人类的重大影响。A_9（47.62分）、A_8（46.73 分）、A_2（38.23 分）三个题项得分偏低，明显低于各题项平均得分。暴雨灾害知识具有较强地理学专业性，而游客认知受到其专业背景、教育程度及职业的限制，导致对较为专业性的知识了解少；游客从景区方面获取的灾害知识及应急预案方面信息较少，说明游客在景区对于暴雨灾害感知度不高，未认清灾害将导致的严重后果，或者他们愿意相信暴雨灾害不会发生，而景区对与暴雨灾害重视度也不够，缺乏足够宣传，相应的应急预案及应急设施也未合理配套。

表 8.5　瀛湖风景区暴雨灾害二级指标得分　　　　（单位：分）

项目	指标	得分	项目	指标	得分
灾害知识	A_1	58.02	灾害风险态度	B_7	85.43
	A_2	38.23		B_8	84.67
	A_3	60.37		B_9	76.33
	A_4	69.56		B_{10}	81.26
	A_5	68.21		B_{11}	82.89
	A_6	61.42		平均	80.40
	A_7	59.31		综合	78.79
	A_8	46.73	灾害风险行为倾向	C_1	79.35
	A_9	47.62		C_2	71.73
	平均	56.60		C_3	57.26
	综合	57.76		C_4	72.89
灾害风险态度	B_1	87.90		C_5	54.85
	B_2	78.63		C_6	46.72
	B_3	79.53		C_7	54.16
	B_4	75.65		平均	62.42
	B_5	65.42		综合	65.34
	B_6	86.72			

（2）减灾态度。由表 8.5 可以看出，游客在减灾态度部分综合得分为 78.79 分，属于较高水平，各题项平均得分为 80.40 分，整体处于相对较高的层次，说明瀛湖风景区游客对待暴雨灾害的态度积极，有较高的风险防范意识。B_1（87.90 分）、B_6（86.72 分）、B_7（85.43 分）、B_8（84.67 分）、B_{10}（81.26 分）、B_{11}（82.89 分）这六各题项得分都达到 80 分以上，从游客个人角度出发，考虑到自身安全以及旅游本身所带来的意义，使游客在对遭遇灾害防范态度上有较高的积极性。其他各题项，如 B_2、B_3、B_4、B_9 都在 70～80 分，说明游客倾向于通过采取各种积极手

段来降低灾害发生概率及灾害带来的损失，多数游客认为灾害是能够预防和处理的，对灾前灾后相关信息的关注度较高。瀛湖风景区游客暴雨灾害预防态度属于较高水平，可以看出游客自身对于暴雨灾害减灾态度较为积极，并且对灾前预防、灾后重建及卫生防疫工作有较高关注。游客在进行旅游目的地选择时，应对旅游风险持较高关注度，尤其是类似瀛湖这种以自然资源为基础的山水风光型景区，为了保证实现旅游的娱乐、观光、放松等目的，在旅游的过程中应对景区旅游风险发生的可能性保持较高警惕。

（3）减灾行为。游客在减灾行为部分综合得分为 65.34 分，属于及格水平，平均得分为 62.42 分，瀛湖风景区游客在减灾行为部分各题项得分普遍较低，说明该景区游客灾害应对能力不高。其中，C_1（79.35 分）、C_2（71.73 分）、C_4（72.89 分）三项得分较高，说明游客重视自身安全，并愿意为自己的安全采取各项有效行为。C_3（57.26 分）、C_5（54.85 分）、C_6（46.72 分）、C_7（54.16 分）这四项得分较低，说明游客不愿意在景区防减灾设施建设方面作出较大投资，同时由于对暴雨灾害知识掌握较少，游客对于暴雨灾害预防准备工作并不是很清楚。整体来说，游客愿意采取行动来预防暴雨灾害的发生，有风险意识，但是在采取具体的预防和行动措施方面表现较差。游客在旅游过程中的行为受个体特征因素的影响较大，在面对暴雨灾害时，还与其自身是否经历过暴雨灾害等自身经验有关。

（4）风险感知综合评价。通过对瀛湖风景区游客风险感知能力评价得出，游客风险感知能力综合得分为 64.51 分，其中灾害知识部分得分为 53.96 分，减灾态度部分得分为 78.59 分，减灾行为部分得分为 61.73 分。游客风险感知能力一般，但其减灾态度较为积极，灾害知识掌握程度和减灾行为表现一般。

5. 金丝峡景区游客风险感知评价

（1）灾害知识。从表 8.6 可以看出，灾害知识部分得分偏低，该部分综合得分为 45.56 分，各题项平均得分为 49.79 分，表明金丝峡景区游客暴雨灾害知识掌握程度不高。其中，得分最高的是 A_2（65.53 分）和 A_6（62.25 分）。A_1 和 A_9 两个题项得分也较高，均高于各题项平均分，分别为 58.69 分和 57.50 分。A_3 得分最低，为 37.67 分，游客对于人类活动而诱发的暴雨灾害了解较少。其余题项，包括 A_4、A_5、A_7、A_8 得分都不高，低于各题项平均值，分别为 40.23 分、44.10 分、41.40 分和 40.75 分。总体来说，金丝峡景区游客暴雨灾害知识掌握程度偏低。

（2）减灾态度。如表 8.6 所示，减灾态度部分总体得分是三个部分中最高的，该部分综合得分为 79.65 分，各题项平均得分为 81.22 分，处于较高水平，说明金丝峡景区游客减灾态度积极。其中得分最高的是 B_1，高达 92% 的游客认为暴雨灾害需要预防。B_6、B_7、B_8 三个题项得分均高于 80 分，分别为 86.57 分、87.52 分和 85.38 分。得分最低的题项为 B_5，得分为 71.70 分，游客到一个景区进行游览往往只对他正在体验或是将要体验的项目给予较高关注度，而对已经发生却非在自己身上发生的事件不太关注，尤其对这种概率较小的事件。题项 B_2 得分 79.91分，超过 70%的游客对暴雨灾害预警系统持关注态度，题项 B_3 得分 79.00 分，其中 85%的游客认为暴雨灾害能够被管理。游客对暴雨灾害的预防态度、灾后防疫和重建的关注度都较高，且游客对于防灾减灾是表现出较强责任感，只有 8%的游客认为防灾减灾与个人无关。

（3）减灾行为。从表 8.6 可以看出，减灾行为部分得分不高，该部分综合得分为 64.74 分，各题项平均得分为 56.62 分，金丝峡景区游客暴雨灾害应急行为能力不强。该部分中题项 C_1、C_2 和 C_4 得分较高，游客愿意积极购买各类保险，无论是在旅游前购买保险还是门票含保险均持赞同态度。除此之外，游客对景区的防灾工程建设配合度较高，只有 3%的游客表示不愿意配合。题项 C_3 得分 65.40分，只有 44%的游客愿意通过提高门票价格来完善防灾减灾设施和管理水平。C_5、C_6、C_7 得分分别为 34.70 分、26.20 分和 33.07 分，得分总体偏低，说明游客的灾害知识是比较匮乏的，当灾害发生时，他们的自我保护措施不够，除了反映出游客自身不足外，也说明了政府和景区宣传教育工作不到位。

表 8.6 金丝峡景区暴雨灾害二级指标得分 （单位：分）

项目	指标	得分	项目	指标	得分
灾害知识	A_1	58.69	灾害风险态度	B_7	87.52
	A_2	65.53		B_8	85.38
	A_3	37.67		B_9	78.11
	A_4	40.23		B_{10}	78.30
	A_5	44.10		B_{11}	83.38
	A_6	62.25		平均	81.22
	A_7	41.40		综合	79.65
	A_8	40.75	灾害风险行为倾向	C_1	81.71
	A_9	57.50		C_2	75.33
	平均	49.79		C_3	65.40
	综合	45.56		C_4	79.90
灾害风险态度	B_1	88.17		C_5	34.70
	B_2	79.91		C_6	26.20
	B_3	79.00		C_7	33.07
	B_4	76.63		平均	56.62
	B_5	71.70		综合	64.74
	B_6	86.57			

（4）风险感知综合评价。通过对金丝峡景区游客风险感知能力评价得出，游

客风险感知能力综合得分为 61.93 分，其中灾害知识部分得分为 45.56 分，减灾态度部分得分为 79.65 分，减灾行为部分得分为 64.74 分。游客风险感知能力一般，但其减灾态度较为积极，灾害知识掌握程度较低，减灾行为表现一般。

6. 太平森林公园景区游客风险感知评价

（1）灾害知识。通过表 8.7 可以看出，太平森林公园景区游客在暴雨灾害知识方面得分偏低，该部分综合得分为 45.70 分，各题项平均得分为 47.93 分。暴雨灾害知识专业背景较强，调查对象中具备相关知识储备的人群较少，对于不熟悉的知识领域了解不够，因此得分较低。在该部分中得分较高的是 A_1、A_2，得分分别为 56.24 分和 61.60 分，说明随着科技的发展以及大众媒体的普及，游客可获得大量的关于引发暴雨灾害的自然因素、暴雨灾害引发的次生灾害等方面的信息。题项 A_4、A_5、A_7 得分都较低，分别为 35.69 分、38.88 分和 35.46 分，说明太平森林公园景区游客对暴雨给人类及自然所带来的危害认识不够深刻，且景区关于灾害知识宣传力度不够，游客即使主动从别的渠道获取，仍无法保证相关知识的全面性和可靠性。因此当地政府和景区应加强配合，拓宽宣传渠道，加大宣传力度，注重工作人员的抗灾知识培训。

表 8.7　太平森林公园景区暴雨灾害二级指标得分　　　　（单位：分）

项目	指标	得分	项目	指标	得分
灾害知识	A_1	56.24	灾害风险态度	B_7	75.73
	A_2	61.60		B_8	85.57
	A_3	45.60		B_9	85.20
	A_4	35.69		B_{10}	75.50
	A_5	38.88		B_{11}	53.57
	A_6	59.37		平均	77.34
	A_7	35.46		综合	76.52
	A_8	48.23	灾害风险行为倾向	C_1	73.64
	A_9	50.34		C_2	36.44
	平均	47.93		C_3	58.32
	综合	45.70		C_4	68.49
灾害风险态度	B_1	87.74		C_5	36.68
	B_2	80.43		C_6	30.44
	B_3	80.66		C_7	47.52
	B_4	73.85		平均	50.22
	B_5	66.46		综合	54.04
	B_6	86.00			

（2）减灾态度。游客在减灾态度部分得分较高，该部分综合得分为 76.52 分，各题项平均得分为 77.34 分，说明游客有规避危险、保护自己安全的意识，在面对有可能会威胁生命财产安全的情况，游客倾向于积极应对，降低损失。在这部分各题项中，B_1（87.74 分）、B_2（80.43 分）、B_3（80.66 分）得分都较高，这反映出人们普遍对暴雨灾害有基本认识，认为其可被管理，愿意通过关注预警系统等预防手段在一定程度上降低暴雨灾害带来的影响，而这也是游客积极的应灾态度的反映。B_{11} 得分最低，得分为 53.57 分，说明太平森林公园景区游客对暴雨灾害认知程度不高，认为防灾减灾属于政府和景区的工作，与个人关系不大。

（3）减灾行为。通过表 8.7 可以看出，太平森林公园景区游客减灾行为表现一般，该部分综合得分为 54.04 分，各题项平均得分为 50.22 分，说明即使游客以积极的态度面对暴雨灾害，但由于自身在专业知识方面的欠缺，无法做到及时、高效、有条不紊地应对突发暴雨灾害，而应灾行为的失当又直接导致游客无法真正地自救，影响下一步应灾方案的实施。从各个题目的得分情况来看，C_1、C_3、C_4 得分较高，分别为 73.64 分、58.32 分和 68.49 分，这三题主要关注游客在灾害发生前的预防行为是否积极，说明大部分游客愿意投入时间和金钱来规避可能发生的灾害风险，并希望景区提高灾害管理水平来降低灾害影响。得分较低的是题项 C_5、C_6 和 C_7，3 个题项侧重于了解游客灾害发生后的应对行为，这也再次说明游客即使游客防灾抗灾态度积极，但在相关知识方面的匮乏仍无法确保在灾害突发时游客自身安全。

（4）风险感知综合评价。通过对太平森林公园景区游客风险感知能力评价我们得出，游客风险感知能力综合得分为 58.37 分，其中灾害知识部分得分为 45.70 分，减灾态度部分得分为 76.54 分，减灾行为部分得分为 54.04 分。游客风险感知能力较低，减灾态度较为积极，灾害知识及减灾行为得分都较低。

7. 太白山景区游客风险感知评价

（1）灾害知识。太白山景区游客灾害知识掌握程度一般，该部分综合得分为 61.15 分，各题项平均得分为 63.37 分，处于中等水平（表 8.8）。其中得分最高的为 A_9，得分 89.64 分；A_1、A_2、A_3、A_6 得分都较高，分别为 61.26 分、68.20 分、79.26 分和 63.94 分，太白山景区游客从政府及景区方面获取灾害知识较多，因此对暴雨灾害基础知识有一定了解，故此类题项得分较高。多数游客在出游过程中关注的是旅游体验，追求的是身心放松，因此不会着重关注暴雨灾害知识的宣传，不会主动学习灾害知识，然而，太白山景区属山岳型景区，发生暴雨灾害时易造成较大损失，故游客对暴雨灾害有一定的警惕性，掌握了一定的灾害知识。

表 8.8　太白山国家森林公园暴雨灾害二级指标得分　　（单位：分）

项目	指标	得分	项目	指标	得分
	A_1	61.26		B_7	85.46
	A_2	68.20		B_8	84.14
	A_3	79.26		B_9	78.74
	A_4	50.14	灾害风险态度	B_{10}	78.86
	A_5	54.60		B_{11}	84.46
灾害知识	A_6	63.94		平均	80.43
	A_7	49.26		综合	79.15
	A_8	54.06		C_1	81.66
	A_9	89.64		C_2	77.14
	平均	63.37		C_3	66.52
	综合	61.15		C_4	82.40
	B_1	80.14	灾害风险行为倾向	C_5	41.86
	B_2	80.00		C_6	34.12
	B_3	79.14		C_7	41.86
灾害风险态度	B_4	75.74		平均	60.79
	B_5	73.60		综合	67.47
	B_6	84.16			

（2）减灾态度。太白山景区游客减灾态度较积极，该部分综合得分为 79.15 分，各题项平均得分为 80.43 分，得分处于较高水平（表 8.8）。其中得分较高的为 B_{11}（84.46 分）、B_7（85.46 分）、B_8（84.14 分），得分最低的为 B_5（73.60 分）。太白山景区注重减灾防灾工作的宣传，游客的减灾态度较积极。

（3）减灾行为。太白山国家森林公园游客的减灾行为能力一般，该部分综合得分为 67.47 分，各题项综合得分为 60.79 分，得分处于中等水平（表 8.8）。其中 C_1、C_4 得分最高，为 81.66 分和 82.40 分，C_2 得分 77.14 分，C_3 得分 66.52 分，均高于平均分。灾前准备及灾后应急行为题项得分都低于平均水平，说明游客灾害应急行为能力较弱。太白山景区暴雨灾害危害性较大，一方面游客在抵达景区之前会做好充分的准备工作以应对暴雨灾害的发生，另一方面，景区虽然注重减灾防灾建设，关注游客的人身和财产安全，但在游览过程中仍没有将引导游客保护自身安全的工作做好，游客应对暴雨灾害的能力仍然不强。因此，游客的减灾行为能力一般。

（4）风险感知综合评价。通过对太白山景区游客风险感知能力评价得出，游客风险感知能力综合得分为 68.89 分，其中灾害知识部分得分为 61.15 分，减灾态度部分得分为 79.15 分，减灾行为部分得分为 67.47 分。游客风险感知能力较低，减灾态度较为积极，灾害知识及减灾行为表现一般。

8.1.3　游客有限理性评价

　　问卷设计中除了对常规风险评估内容的评测外，还增加了对理性程度的评测。对理性不是简单地理解为理性和非理性的两极分化，而采取了量化的有限理性分析。根据问卷结果，将游客的理性程度测评部分的得分和各个分数段内的人数拟合成分数密度分布曲线，很容易看出各个景区游客理性的分布强度和区域。具体方法是：将分数量化归一，并以此为横坐标，对比纵坐标的相关分数所得的人数，运用 MATLAB 编程，通过模型计算，得出各个景区的游客理性分布密度函数曲线状况，具体如图 8.1～图 8.7 所示。

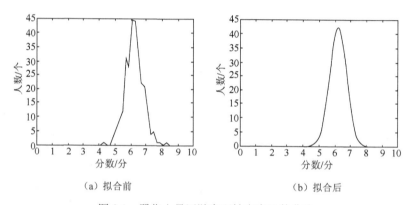

（a）拟合前　　　　　　　　　　　　　（b）拟合后

图 8.1　翠华山景区游客理性密度函数曲线

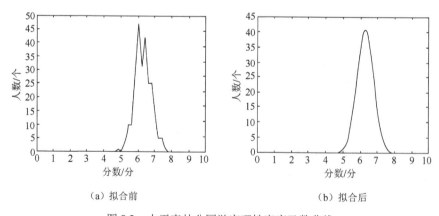

（a）拟合前　　　　　　　　　　　　　（b）拟合后

图 8.2　太平森林公园游客理性密度函数曲线

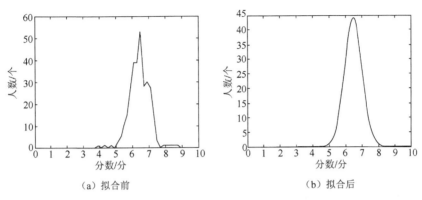

（a）拟合前 （b）拟合后

图 8.3 太白山森林公园游客理性密度函数曲线

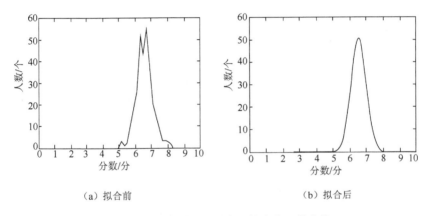

（a）拟合前 （b）拟合后

图 8.4 华阳古镇景区游客理性密度函数曲线

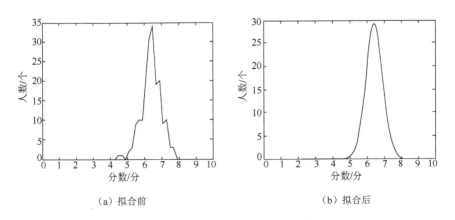

（a）拟合前 （b）拟合后

图 8.5 瀛湖风景区游客理性密度函数曲线

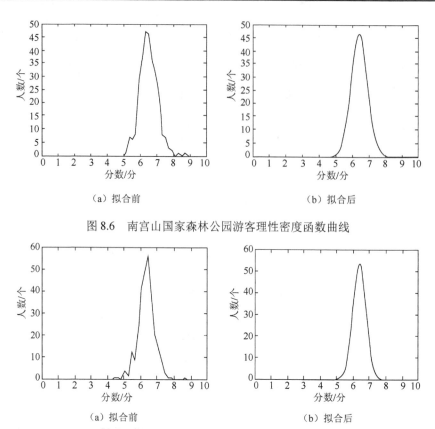

（a）拟合前　　　　　　　　　　　　　　　　（b）拟合后

图 8.6　南宫山国家森林公园游客理性密度函数曲线

（a）拟合前　　　　　　　　　　　　　　　　（b）拟合后

图 8.7　金丝峡景区游客理性密度函数曲线

通过 MATLAB 多次调和，确定了拟合公式为高斯函数：

$$f(x) = a\exp\left[-\left(\frac{x-b}{c}\right)^2\right] \tag{8.1}$$

运用高等数学中微积分的原理，对各个景区的拟合图在理性范围内的数值范围求积分，得出各个景区的拟合系数以及理性指数，如表 8.9 所示。

表 8.9　各景区理性指数

景区	拟合系数			理性指数
	a	b	c	
翠华山景区	42.18	5.729	0.7456	0.699
太平森林公园	40.52	5.841	0.6861	0.783
太白山国家森林公园	43.90	5.936	0.7636	0.815
华阳古镇景区	50.82	6.042	0.6397	0.898
瀛湖风景区	29.23	5.939	0.6903	0.836
南宫山国家森林公园	46.26	5.959	0.7070	0.841
金丝峡景区	53.16	5.908	0.5782	0.857

为了能更简单清晰地说明这些
情况，将理性指数数据归一化后综
合在一起绘制成理性指数趋势图，
如图 8.8 所示。

通过表 8.9 和图 8.8 可以看出，
理性指数的分值除了翠华山的游客
之外，均在 0.8 左右，其中理性指数
最高的是华阳古镇游客，为 0.898，
理性指数最低的是翠华山的游客，
为 0.699。华阳古镇经受暴雨灾害的

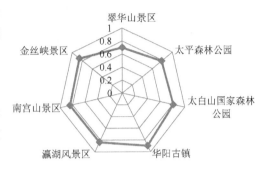

图 8.8　各景区理性指数分布

次数较多，加之游客多为周边的居民，对于大部分经历过暴雨灾害的游客来说，
暴雨灾害的风险感知理性相对于高一些。翠华山位于西安周边，游客大多来自于
西安市，一般为短途旅游，当天去当天回，即使暴雨来临，游客能够及时回到居
住地，相对来说经历的暴雨灾害较少，因此面对暴雨灾害的风险感知理性较低。

8.2　秦岭七大景区游客暴雨灾害风险感知差异性

8.2.1　灾害知识部分游客暴雨灾害风险感知差异性

通过运用本书构建的游客暴雨灾害风险感知能力计算模型，对秦岭七大景区
的有效问卷进行数据处理，得出各个景区的游客暴雨灾害风险感知能力状况如
图 8.9 所示。

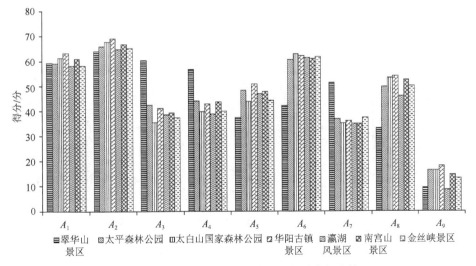

图 8.9　灾害知识部分秦岭七大景区的游客得分情况

通过图 8.9 可以看出，虽然不同景区内同一题项的得分不尽相同，但是总体上趋于平稳，能反映出这道题目所代表的问题，也从侧面例证了问卷设计的合理性。游客在知识部分的得分普遍较低，说明暴雨灾害的知识相对于太专业化，而调查群体来自各个不同的阶层，有着不同的知识背景和阅历，因此，在相对专业化的灾害知识方面表现并不好。在灾害知识部分的 9 个题项中，得分普遍较高的为题项 A_1、A_2 以及 A_6，而其中得分综合最低的为题项 A_9。随着现在社会的进步，媒体的力量越来越强大，通讯设备越来越先进，随时可以很快得到各种信息，加之教育的进步，因此对于暴雨灾害的自然引发因素以及引发的次生自然灾害方面的知识掌握、暴雨的预警信号强度及类型相对较多。通过题项 A_7 得分可以看出，景区方面对于暴雨灾害知识的宣传力度和广度都有所不足，宣传渠道方面较为单一，导致游客不清楚应该通过何种渠道进行灾害知识的获取。太白山景区在题项 A_3 和题项 A_7 得分较高，太白山景区旅游业水平相较于其他几个景区高，对于游客旅游安全有着较高的重视程度，在灾害预防及灾害宣传及演练方面有较高投入，因而游客在该类题项得分较高。

8.2.2　减灾态度部分游客暴雨灾害风险感知差异性

游客在各景区暴雨灾害减灾态度部分得分如图 8.10 所示。减灾态度部分得分普遍较高，这是因为人类都有自我保护的意识，当面临对自己的生命和财产造成伤害的情况和事物时，总是表现出积极降低灾害损失的态度。得分相对较高的为

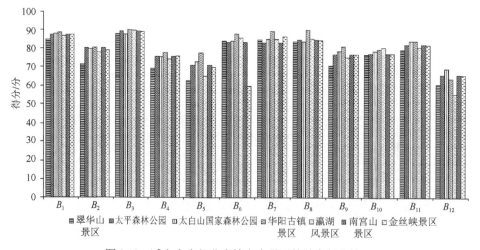

图 8.10　减灾态度部分秦岭七大景区的游客得分情况

题项 B_1、B_3、B_6、B_7、B_8。说明大部分游客都在积极预防暴雨灾害，并积极关注暴雨灾害的预警预报信息，这也说明了前面知识部分中游客对预警信号的了解度得分相对较高的原因，对待风险的发生态度积极自然会多关注这方面的知识，掌握情况随之提高；且游客倾向于支持景区在灾前做好相关防减灾措施降低灾害损失并在灾害进行相关卫生防疫工作以避免灾情进一步恶化。得分相对较低的题目为题项 B_5，说明游客较为关心未来可能发生的灾害给自身带来的损失，而对于过往已发生的灾害关注度较低。

8.2.3　减灾行为部分游客暴雨灾害风险感知差异性

从图 8.11 可知，在减灾行为中，各景区游客的得分相对灾害知识部分的得分一般，相对于灾害知识部分得分较高，低于减灾态度部分得分，说明游客面对暴雨灾害所采取的行动相对较为积极。前 4 个题项关注暴雨灾害发生以前的预防行为，游客普遍采取积极的行动预防，来降低暴雨灾害的发生。后 3 个题项侧重于暴雨灾害发生后应该采取怎样的行为来减少伤害，这部分的得分相对较低，说明游客在这方面的知识匮乏，虽然积极预防，但面对发生的暴雨灾害自我保护能力相对较差，这和前面的结论一致。

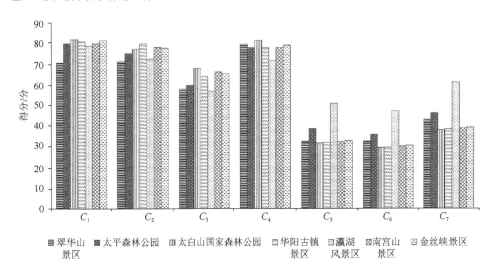

图 8.11　减灾行为部分秦岭七大景区的游客得分情况

将各个景区的得分情况进行汇总，横向对比和空间对比如表 8.10 和图 8.12 所示。不同景区游客在不同部分得分不一致，但整体上表现出一定趋势，即游客在暴雨灾害知识部分得分普遍偏低，减灾态度部分得分较高，减灾行为部分得分介于二者之间。

表 8.10　游客各部分得分 　　　　　　　　　　（单位：分）

得分　　　景区	知识部分	态度部分	行为部分	综合得分
翠华山景区	52.27	81.57	66.17	65.73
太平森林公园	45.70	76.52	54.04	58.37
太白山景区	61.15	79.15	67.47	68.89
华阳古镇景区	59.28	79.08	69.30	68.52
瀛湖风景区	49.53	76.79	60.55	61.60
南宫山景区	59.27	79.08	69.29	68.52
金丝峡景区	45.56	79.65	64.74	61.93

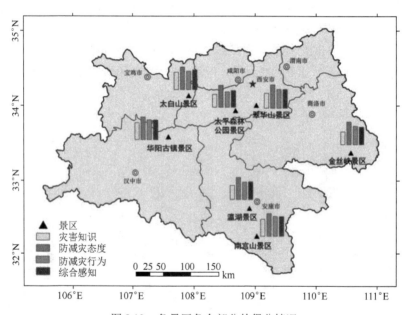

图 8.12　各景区各个部分的得分情况

通过以上分析，各景区游客对暴雨灾害风险的感知的总得分均在 60 分左右，最高的为太白山国家森林公园的游客，为 68.89 分，最低的为太平森林公园游客，为 58.37 分。共同点在于减灾态度部分的得分最高，各景区平均得分为 78.83 分，行为部分其次，在 64 分左右，最低分为知识部分，均在 45～60 分。说明游客对待暴雨灾害的态度是积极的，但是由于专业知识匮乏，导致在行为上的执行力度不是很大，总体来说，游客并不是很重视防灾减灾。

8.3　秦岭七大景区不同游客特征暴雨灾害风险感知差异性

8.3.1　南宫山景区游客暴雨灾害风险感知差异性

1. 性别差异

南宫山景区游客综合风险感知得分女性要略高于男性[8.13（a）]。从各部分得分来看，女性在减灾态度部分得分要高于男性，但在灾害知识及减灾行为部分得分都低于男性。由于女性天性较男性对外界环境变化更敏感，对于旅游过程中可能导致其受到损伤的事故较为警惕，因而其减灾态度更加积极；男性虽然在减灾态度部分表现不如女性，但其在灾害知识及减灾行为部分得分高于女性。综合来看，南宫山景区游客暴雨灾害风险感知女性要高于男性。

2. 年龄差异

由图 8.13（b）可知，综合感知得分从高到低为：25～44 岁、19～24 岁、18 岁及以下、65 岁及以上、45～64 岁。可以看出，综合风险感知最强的为 25～44 岁年龄段游客，该年龄段游客为游客组成中的主体部分，处于中青年阶段，认知及行为能力都较强，因而其综合感知能力最高。灾害知识部分得分从高到低为：19～24 岁、65 岁及以上、25～44 岁、18 岁及以下、45～64 岁，19～24 岁年龄阶段游客大多属于学生群体，属于知识获取阶段，因而对于暴雨灾害相关知识较容易理解且获取渠道较多，故得分较高。减灾态度部分得分从高到低为：25～44 岁、18 岁及以下、19～24 岁、65 岁及以上、45～64 岁；减灾行为部分得分从高到低为：25～44 岁、19～24 岁、18 岁及以下、65 岁及以上、45～64 岁。减灾态度和减灾行为部分得分较高的都为较年轻群体，该部分群体行为能力较强且对待安全事故有较高警惕性，因而在这两部分得分较高。

3. 职业差异

由图 8.13（c）可知，综合风险感知能力从高到低排序为：工人、公务员及事业单位、自由职业、企业职员、学生、退休人员、农民。灾害知识部分得分从高到低为：工人、公务员及事业单位、自由职业、学生、企业职员、农民、退休人员；减灾态度部分得分从高到低为：工人、自由职业、企业职员、公务员及事业单位、学生、退休人员、农民；减灾行为部分得分从高到低为：公务员及事业单位、工人、学生、企业职员、自由职业、退休人员、农民。总体来看，工人、自由职业、公务员及事业单位游客综合风险感知得分及各部分得分都较高，而农民及退休人员感知得分及各部分得分较低。

4. 受教育程度差异

从图8.13（d）可以看出，综合风险感知得分由高到低为：硕士及以上、初中、大专及本科、高中、小学。灾害知识部分得分由高到低为：硕士及以上、初中、高中、大专及本科、小学；减灾态度部分得分由高到低为：硕士及以上、初中、大专及本科、高中、小学；减灾行为部分得分由高到低为：初中、大专级本科、硕士及以上、高中、小学。可以看出，受教育程度较高的游客其风险感知要高于受教育程度低的游客，受教育程度一定程度上影响着游客认知能力及风险意识。

5. 收入差异

从图8.13（e）可知，综合风险感知得分从高到低为：10000元及以上、5000～9999元、3000～4999元、2000～2999元、2000元以下，游客综合风险感知得分与游客收入呈正相关，高收入游客群体感知强于低收入群体。灾害知识部分得分从高到低为：5000～9999元、10000元及以上、2000元以下、3000～4999元、2000～2999元；减灾态度部分得分由高到低为：10000元及以上、5000～9999元、3000～4999元、2000～2999元、2000元以下；减灾行为部分得分由高到低为：10000元及以上、3000～4999元、2000～2999元、2000元以下、5000～9999元。可以看出，除了减灾行为部分外，高收入游客群体在综合风险感知及其他各部分得分都要高于低收入群体。

6. 受灾经历差异

由图8.13（f）可知，综合风险感知得分及游客在不同部分得分随着游客受灾经历多少而改变，灾害经历较为丰富游客其风险感知要强于灾害经历较少甚至没有的游客，有过受灾经历的游客由于对灾害有较为深刻的记忆及认知，清楚地知道灾害的危险性及其对自身可能产生的影响，因而其感知要较强，灾害经历较少或者没有灾害经历的游客由于对灾害认知程度不高，防范意识不够强，且缺乏应灾经验，因而其感知也较低。

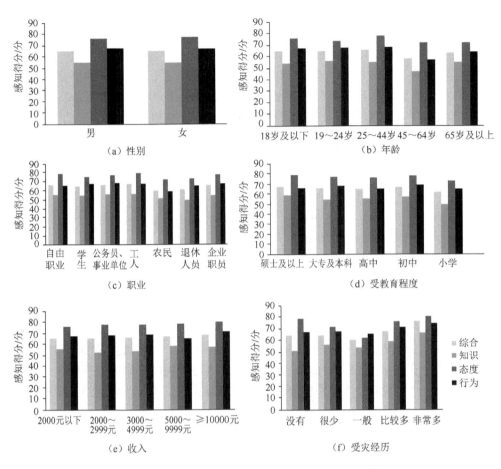

图 8.13　南宫山景区游客暴雨灾害风险感知差异性

8.3.2　华阳古镇景区游客暴雨灾害风险感知差异性

1. 性别差异

由图 8.14（a）可知，女性的灾害知识掌握程度稍高于男性。由于女性较男性更为敏感，对潜在危险的关注度较高，更多地了解灾害知识；在减灾态度及减灾行为方面，男性均强于女性。男性在面临危险时，相较女性而言，能保持清醒的头脑和积极的态度。综合来看，华阳古镇景区游客暴雨灾害风险感知女性高于男性。

2. 年龄差异

由图 8.14（b）可知，在灾害知识方面，感知得分由高到低为：18 岁及以下、

25～44 岁、45～60 岁、19～24 岁；减灾态度感知得分由高到低为：45～60 岁、25～44 岁、18 岁及以下、19～24 岁；减灾行为感知得分由高到低为：25～44 岁、18 岁及以下、19～24 岁、45～60 岁。18 岁及以下的游客大多处于高中时期，虽掌握了一些灾害知识，但并未意识到灾害的危害及应对措施；19～24 岁的游客大多为在校大学生或青年职员，缺乏专业灾害知识，减灾行为也比较匮乏；25～44 岁的游客拥有较多生活经验，在灾害面前能相对冷静和积极；45～60 岁的游客由于教育水平的限制，虽然对专业灾害知识的了解很少，但在减灾态度和行为上能凭借丰富的生活阅历沉着应对。

3. 受教育程度差异

图 8.14（c）表明，在灾害知识方面，风险感知由强到弱为：大专及以上、高中、初中、小学，表现为学历越高，对灾害知识的掌握越完备；在减灾态度及行为方面，感知由强到弱为：高中、大专及以上、初中、小学，高中的感知能力稍强是由于高中时期针对防减灾的学习较多。

4. 受灾经历差异

图 8.14（d）表明，在灾害知识和减灾行为感知上，经历过灾害的游客的感知能力稍强于没有经历过的；在减灾态度方面，有过受灾经历游客的感知能力稍弱一些，因为他们领略过大自然的无情，再次面对灾害，他们会体会到人类的渺小与脆弱，减灾态度积极。

5. 职业差异

从图 8.14（e）可知，灾害知识的感知能力由强到弱为：公务员、学生、农民、自由职业、工人、企业职员、退休人员；减灾态度的感知能力由强到弱为：公务员、企业职员、退休人员、自由职业、农民、学生、工人；减灾行为的感知能力由强到弱为：公务员、自由职业、学生、农民、企业职员、工人、退休人员。

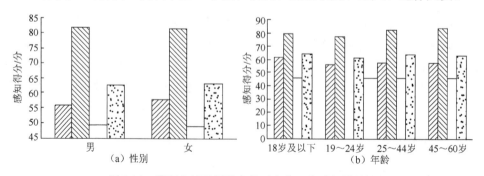

图 8.14　华阳古镇景区游客暴雨灾害风险感知差异性

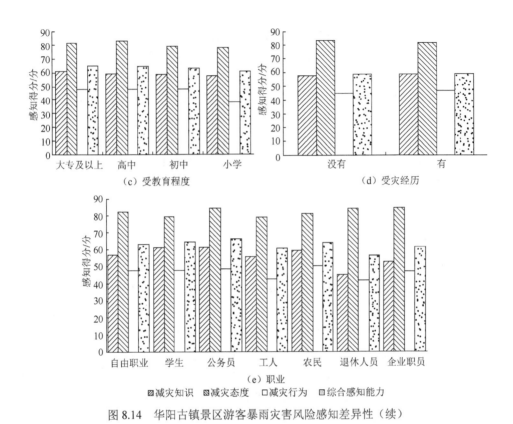

图 8.14　华阳古镇景区游客暴雨灾害风险感知差异性（续）

8.3.3　翠华山景区游客暴雨灾害风险感知差异性

1. 性别差异

由图 8.15（a）可知，灾害知识感知得分男性高于女性，减灾态度和减灾行为感知得分男性略低于女性。男性对于自然科学知识的兴趣要强于女性，同时男性的交际范围比较广泛，获得知识的途径比女性多，因此男性灾害知识感知得分要高于女性。女性多数比较感性，对于暴雨灾害的看法和应对行为比较敏感，因此，减灾态度和减灾行为感知得分女性略高于男性。总之，性别对于翠华山景区游客的暴雨灾害风险感知能力差异性影响不大。

2. 年龄差异

由图 8.15（b）可知，暴雨灾害知识随着年龄的增长大致呈现正态分布，19～24 岁的游客灾害知识感知得分最高，65 岁及以上的游客灾害知识感知得分最低。19～24 岁的游客多为在校大学生，通过网络、媒体等方式可以较广泛、全面了解暴雨灾害，灾害知识得分最高；65 岁及以上的游客，由于出行不便、接受新事物能力差等原因，使其灾害知识感知得分最低。减灾态度感知得分随着年龄的增长基本呈上升趋势，但是 65 岁及以上的游客减灾态度感知得分下降。随着年龄的增长，游客接触到的暴雨灾害也愈多，因此，暴雨灾害态度感知得分逐渐增长。然而，65 岁及以上的游客因年龄过大，对环境的关注度下降，减灾态度部分得分随之下降。减灾行为感知得分随着年龄的增长也基本呈现正态分布的特点，19～24 岁游客减灾行为感知得分最高，18 岁及以下游客得分最低。18 岁及以下的游客由于没有形成稳定的价值观，其行为具有很大的主观性，对暴雨灾害的应对行为倾向性不强，所以其得分最低；19～24 岁的游客已基本形成稳定的价值观，而且通过暴雨灾害知识的系统了解，行为应对倾向性较强，减灾行为感知得分最高。

3. 职业差异

由图 8.15（c）可知，游客暴雨灾害知识感知得分由高到低为公务员、企业职员、学生、工人、农民、自由职业、退休人员。游客暴雨减灾态度感知得分整体高于灾害知识和减灾行为感知得分，各职业对于暴雨减灾态度的关注度和差异性不大，说明虽然各职业游客对于灾害知识的了解程度不同，有各自对暴雨灾害的应对行为，但是对暴雨灾害的关注度始终处于较高水平。游客暴雨减灾行为感知得分由高到低为公务员、企业职员、学生、工人、农民、自由职业、退休人员。其得分排行基本与暴雨灾害知识得分相同，说明各职业游客的减灾行为受获得的灾害知识的影响，灾害知识得分越高，减灾行为得分也越高。其中，公务员的减灾行为得分略低，主要是由于公务员的工作时间比较固定，对其出行旅游造成了困扰。

4. 受教育程度差异

由图 8.15（d）可知，随着学历的提升，灾害知识感知得分和减灾行为感知得分呈现上升趋势。受教育程度高低直接影响着游客对于暴雨灾害知识的掌握情况，学校教育对于游客暴雨灾害知识的掌握情况具有很大影响力。而灾害知识的掌握情况又影响着游客的减灾行为，两者之间呈现出正相关的特点。游客减灾态度感知得分随着学历的提升呈现上升趋势，但是整体上处于同一水平，差异性不大。

5. 受灾经历差异

由图 8.15（e）可知，游客暴雨灾害知识得分、减灾态度得分和减灾行为得分都随着居住地经历暴雨灾害次数的增多而增长。特别是居住地发生暴雨灾害非常多的游客，其灾害知识和减灾性都处于相当高的水平。暴雨减灾态度的得分基本处于 76 分左右，游客对于暴雨灾害的关注度始终处于较高的水平，现在旅游业比较发达，保持对暴雨灾害的关注度，能更好地保障旅游安全。

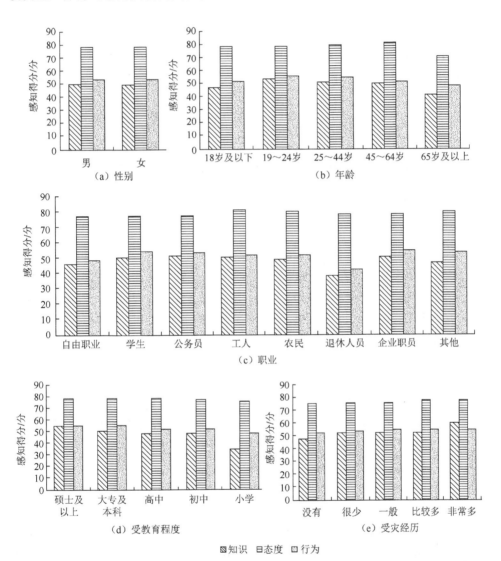

图 8.15　翠华山景区游客暴雨灾害风险感知差异性

8.3.4　瀛湖风景区游客暴雨灾害风险感知差异性

1. 性别差异

由图 8.16（a）可知，瀛湖景区游客综合风险感知得分男性略高于女性，灾害知识、减灾态度部分得分男性高于女性，减灾行为部分得分女性高于男性。该景区游客在不同部分得分有一定差异，整体上男性感知强于女性。

2. 年龄差异

由图 8.16（b）可知，综合风险感知得分从高到低为：25~44 岁、19~24 岁、18 岁及以下、65 岁及以上、45~64 岁。灾害知识部分得分从高到低为：65 岁及以上、19~24 岁、25~44 岁、18 岁及以下、45~64 岁；减灾态度部分得分从高到低为：25~44 岁、18 岁及以下、19~24 岁、45~64 岁、65 岁及以上；减灾行为部分得分从高到低为：18 岁及以下、19~24 岁、25~44 岁、65 岁及以上、45~64 岁。可以看出，不同年龄阶段游客在不同部分表现并不一致。

3. 职业差异

从职业来看，虽然不同职业游客群体感知状况不一致，但总体上表现出了一定规律性，自由职业者、学生、公务员及事业单位人员其感知能力高于其他职业游客群体，农民及退休人员感知能力普遍要低于其他职业游客，但是瀛湖景区农民游客群体表现出较积极的减灾态度。其中，游客感知能力按职业可分为高低两个群体，自由职业、学生、公务员及事业单位、企业职员为感知较高群体，工人、农民及退休人员为感知较低群体。

4. 受教育程度差异

游客教育背景差异影响其灾害风险感知能力，总体上说高学历游客认知能力较强，因此风险感知能力也较强，低学历游客风险感知能力受到其认知水平限制。其中硕士及以上、高中学历游客群体风险感知能力最强，其次为大专及本科、高中学历游客群体，感知能力最低的为小学学历游客群体。

5. 收入差异

瀛湖景区游客综合风险感知得分按收入从低到高为：2000 元以下、2000~2999 元、3000~4900 元、5000~9999 元、10000 元及以上。灾害知识部分得分按收入从高到低为：5000~9999 元、10000 元及以上、2000 元以下、3000~4999 元、2000~2999 元；减灾态度部分得分从低到高为：2000 元以下、3000~4999 元、2000~2999 元、5000~9999 元、10000 元及以上；减灾行为部分得分从低到高排序为：5000~9999 元、2000 元以下、2000~2999 元、3000~4999 元、10000 元及以上。总体上看，不同收入游客群体在各部分得分状况相差较大。

6. 受灾经历差异

从图 8.16（f）可以看出，不同受灾经历游客风险感知存在差异，但总体上存在一定规律，除了减灾行为部分之外，综合风险感知、灾害知识、减灾态度部分得分都表现出有过灾害经历的游客要高于没有灾害经历游客，灾害经历与风险感知之间总体上呈现正相关的关系。

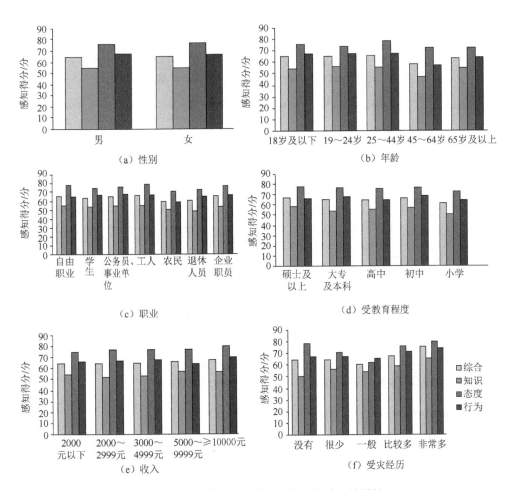

图 8.16 瀛湖景区游客暴雨灾害风险感知差异性

8.3.5 金丝峡景区游客暴雨灾害风险感知差异性

1. 性别差异

从图 8.17（a）可以很明显看出，男性在灾害知识、减灾态度和减灾行为三方面得分均高于女性。男性对自然科学知识的兴趣更多一些，而且获得这方面知识的途径也会多于女性，因此在知识储备上会明显多于女性，面对自然灾害时男性也更容易保持清醒的头脑，态度更为积极，反应也更加的迅速，同时比女性要更能做出适应的行为。

2. 年龄差异

从图8.17（b）可见，在灾害知识方面，得分由高到低为：18岁及以下、19～24岁、25～44岁、45～64岁；在减灾态度方面，分数由高到低为：19～24岁、18岁及以下、25～44岁、45～64岁；在减灾行为方面，得分由高到低为：18岁及以下、19～24岁、25～44岁、45～64岁。随着年龄的增长，人们对于新事物的接受能力也会弱化，态度和行为上得分都偏低。

3. 受教育程度差异

从图8.17（c）可以看出，灾害知识感知由强到弱为：硕士及以上、大专及本科、小学、高中、初中；减灾态度感知由强到弱为：大专及本科、硕士及以上、小学、高中、初中；减灾行为感知由强到弱为：小学、大专及本科、高中、硕士及以上、初中。但从整体上看差距并不明显，尤其在减灾态度上，基本上处于同一水平，对待灾害的都是持有积极的态度，大专及本科游客要比其他四个阶段游客更为积极，对环境的感知还是比较敏感的。

4. 受灾经历差异

居住地暴雨灾害差异见图8.17（d），有过暴雨经历的游客在灾害知识、减灾态度和减灾行为上的感知得分都高于没有经历过暴雨灾害的游客。对于没有发生过暴雨灾害的游客更应该提高关注度，做到防患于未然。

5. 职业差异

从职业上来看，灾害知识得分由高到低为：公务员事业单位、企业职员、自由职业、学生、工人、退休人员、农民；减灾态度得分由高到低为：自由职业、公务员事业单位、学生、企业职员、工人、农民、退休人员；减灾行为得分由高到低：自由职业、公务员事业单位、企业职员、学生、工人、农民、退休人员[图8.17（e）]。工人和农民态度得分几乎相同，只有退休人员对于灾害所持态度相对较低。受灾害知识影响，在行为上的表现基本呈正相关特点。灾害知识得分越高，行为上的得分也就相对较高。

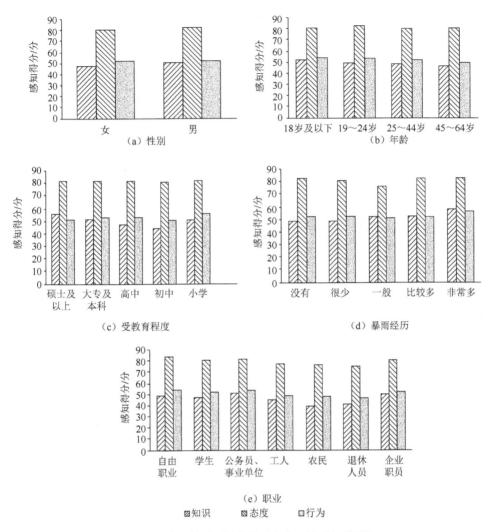

图 8.17 金丝峡景区游客暴雨灾害风险感知差异性

8.3.6 太平森林公园景区游客暴雨灾害风险感知差异性

1. 性别差异

风险感知能力的性别差异分析结果见图 8.18（a）。总体感知能力女性强于男性。在灾害知识方面男性强于女性，而感知态度方面和感知行为方面的表现男性则弱于女性。在人类历史的长期发展过程中，女性较男性形成了相对胆小、敏感的性对风险有较强的觉察力，更重视潜在的自然灾害，也会为确保人身财产安全早做打算（孙成权等，2003）。因此，女性减灾态度与减灾行为都强于男性。

2. 年龄差异

风险感知能力的年龄差异分析结果见图 8.18（b）。感知能力最强的人群是 19～24 岁的青年，最弱的是 65 岁及以上的老年人。无论在灾害知识、减灾态度还是减灾行为，灾害感知等方面都遵循：19～24 岁＞45～64 岁＞25～44 岁＞18 岁及以下＞65 岁及以上。被调查者都因关注自身发展期的着重点而降低了暴雨灾害等自然灾害的风险意识；18 岁及以下的人多为初中及以下的学生，虽然接受基础教育较多，但由于受到身心发展水平限制，往往不够勇敢果断，无法将所学的专业知识转化为临灾时有条理的行为，其次，因处在应试教育的升学阶段，学校和家长往往更重视学生的学习成绩，导致学生重视课程学习，对社会及外部环境灾害事件关注较少，所以感知能力都相对较弱；65 岁及以上的老年人往往文化程度不高，思想保守，对外界事物的关注程度不高，其次由于身体素质一般，活动能力也比较弱，感知能力弱。

3. 职业差异

风险感知能力的职业差异分析结果见图 8.18（c）。总体来说，从事不同职业的人群对灾害的感知能力依次为：学生＞农民＞自由职业者＞工人＞企业职员＞公务员。但在灾害知识、减灾态度与减灾行为三方面不同职业的受调查者表现各有不同。学生正处于求学阶段，有多种渠道来接受更可靠更全面的专业知识，并且近年来国家也加强了安全教育，因此学生能掌握更多的灾害知识，而在可观的灾害知识储备也决定了他们大多持积极的应灾态度，同时学生也处在身体素质最佳，精力最旺盛的时期，在遭遇突发暴雨灾害时他们能迅速反应，将专业化知识转变为及时行动。

4. 受教育程度差异

图 8.18（d）显示，灾害感知能力依次为：本科及大专＞硕士及以上＞高中＞初中及以下。通过比较分析，掌握灾害知识多少与学历是成正相关的，即学历越高获得的灾害知识可能就越多，一方面学历越高，越有机会接触到更专业更全面的灾害知识；另一方面，学历越高对专业知识的理解能力及掌握能力越强。减灾态度和减灾行为方面的感知由强到弱顺序与总体感知强度一致。

5. 收入差异

风险感知能力的月收入差异分析结果见图 8.18（e）。从总体上看，感知能力排序依次为：5000～9999 元＞3000～4999 元＞2000 元以下＞2000～2999 元＞10000 元及以上。月收入在 5000～9999 元的人群，事业基本处于稳定期，时间、金钱都较充足，与外界接触较频繁，对灾害风险的关注度会增加，相关灾害知识就会增多，这决定了他们应灾态度积极，并且相比于冒险激烈的出行方式，这个收入段的被调查者多有能力会选取比较稳妥安全的方式，因此他们的感知能力最强；月收入大于 10000 元的人群，有较强的经济实力，会高估自己的抗险能力，从而忽视潜在的灾害风险，对外界发生的灾害事件的不够敏锐，因此风险感知能力最低。

6. 受灾经历差异

风险感知能力的受灾情况差异分析结果见图 8.18（f）。灾害知识减灾态度减灾行与感知能力强弱顺序一致，由强到弱依次为：非常多＞比较多＞一般＞很少＞没有。

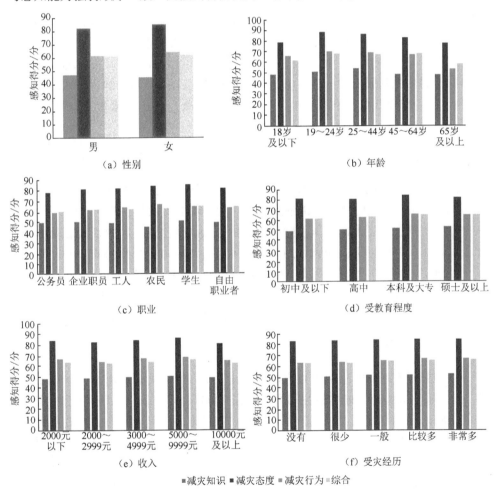

图 8.18　太平森林公园景区游客暴雨灾害风险感知差异性

8.3.7 太白山景区游客暴雨灾害风险感知差异性

1. 性别差异

游客暴雨灾害风险感知能力的性别特征对比分析结果如图 8.19（a）所示。灾害知识方面，男性的风险感知能力高于女性；减灾态度和减灾行为两方面，女性的风险感知能力高于男性；综合方面，女性的风险感知能力高于男性。

2. 年龄差异

游客暴雨灾害风险感知能力的年龄特征对比分析结果如图 8.19（b）所示。灾害知识方面，风险感知能力由强到弱依次为：65 岁及以上、25～44 岁、19～24 岁、18 岁及以下、45～64 岁；减灾态度方面，风险感知能力由强到弱依次为：18 岁及以下、65 岁及以上、19～24 岁、25～44 岁、45～64 岁；减灾行为方面，风险感知能力由强到弱依次为：65 岁及以上、18 岁及以下、19～24 岁、45～64 岁、25～44 岁；综合方面，风险感知能力由强到弱依次为：65 岁及以上、18 岁及以下、19～24 岁、25～44 岁、45～64 岁。

3. 受教育程度差异

游客暴雨灾害风险感知能力的受教育程度对比分析结果如图 8.19（c）所示。灾害知识方面，风险感知能力由强到弱依次为：硕士及以上、高中、大专及本科、初中以下；减灾态度方面，风险感知能力由强到弱依次为：高中、大专及本科、硕士及以上、初中以下；减灾行为方面，风险感知能力由强到弱依次为：高中、硕士及以上、初中以下、大专及本科；综合方面，风险感知能力由强到弱依次为：硕士及以上、高中、大专及本科、初中以下。初中以下学历游客的感知得分在灾害知识、减灾态度、减灾行为及综合感知能力都处于较落后的地位。

4. 收入差异

游客暴雨灾害风险感知能力的收入特征对比分析结果如图 8.19（d）所示。灾害知识方面，风险感知能力最强的是收入在 2000 元以下的人群，风险感知能力最弱的是收入在 10000 元及以上的人群；减灾态度方面，风险感知能力最强的是收入在 5000～9999 元的人群，风险感知能力最弱的是收入在 10000 元及以上的人群；减灾行为方面，风险感知能力最强的是收入在 2000 元以下的人群，风险感知能力最弱的是收入在 5000～9999 元的人群；综合方面，风险感知能力最强的是收入在 2000 元以下的人群，风险感知能力最弱的是收入在 10000 元以上的人群。收入越低的人群其综合感知能力越强，收入越高的人群综合感知能力越弱。这是因为，低收入的群体绝大多数为没有收入的大学生，大学生相较于专心工作赚钱养家的群体而言，在学历、社会接触面、年龄等多方面占有优势；高收入的群体绝大多为已工作多年且目前处于事业上升期的中老年人，同年龄特征分析的原因一样，这部分人群的综合感知能力较弱。

5. 职业差异

游客暴雨灾害风险感知能力的职业特征对比分析结果如图 8.19（e）所示。灾害知识方面，风险感知能力由强到弱依次为：其他职业、企业职员、学生、公务员及事业单位、工人、农民及自由职业；减灾态度方面，风险感知能力由强到弱依次为：学生、企业职员、公务员及事业单位、其他职业、工人、自由职业、农民；减灾行为方面，风险感知能力由强到弱依次为：其他职业、学生、企业职员、自由职业、公务员及事业单位、农民及工人；综合方面，风险感知能力由强到弱依次为：其他职业、企业职员、学生、公务员及事业单位、自由职业、工人及农民。

6. 婚姻状况差异

游客暴雨灾害风险感知能力的婚姻状况对比分析结果如图 8.19（f）所示。未婚游客灾害知识、减灾态度、减灾行为及综合感知能力的得分均居首位；已婚游客灾害知识、减灾态度和综合感知能力的得分高于其他（离异或丧偶）的游客；而其他（离异或丧偶）游客减灾行为的得分则高于已婚游客。婚姻状况不会直接改变游客的暴雨灾害风险感知能力，但会在细枝末节的方面潜移默化地影响游客的风险感知能力。当游客处于未婚状态度时，一方面，由于年龄较小、心智发展不成熟、保护自己和照顾别人的能力不足，对暴雨灾害的恐惧心理较强，会在学校、老师、父母的引导下学习和了解暴雨灾害的相关内容，加上正值学习的年龄，因此未婚游客的灾害知识和减灾态度得分最高；另一方面，未婚时不用操心家庭、照顾爱人孩子及赚钱养家，有更多的时间和精力去关注暴雨灾害的相关信息，因此未婚游客的减灾行为和综合感知能力最强。当游客处于其他（离异或丧偶）状态时，由于对婚姻的失望或者心灵遭受重创，相比于拥有幸福家庭的已婚游客，他们没有心思再去关注类似暴雨灾害的相关信息，其灾害知识和减灾态度得分偏低；但是因为经历了离异或丧偶，这部分游客的心智和阅历要比已婚游客成熟和丰富，所以面对暴雨灾害时会思路清晰、冷静沉着地应对，减灾行为能力较高。

7. 受灾经历差异

游客暴雨灾害风险感知能力的家中受灾情况对比分析结果如图 8.19(g)所示。家中未受灾游客的灾害知识、减灾态度和综合感知能力均高于家中受灾游客；而家中受灾游客的减灾行为能力高于家中未受灾游客。

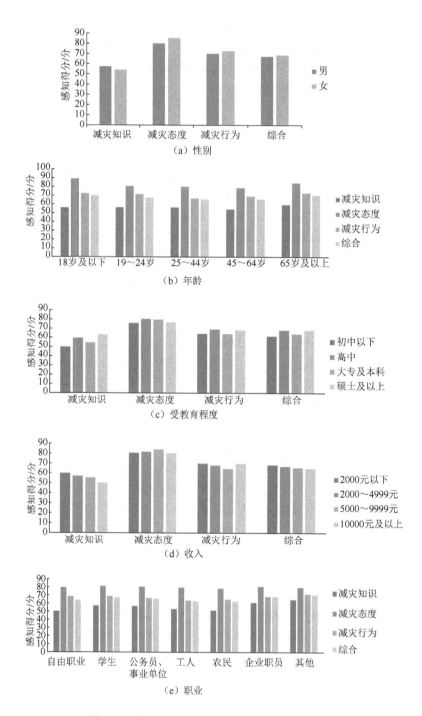

图 8.19　太白山景区游客暴雨灾害风险感知差异性

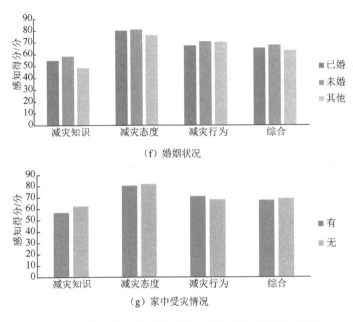

（f）婚姻状况

（g）家中受灾情况

图 8.19　太白山景区游客暴雨灾害风险感知差异性（续）

8.4　对策与建议

　　通过研究游客风险感知能力现状，可以明晰政府、景区及游客在暴雨灾害预防方面的不足，并基于此有针对性地提出相关对策及建议，以提升政府、景区及游客防灾减灾能力，降低灾害发生时所带来的生命及财产损失。

8.4.1　政府方面

　　秦岭地区游客暴雨灾害知识掌握程度普遍偏低，而游客灾害知识获取途径很大一部分来源于政府防减灾教育宣传及培训，因此，政府应当对灾害知识宣传及应急行为培训给予足够的重视。政府要对行政区内可能发生的自然灾害种类、特征进行调查分析，制定防灾规划，并按防灾规划内容建立灾害应急中心。建立健全的突发自然灾害防灾预警系统，利用广播，电视等媒体及时、实时地向市民、游客发布预警和高危地区信息，建立健全防灾教育体系。我国防灾教育十分薄弱，民众往往缺乏对突发暴雨灾害明晰科学的认识。通过对民众进行灾害知识宣传，进行长期可行性演习、实训等活动可以让居民掌握应对突发自然灾害的各种方法，主要从大众传媒和学校教育两种途径开展教育（卞小华，2008）。

　　在具体实施上可以从以下几个方面开展工作：

　　（1）利用民众对大众传媒的熟悉度来宣传普及防灾知识、传授临灾时的自救互救方法。在日常生活中，采取系列行动增强市民对暴雨灾害相关知识的认识。例如，与中小学校合作，设立暴雨灾害知识小课堂，开展暴雨灾害课外实践教学活动，举办暴雨灾害知识竞答、演讲比赛、手抄报比赛等；与社区合作，通过讲座、演出、座谈、免费网络教学课程等方式让暴雨灾害宣传走进社区。

（2）加强新闻、广播、电视、报纸等大众传媒对减灾防灾的宣传力度。拍摄暴雨灾害题材的公益广告和宣传片，在市民广场举办暴雨灾害的图片、新闻展，发放减灾防灾宣传手册等提醒市民要对暴雨灾害时刻提高警惕。

（3）政府可以组织进行暴雨灾害预防演练或建立 3D 仿真暴雨灾害体验馆，让市民实地体验并学习应对灾害的方法。

8.4.2　景区方面

景区对游客安全负有重大及最直接的责任，提高景区防减灾水平有着现实的必要性。在游客进行旅游前，景区应当对游客进行足够的防灾知识宣传，让游客对灾害所带来的严重危害有较为深刻的认识，给予足够的重视，并提高警惕；在发生突发事故时，景区应当发挥最大的主观能动性以确保游客安全撤离或者及时避险，以保证游客生命及财产安全；灾害发生后，景区应当做好灾后重建相关工作，从灾害事件中汲取经验教训，全面提升景区防减灾能力。要做好以上几点，景区应在宣传培训、防减灾设施建设及物品准备、工作人员素质及技能等多方面加大投入，以全面增强景区防减灾综合能力。具体可从以下几方面进行：

（1）景区可通过景区标志系统、安全宣传手册、海报横幅、导游讲解等方式加强暴雨灾害知识的宣传力度，充分利用"互联网+"、智慧旅游等新兴平台提高游客对暴雨灾害知识的掌握程度，建立暴雨灾害博物馆，系统详细地向游客介绍暴雨灾害的起因、危害、应对措施和预防方法等知识，让游客对暴雨灾害有全面深刻的认识。

（2）适当保留部分暴雨灾害损毁区域作为景点，对游客进行实地式的暴雨灾害警示教育；可以通过微博、微信等与游客息息相关的网络平台，定时向游客推送暴雨灾害小知识，发布吸引力强的暴雨灾害相关信息；通过 LED 显示屏播放暴雨灾害宣传片等方式加强游客对暴雨灾害的认识，提高减灾态度的积极性。

（3）进一步加强对管理人员和游客的减灾防灾教育培训，完善工作人员对游客自身安全保护行为的引导，确保游客的安全；开设官方微信平台，推送安全教育内容和旅游注意事项，告知避难通道及避难场所，传授灾害突发时自救互救的方法，使游客在游览前基本了解景区概况；健全景区的紧急避难设施及应急设备，保证在暴雨灾害发生的第一时间能快速疏散游客，并提供完备的紧急庇护场所和应急物资，把暴雨灾害的危害值降到最低（杨军，2003）。

（4）建立完善的暴雨预警系统，由于游客对于暴雨预警关注度不高，应建立景区级的预警系统，通过广播、大屏幕显示、网络平台推送消息等方式及时告知游客；同时，在发生大暴雨及特大暴雨时应考虑全面封锁景区，减少暴雨灾害造成的损失；景区应根据自身气候，自然环境，在危险路段增加醒目标志，并通过景区广播对游客进行防灾宣传，提醒游客易发生危险的路段，根据气象预报向游客及时告知可能遭遇的突发天气状况以及相应的应对措施等。

（5）景区应引进智慧景区的概念来管理景区，控制天气不佳时或危险路段上的游客人数，及时跟进人流量的变化，以防给灾害突发时给救援工作带来困难。

8.4.3　游客方面

游客对自身行为负有最直接的责任，其灾害应对能力直接决定其在灾害应对时的表现，因此，游客应当从自身角度提升防减灾能力。

随着多媒体和纸媒的发展普及，人们有越来越多的渠道获取自然灾害知识，掌握防灾知识和技能，国家也越来越重视突发自然灾害的宣传普及，因此游客应积极参与防灾宣传讲座、防灾实训演练等公益活动，将平常了解到的理论知识与实践结合起来，充分掌握逃生、自救方法（滕五晓，2004）。游客可在出游前充分利用专业网站，如驴妈妈，马蜂窝等的旅游攻略，尽可能多地了解旅游地的基本情况、包括气候条件、自然环境及可能发生的自然灾害，提前做好防护准备。

游客在日常生活中通过图书、电视、手机、网络以及其他渠道深入学习有关暴雨灾害的专业性、科学性知识也很有必要。研究发现，游客对于预防暴雨灾害的积极性比较高，应当在保持这种积极性的同时，去更深入、更全面地了解，并且提高自身行动力，身体力行地做好防灾减灾工作。

参 考 文 献

白冰, 2008. 基于有限理性、心智成本基础上的金融意识和金融秩序研究[D]. 成都: 西南财经大学.

白绢, 2009. 我国旅游业应对未来突发性危机的对策建议[J]. 全国商情·经济理论研究, (21): 85-86, 88.

毕宝贵, 刘月巍, 李泽椿, 2006. 秦岭大巴山地形对陕南强降水的影响研究[J]. 高原气象, 25(3): 485-493.

毕云, 许利, 2000. 用一维 Morlet 小波变换对降水作诊断分析[J]. 内蒙古气象, (4): 26-28.

卞小华, 2008. 关于我国防灾教育的思考[J]. 华北水利水电学院学报, (10): 115-118.

蔡晓慧, 邹松兵, 陆志翔, 等, 2013. TRMM 月降水产品在西北内陆河流域的适应性定量分析[J]. 兰州大学学报（自然科学版）, 49(3): 291-298.

蔡新玲, 贺皓, 王繁强, 等, 2010. 陕西省近 47a 来降水变化分析[J]. 中国沙漠, 30(2): 445-451.

蔡新玲, 吴素良, 贺皓, 等, 2012. 变暖背景下陕西极端气候事件变化分析[J]. 中国沙漠, 32(4): 1095-1101.

曹玮, 2013. 洪涝灾害的经济影响与防灾减灾能力评估研究[D]. 长沙: 湖南大学.

岑乔, 黄玉理, 2011. 基于旅游者认知的山地旅游安全现状调查研究[J]. 生态经济, (244): 147-151.

巢纪平, 1962. 小尺度对流的发展和环境简相互作用的一个近似分析[J]. 气象学报, 32(1): 11-18.

陈彩虹, 陈东平, 2010. 典型有限理性模型的评述[J]. 统计与决策, (1): 149-150.

陈冬冬, 戴永久, 2009. 近五十年我国西北地区降水强度变化特征[J]. 大气科学, 33(5): 923-935.

陈汉耀, 1957. 1954 年长江淮河流域洪涝时期的环流特征[J]. 气象学报, 28(1): 1-12.

陈家金, 林晶, 李丽纯, 2010. 暴雨灾害对福建水稻产量影响的灾损评估方法[J]. 中国农业气象, 31(1): 132-136.

陈金华, 何巧华, 2010. 基于旅游者感知的海岛旅游安全实证研究[J]. 中国海洋大学学报, (2): 38-42.

陈隆勋, 朱文琴, 王文, 等, 1998. 中国近 45 年来气候变化的研究[J]. 气象学报, 56(3): 257-271.

陈楠, 乔光辉, 刘力, 2009. 出境游客的旅游风险感知及旅游偏好关联研究——以北京游客为例[J]. 人文地理, (6): 97-102.

陈少勇, 乔立, 林纾, 等, 2011. 中国西部 OLR 与秋季降水的关系[J]. 干旱气象, 29(1): 1-9.

陈旭, 2013. IPA 分析法的修正及其在游客满意度研究中的应用[J]. 旅游学刊, 28(9): 59-66.

陈亚宁, 杨思全, 1999. 自然灾害的灰色关联灾情评估模型及应用研究[J]. 地理科学进展, 18(2): 158-162.

陈艳秋, 袁子鹏, 盛永, 等, 2007. 辽宁暴雨事件影响的预评估和灾后速评估[J]. 气象科学, 27(6): 626-632.

陈勇, 谭燕, 茆长宝, 2013. 山地自然灾害、风险管理与避灾扶贫移民搬迁[J]. 灾害学, 28(2): 136-142.

陈颙, 史培军, 2007. 自然灾害[M]. 北京: 北京师范大学出版社.

陈玉英, 2006. 旅游目的地游客感知与满意度实证分析——开封市旅游目的地案例研究[J]. 河南大学学报, 36(4): 62-66.

程德年, 周永博, 魏向东, 等, 2015. 基于负面 IPA 的入境游客对华环境风险感知研究[J]. 旅游学刊, 30(1): 54-62.

邓国, 陈怀亮, 周玉淑, 2006. 集合预报技术在暴雨灾害风险分析中的应用[J]. 自然灾害学报, 15(1): 115-122.

邓汉慧, 2002. 西蒙的有限理性研究综述[J]. 国土资源高等职业教育研究, (4): 35-38.

丁一汇, 2013. 中国气候[M]. 北京: 科学出版社.

董恩宏, 2012. 基于医疗质量管理的患者信任度评价指标体系构建及相关研究[J]. 上海: 上海交通大学.

杜宗斌, 苏勤, 2011. 乡村旅游的社区参与、居民旅游影响感知与社区归属感的关系研究——以浙江安吉乡村旅游地为例[J]. 旅游学刊, 26(11): 65-70.

樊运晓, 罗云, 陈庆寿, 2001. 区域承灾体脆弱性评价指标体系研究[J]. 现代地质, 15(1): 113-116.

方芳, 2005. 从理性和有限理性角度看决策理论及其发展[J]. 经济问题探索, (8): 64-67.

冯强, 王昂生, 李吉顺, 1998. 我国降水的时空变化与暴雨洪涝灾害[J]. 自然灾害学报, 7(1): 87-93.

傅抱璞, 李兆元, 1983. 秦岭山地的气候特点[J]. 陕西气象, (1): 1-11.

傅志军, 张行勇, 刘顺义, 等, 1996. 秦岭植物区系和植被研究概述[J]. 西北植物学报, 16(5): 93-106.

盖尔·詹宁斯, 2001. 旅游研究方法[M]. 谢彦君, 陈丽, 译. 北京: 旅游教育出版社.

高静, 章勇刚, 庄东泉, 2009. 国内旅游者对海滨旅游城市的感知形象研究——基于对携程网和同程网网友点评的文本分析[J]. 消费经济, (3): 62-65.

高军, 马耀峰, 吴必虎, 等, 2010. 外国游客对华旅游城市感知差异——以 11 个热点城市为例的实证分析[J]. 旅游学刊, 25(5): 38-43.

高翔, 白红英, 张善红, 等, 2012. 1959-2009 年秦岭山地气候变化趋势研究[J]. 水土保持通报, 32(1): 207-211.

葛全胜, 邹铭, 郑景云, 等, 2008. 中国自然灾害风险综合评估初步研究[M]. 北京: 科学出版社.

龚祝香, 2008. 吉林省重大暴雨过程评估方法研究[J]. 气象科技, 36(1): 78-81.

郭旭新, 2003. 有限理性与情绪的经济学分析[J]. 经济学动态, (6): 62-64.

郭燕娟, 杨修群, 2002. 全球海气系统年际、年代际变化的时空特征分析[J]. 气象科学, 22(6): 127-137.

郭英之, 2003. 旅游感知形象研究综述[J]. 经济地理, 23(2): 280-284.

国务院, 2016. 《国家'十三五'旅游业发展规划》(国发〔2016〕70 号).

韩恒悦, 李昭淑, 黄亦斌, 等, 1995. 秦岭、巴山地区山地自然灾害综合研究[J]. 灾害学, 10(1): 39-45.

韩蓉, 2010. 投资者行为的有限理性与我国股票市场的风险控制[D]. 天津: 天津商业大学.

郝玲, 2011. 淮河流域暴雨时空演变特征及灾害风险评估[D]. 南京: 南京信息工程大学.

何报寅, 张海林, 张穗, 等, 2002. 基于 GIS 的湖北省洪水灾害危险性评价[J]. 自然灾害学报, 14(4): 84-89.

何大安, 2004. 行为经济人有限理性的实现程度[J]. 中国社会科学, (4): 91-101.

何慧根, 李巧萍, 吴统文, 等, 2014. 月动力延伸预测模式业务系统 DERF 2.0 对中国气温和降水的预测性能评估[J]. 大气科学, (5): 950-964.

贺涵, 2015. 驴友的旅游感知风险研究[D]. 南宁: 广西大学.

贺皓, 罗慧, 黄宝霞, 2007. 陕西盛夏多雨年与少雨年的大气环流特征分析[J]. 中国沙漠, 27(2): 342-346.

衡彤, 2003. 小波分析及其应用研究[D]. 成都: 四川大学.

胡俊锋, 杨佩国, 杨月巧, 等, 2010. 防洪减灾能力评价指标体系和评价方法研究[J]. 自然灾害学报, (3): 82-87.

胡小海, 黄震方, 2011. 旅游地居民文化保护态度及其影响因素研究——以周庄古镇旅游区为例[J]. 南京师范大学学报, 34(2): 100-106.

黄崇福, 2005. 自然灾害风险评价——理论与实践[M]. 北京: 科学出版社.

黄崇福, 2009. 自然灾害基本定义的探讨[J]. 自然灾害学报, 18(1): 41-50.

黄大鹏, 刘闯, 彭顺风, 2007. 洪灾风险评价与区划研究进展[J]. 地理科学进展, 26(4): 11-22.

黄建军, 2001. 剖析 Simon 的有限理性理论[J]. 理论月刊, (3): 13-15.

黄璐, 2011. 基于社交网络的调查问卷设计研究[D]. 济南: 山东师范大学.

黄燕玲, 2008. 基于旅游感知西南少数民族地区农业旅游发展模式研究[D]. 南京: 南京师范大学.

黄玉华, 武文英, 冯卫, 等, 2015. 秦岭山区南秦河流域崩滑地质灾害发育特征及主控因素[J]. 地质通报, 34(11): 2116-2122.

嵇涛, 2014. 基于多源遥感数据的降水空间降尺度研究及其应用——以川渝地区为例[D]. 重庆: 重庆师范大学.

季漩, 罗毅, 2013. TRMM 降水数据在中天山山区域的精度评估分析[J]. 干旱区地理, 36(2): 253-262.

江增光, 2016. 近十年国内外目的地居民旅游感知与态度研究综述[J]. 旅游论坛, 9(1): 32-40.

江志红, 屠其璞, 2001. 国外有关海气系统年代际变率的机制研究[J]. 地球科学进展, 16(4): 269-573.

蒋冲, 2013. 秦岭南北气候变化及其环境效应对比研究[D]. 杨凌: 西北农林科技大学.

蒋新宇, 范久波, 张继权, 2009. 基于 GIS 的松花江干流暴雨洪涝灾害风险评估[J]. 灾害学, 24(3): 51-56.

焦彦, 2006. 基于旅游者偏好和知觉风险的旅游者决策模型分析[J]. 旅游学刊, 21(5): 42-48.

景垠娜, 尹占娥, 殷杰, 等, 2010. 基于 GIS 的上海浦东新区暴雨内涝灾害危险性分析[J]. 灾害学, 25(2): 58-63.

李宝琴, 2003. 行为经济学述评[J]. 新疆师范大学学报(哲学社会科学版), 24(4): 150-153.

李春梅, 刘锦銮, 潘蔚娟, 等, 2008. 暴雨综合影响指标及其在灾情评估中的应用[J]. 广东气象, 30(4): 1-4.

李翠金, 1996. 中国暴雨洪涝灾害的统计分析[J]. 灾害学, 11(1): 59-63.

李飞, 黄耀丽, 郑坚强, 等, 2007. 区域旅游合作中感知形象的差异性与可整合性分析——以大珠三角城市群为例[J]. 旅游学刊, 22(1): 30-35.

李峰, 2007. 旅游目的地灾害事件的影响机理研究[J]. 灾害学, 14(3): 17-21.

李峰, 孙根年, 2007. 旅游目的地灾害事件的影响机理研究[J]. 灾害学, 22(3): 134.

李广海, 2007. 基于有限理性的投资决策行为研究[D]. 天津: 天津大学.

李海涛, 2006. 基于有限理性的投资项目经济评价研究[D]. 天津: 天津大学.

李景宜, 周旗, 严瑞, 2002. 国民灾害感知能力评价指标体系研究[J]. 自然灾害学报, 11(4): 129-134.

李静, PEARCE P L, 吴必虎, 等, 2015. 雾霾对来京旅游者风险感知及旅游体验的影响——基于结构方程模型的中外旅游者对比研究[J]. 旅游学刊, 30(10): 48-59.

李俊漪, 白玫, 刘华平, 等, 2004. Delphi 法在护理岗位任务分析及人才需求预测研究中的应用[J]. 护理管理杂志, 4(6): 35-37.

李亮, 2005. 影响有限理性实现程度的因素分析[D]. 南京: 南京理工大学.

李娜, 衷雯, 2011. 上海洪涝灾害发生特征、致灾因子及影响机制研究[J]. 自然灾害学报, 20(1): 37-45.

李平, 2005. 基于有限理性的市场微观结构研究[D]. 成都: 电子科技大学.

李锐, 2001. 浅析旅游灾害成因及政府在减灾中的职责[J]. 西南师范大学学报(自然科学版), 26(3): 341-346.

李婷婷, 骆培聪, 2009. 福建永定土楼居民旅游感知与态度研究[J]. 世界地理研究, 18(2): 135-145.

李玺, 毛蕾, 2009. 澳门世界文化遗产旅游的创新性开发策略研究——游客感知的视角[J]. 旅游学刊, 24(8): 53-57.

李相虎, 张奇, 李云良, 2013. 基于卫星降水的鄱阳湖流域旱涝分析及其可靠性检验[J]. 长江流域资源与环境, 22(9): 1188-1194.

李秀华, 2009. 从完全理性到有限理性: 西蒙决策理论的实践价值[J]. 现代经济信息, 13: 173, 175.

李艳, 2015. 基于游前/游后对比视角下的内地游客赴西藏旅游风险感知研究[D]. 西安: 陕西师范大学.

李艳, 严艳, 贠欣, 2014. 赴西藏旅游风险感知研究——基于风险放大效应理论模型[J]. 地域研究与开发, 33(3): 97-101.

李有根, 赵西萍, 邹慧萍, 1997. 居民对旅游影响的知觉[J]. 心理科学进展, 15(2): 22-28.

栗斌, 刘纪平, 石丽红, 2006. 基于 GIS 和 RS 的灾害管理系统实践[J]. 测绘科学, (6): 118-120, 115.

林纾, 陆登荣, 王毅荣, 等, 2008. 1960 年代以来西北地区暴雨气候变化特征[J]. 自然灾害学报, 17(3): 16-21.

刘光昌, 1997. 秦岭水文特征及其对泥石流影响的初步分析[J]. 西北大学学报(自然科学版), 27(5): 437-442.

刘宏盈, 马耀峰, 2008. 基于旅游感知安全指数的旅游安全研究——以我国六大旅游热点城市为例[J]. 干旱区资源与环境, 22(1): 118-121.

刘建琼, 2009. 灾害经济学的产生、特点与价值[J]. 湖南商学院学报, 15(6): 30-31.

刘荆, 蒋卫国, 杜培军, 等, 2009. 基于相关分析的淮河流域暴雨灾害风险评估[J]. 中国矿业大学学报, 38(5): 735-740.

刘俊峰, 陈仁升, 韩春坛, 等, 2010. 多卫星遥感降水数据精度评价[J]. 水科学进展, 21(3): 343-348.

刘俊峰, 陈仁升, 卿文武, 等, 2011. 基于 TRMM 降水数据的山区降水垂直分布特征[J]. 水科学进展, 22(4): 447-454.

刘珺, 2012. 大秦岭绿色产业发展与优化战略[J]. 宝鸡文理学院学报, 32(6): 92-95.

刘力, 2013. 旅游目的地形象感知与游客旅游意向——基于影视旅游视角的综合研究[J]. 旅游学刊, 28(9): 61-72.

刘奇, 傅云飞, 2007. 基于 TRMM/TMI 的亚洲夏季降水研究[J]. 中国科学(D 辑: 地球科学), (1): 111-122.

刘少军, 张京红, 何政伟, 等, 2011. 地形因子对海南岛台风降水分布影响的估算[J]. 自然灾害学报, 20(2): 196-199.

刘诗序, 关宏志, 2013. 出行者有限理性下的逐日路径选择行为和网络交通流演化[J]. 土木工程学报, 46(12):

136-144.

刘颂, 1998. 经济心理学的产生与发展[J]. 经济学动态, (10): 52-55.

刘伟东, 扈海波, 程丛兰, 等, 2007. 灰色关联度方法在大风和暴雨灾害损失评估中的应用[J]. 气象科技, 35(4): 563-566.

刘小宁, 1999. 我国暴雨极端事件的气候变化特征[J]. 灾害学, 14(1): 54-59.

刘晓静, 薄涛, 郭燕, 2012. 我国地震综合减灾能力评价指标体系——以唐山市为例[J]. 自然灾害学报, (6): 43-49.

刘新立, 2000. 区域风险评估的理论与实践[D]. 北京: 北京师范大学.

刘新颜, 曹晓仪, 董治宝, 2013. 基于 T-S 模糊神经网络模型的榆林市土壤风蚀危险度评价[J]. 地理科学, 33(6): 741-747.

刘旭玲, 杨兆萍, 李欣华, 2006. 喀纳斯游客旅游感知调查研究[J]. 干旱区地理(汉文版), 2006, 29(3):417-421.

刘引鸽, 葛永刚, 周旗, 2008. 秦岭以南地区降水量变化及其灾害效应研究[J]. 干旱区地理, 31(1): 50-55.

刘宇峰, 2008. 陕西秦岭山地旅游资源评价及开发研究[D]. 西安: 陕西师范大学.

刘宇峰, 孙虎, 原志华, 2008. 陕西秦岭山地旅游资源特征及开发模式探讨[J]. 山地学报, 26(1):113-119.

刘玉印, 刘伟铭, 田世艳, 2011. 出行者有限理性条件下混合策略网络均衡模型[J]. 公路交通科技, 28(7): 136-141.

卢松, 张捷, 李东和, 等, 2008. 旅游地居民对旅游影响感知和态度的比较——以西递景区与九寨沟景区为例[J]. 地理学报, 63(6): 46-656.

卢现祥, 1996. 西方新制度经济学[M]. 北京: 中国发展出版社.

卢小丽, 肖贵蓉, 2008. 居民旅游影响感知测量量表开发的实证研究[J]. 旅游学刊, 23(6): 86-89.

卢宗辉, 何诚颖, 陶宏, 2005. 抽样方法的比较研究[J]. 数量经济技术经济研究, 22(4): 60-66.

罗伯特·L·索尔索, 1990. 认知心理学[M]. 黄希庭, 等, 译. 北京: 教育科学出版社.

罗光坤, 2007. Morlet 小波变换理论与应用研究及软件实现[D]. 南京: 南京航空航天大学.

罗培, 2007. GIS 支持下的气象灾害风险评估-以重庆地区冰雹灾害为例[J]. 自然灾害学报, 16(1): 38-44.

吕淑芳, 吴渝, 2014. 高职师资创新管理的有限理性思考[J]. 高等职业教育(天津职业大学学报), 23(2): 15-18.

吕洋, 杨胜天, 蔡明勇, 等, 2013. TRMM 卫星降水数据在雅鲁藏布江流域的适用性分析[J]. 自然资源学报, (8):1414-1425.

马金辉, 屈创, 张海筱, 等, 2013. 2001—2010 年石羊河流域上游 TRMM 降水资料的降尺度研究[J]. 地理科学进展, 32(9): 1423-1432.

马琳, 2005. 我国危机管理研究述评[J]. 公共管理学报, (1): 84-90, 95.

马耀峰, 宋保平, 赵振斌, 等, 2007. 陕西旅游资源评价研究[M]. 北京: 科学出版社.

马宗晋, 1994. 中国重大自然灾害及减灾对策[M]. 北京: 科学出版社.

毛德华, 李景保, 龚重惠, 等, 2000. 湖南省洪涝灾害研究[M]. 长沙: 湖南师范大学出版社.

孟博, 刘茂, 李清水, 等, 2010. 风险感知理论模型及影响因子分析[J]. 中国安全科学学报, 20(10): 59-66.

孟翠丽, 匡昭敏, 李莉, 等, 2013. 基于 GIS 的广西暴雨灾害风险实时评估技术研究[J]. 中国农学通报, 29(26): 184-189.

庞彦军, 刘开第, 张博文, 2001.综合评价系统客观性指标权重的确定方法[J]. 系统工程理论与实践, (8): 37-42.

彭珂珊, 2000. 我国主要自然灾害的类型及特点分析[J]. 北京联合大学学报, 14(3): 41-65.

乔洪武, 刘国华, 2006. 行为经济学与主流经济学: 两个基本概念辨析[J]. 武汉大学学报(哲学社会科学版), 59(1): 62-68.

桥纳森·特纳, 2001. 社会学理论的结构[M]. 邱泽奇, 译. 北京: 华夏出版社.

秦勃, 2006. 有限理性:理性的一种发展模式——试论 H·A·西蒙的有限理性决策模式[J]. 理论界, (1): 78-79.

陕西省地图集编纂委员会, 2010. 陕西省地图集[M]. 西安: 西安地图出版社.

邵末兰, 张宁, 岳阳, 2009. 基于距离函数的区域性暴雨灾害风险预估方法研究[J]. 暴雨灾害, 29(3): 268-273.

邵希娟, 杨建梅, 2006. 行为决策及其理论研究的发展过程[J]. 科技管理研究, (5): 203-205.

施建刚, 孔庆山, 2014. 基于有限理性的工程质量监督管理[J]. 同济大学学报(自然科学版), 42(8): 1273-1279.

石勇, 许世远, 石纯, 等, 2011.自然灾害脆弱性研究进展[J]. 自然灾害学报, 20(2): 131-137.

时勘, 范红霞, 2003. 我国民众对SARS信息的风险认知及心理行为[J]. 心理学报, 35(4): 546-554.

史培军, 1996. 再论灾害研究的理论与实践[J]. 自然灾害学报, 5(4): 6-17.

史培军, 2002. 三论灾害研究的理论与实践[J]. 自然灾害学报, 11(3): 1-9.

宋超, 刘长礼, 叶浩, 2007. 泥石流防灾减灾能力评价方法初探[J]. 南水北调与水利科技, (5): 117-120.

宋春英, 延军平, 张立伟, 2011. 陕西秦岭南北旱涝灾害时空变化趋势分析[J]. 干旱区研究, 28(6): 944-949.

宋佃星, 延军平, 马莉, 2011. 近50年来秦岭南北气候分异研究[J]. 干旱区研究, 28(3): 492-498.

苏筠, 刘南江, 林晓梅, 2009. 社会减灾能力信任及水灾风险感知的区域对比——基于江西九江和宜春公众的调查[J]. 长江流域资源与环境, 18(1): 92-96.

孙阿丽, 石勇, 石纯, 2011. 上海市水灾风险分析[J]. 自然灾害学报, 20(6): 94-98.

孙成权, 林海, 曲建升, 2003. 全球变化与人文社会科学问题[M]. 北京: 气象出版社.

孙华, 2010. 近30年来秦岭南北坡植被指数时空差异及其对区域气候的响应[D]. 西安: 西北大学.

孙洁, 姚娟, 陈理军, 2014. 游客花卉旅游感知价值与游客满意度、忠诚度关系研究——以新疆霍城县薰衣草旅游为例[J]. 干旱区资源与环境, 28(12): 203-208.

孙滢悦, 陈鹏, 2010. 区域旅游资源灾害风险评价模型研究[J]. 长春师范学院学报（自然科学版）, 29(4): 83-85.

孙天荣, 彭金波, 2010. 基于AHP的课程教学效果评价指标体系研究[J]. 湖南工业大学学报, (5): 86-88.

汤国安, 杨昕, 2006. 地理信息系统空间分析实验教程[M]. 北京: 科学出版社.

唐川, 朱静, 2005. 基于GIS的山洪灾害风险区划[J]. 地理学报, 60(1): 87-94.

唐晓云, 闵庆文, 吴忠军, 2010. 社区型农业文化遗产旅游地居民感知及其影响——以广西桂林龙脊平安寨为例[J]. 资源科学, 32(6): 1035-1041.

陶盈科, 2004. 西安翠华山国家地质公园地质遗迹形成及保护利用协调研究[D]. 西安: 陕西师范大学.

滕五晓, 2004. 试论防灾规划与灾害管理体制的建立[J]. 自然灾害学报, 13(3): 1-7.

田钊平, 2009. 减灾防灾、政府责任与制度优化[J]. 西南民族大学学报, 4(212): 182-184.

佟守正, 王琦, 李光, 等, 2002. 长白山自然保护区旅游灾害及其防治对策[J]. 山地学报, 20(S1): 135-140.

万君, 周月华, 王迎迎, 等, 2007. 基于GIS的湖北省区域洪涝灾害风险评估方法研究[J]. 暴雨灾害, 26(4): 328-333.

王德丽, 2011. 全球变暖环境下陕北、关中、陕南气候变化对比研究[D]. 西安: 陕西师范大学.

王光远, 1990. 未确知信息及其数学处理[J]. 哈尔滨建筑工程学院学报, (4): 1-9.

王华东, 王丽娜, 2013. 探寻真实的城镇化率——以小城镇为例论感性指数评价体系的建立[C]//中国城市规划学会. 城市时代, 协同规划——2013中国城市规划年会论文集（10-区域规划与城市经济）: 6.

王静爱, 史培军, 王平, 等, 2006. 中国自然灾害时空格局[M]. 北京: 科学出版社.

王静静, 刘敏, 权瑞松, 等, 2010. 中国东南沿海地区暴雨洪涝风险风区及评价[J]. 华北水利水电学院学报, 31(1): 14-16.

王丽华, 2006. 城市居民对旅游影响的感知研究[D]. 南京: 南京师范大学.

王莉, 陆林, 2005. 国外旅游地居民对旅游影响的感知与态度研究综述及启示[J]. 旅游学刊, 20(3): 87-93.

王林刚, 2013. 基于GIS的灾害感知研究初探[J]. 宝鸡文理学院学报(自然科版), (4): 50-53.

王明祁, 2011. 城市自然灾害防治能力评价指标体系研究[D]. 贵州: 贵州大学.

王乾, 2015. 从经济学角度分析南水北调中线工程水源涵养地生态补偿—以陕南汉江发源地为例[J]. 金融经济, 24(12): 28-29.

王清, 2009. 一类有限理性的建模和决策分析方法的研究[D]. 武汉: 华中科技大学.

王书霞, 2014. 秦岭暴雨灾害游客风险感知能力评价指标体系研究[D]. 西安: 陕西师范大学.

王伟华, 2006. 中国证券市场投资者有限理性行为研究[D]. 湘潭: 湘潭大学.

王鑫, 吴晋峰, 郭峰, 等, 2012. 基于感知形象调查的沙漠旅游行为意向研究[J]. 中国沙漠, 32(4): 1176-1181.

魏一鸣, 金菊良, 杨存建, 等, 2002. 洪水灾害风险管理理论[M]. 北京: 科学出版社.

文彦君, 周旗, 桑蓉, 2010. 城市中学生地震灾害感知研究——以陕西省宝鸡市石油中学为例[J]. 灾害学, 25(4): 78-83.

巫丽芸, 何东进, 洪伟, 等, 2014. 自然灾害风险评估与灾害易损性研究进展[J]. 灾害学, (4): 129-135.

吴剑, 吴晋峰, 2014. 初访客与回头客的中国旅游感知形象对比——以旅华欧美游客为例[J]. 经济地理, 34(7): 157-164.

吴君, 2008. 基于有限理性的创业投资决策研究[D]. 西安: 西安理工大学.

伍国凤, 朱莉, 周夏, 等, 2008. 自然灾害知觉的不安全心理特性与调适建议——基于北京大学生的调查分析[J]. 灾害学, (2): 19-23.

仵焕杰, 2013. 藏区小学生对地震灾害的认知与响应[D]. 西宁: 青海师范大学.

希勒, 2000. 非理性繁荣[M]. 廖理, 等, 译. 北京: 中国人民大学出版社.

肖斌, 2006. 经济学与心理学的融合——行为经济学述评[J]. 当代经济研究, (7): 23-26.

徐红利, 2011. 基于有限理性的城市交通系统均衡与拥挤收费策略研究[D]. 南京: 南京大学.

徐小波, 赵磊, 刘滨谊, 等, 2015. 中国旅游城市形象感知特征与分异[J]. 地理研究, 34(7): 1367-1379.

许晖, 许守任, 王睿智, 2013. 消费者旅游感知风险维度识别及差异分析[J]. 旅游学刊, 28(12): 71-80.

薛薇, 2004. SPSS 统计方法及应用[M]. 北京: 电子工业出版社.

薛晔, 黄崇福, 2006. 自然灾害风险评估模型的研究进展[J]. 应用基础与工程科学学报, 14(增刊): 1-10.

亚伯拉罕·匹赞姆, 2005. 旅游消费者行为研究[M]. 舒伯阳, 译. 大连: 东北财经大学出版社.

严艳, 2012. 秦岭北麓观光农业旅游资源开发研究[M]. 北京: 中国社会科学出版社.

杨德磊, 2007. 基于有限理性的政府投资项目造价管理研究[D]. 天津: 天津大学.

杨军, 2003. 关于防灾减灾预警机制及预警工程的若干讨论[J]. 防灾减灾工程学报, 23(2): 1-9.

杨乃定, 李怀祖, 2004. 管理决策新思维——制定科学合理决策的方法[M]. 西安: 西北工业大学出版社.

杨宁, 2001. 从西蒙的有限理性说看幼儿园微观管理中存在的问题[J]. 学前教育研究, (6): 49-51.

杨学燕, 2008. 从社区居民对旅游影响的感知谈回族民俗文化的旅游开发——以宁夏永宁县纳家户村为例[J]. 宁夏大学学报, 29(1): 86-90.

杨园园, 2012. 参照群体对旅游感知风险的影响研究[D]. 成都: 西南财经大学.

姚永慧, 张百平, 2013. 基于 MODIS 数据的青藏高原气温与增温效应估算[J]. 地理学报, 68(1): 95-107.

姚长青, 杨志峰, 赵彦伟, 2006. 分布式水文-土壤-植被模型与 GIS 集成研究[J]. 水土保持学报, 20(1): 168-171.

姚珍珍, 2012. 暴雨灾害风险评价及预测方法研究——以福建省为例[D]. 南京: 南京信息工程大学.

叶欣梁, 2011. 旅游地自然灾害风险评价研究[D]. 上海: 上海师范大学.

叶欣梁, 温家洪, 邓贵平, 2014. 基于多情景的景区自然灾害风险评价方法研究——以九寨沟树正寨为例[J]. 旅游学刊, 29(7): 47-57.

殷杰, 尹占娥, 王军, 等, 2009. 基于 GIS 的城市社区暴雨内涝灾害风险评估[J]. 地理与地理信息科学, (6): 92-95.

殷一平, 冯宗宪, 2008. 基于电信产业的政府管制行为分析——一个糅合有限理性和偏好的理解视角[J]. 西北大学学报(哲学社会科学版), 38(2): 32-36.

殷志远, 王俊, 孙军鹏, 2004. 秦岭山地暴雨与地形关系分析研究[J]. 陕西气象, (1): 8-10.

尹占娥, 2009. 城市自然灾害风险评估与实证研究[D]. 上海: 华东师范大学.

应天煜, 2004. 浅议社会表象理论在旅游学研究中的应用[J]. 旅游学刊, 19(1): 87-92.

游景炎, 1965. 暴雨带内的中尺度系统[J]. 气象学报, 35(3): 293-304.

于全辉, 2006. 基于有限理性假设的行为经济学分析[J]. 经济问题探索, (7): 20-23.

于艳艳, 2012. 住院病人对护士工作满意度调查问卷的研制[D]. 天津: 天津医科大学.

余显芳, 1958. 秦岭山地自然地理[J]. 华南师范大学学报, (1): 78-102.

郁耀闯, 周旗, 2009. 关中平原西部农村居民灾害感知现状浅析——以宝鸡市陈仓区为例[J]. 贵州师范大学学报 (自然科学版), (1): 19-23.

郁耀闯, 周旗, 徐春迪, 2008. 不同地貌类型区农村居民的灾害感知差异分析——以陕西省宝鸡地区为例[J]. 安徽农业科学, 36(32): 14255-14257, 14259.

喻忠磊, 杨新军, 杨涛, 2013. 乡村农户适应旅游发展的模式及影响机制[J]. 地理学报, 68(8): 1143-1156.

袁梦练, 2012. 中式快餐连锁企业顾客满意度调查问卷的设计与评价方法研究[D]. 合肥: 合肥工业大学.

岳丽霞, 欧国强, 2005. 居民山地灾害意识水平比较研究[J]. 灾害学, (3): 117-120.

张保升, 1981. 秦岭地貌结构[J]. 西北大学学报(自然科学版), (1): 78-84, 101-102.

张斌, 陈海燕, 顾骏强, 2008. 基于 GIS 的台风灾害评估系统设计[J]. 灾害学, 23(1): 47-50.

张斌, 赵前胜, 姜瑜君, 2010. 区域承灾体脆弱性指标体系与精细化模型研究[J]. 灾害学, 25(2): 36-40.

张风华, 谢礼立, 范立础, 2004. 城市防震减灾能力评估研究[J]. 地震学报, (3): 318-329, 342.

张国伟, 孟庆任, 于在平, 等, 1996. 秦岭造山带的造山过程及其动力学特征[J]. 中国科学: 地球科学, 26(3): 193-200.

张弘, 侯建忠, 乔娟, 2011. 陕西暴雨若干特征的综合分析[J]. 灾害学, 21(1): 70-74.

张吉军, 2003. 模糊一致判断矩阵 3 种排序方法的比较研究[J]. 系统工程与电子技术, 25(11): 1370-1372.

张继权, 赵万智, 冈田宪夫, 等, 2004. 综合自然灾害风险管理的理论、对策与途径[J]. 应用基础与工程科学学报, (增刊): 263-271.

张杰, 2009. 西蒙的有限理性说与卡尼曼的行为经济思想比较研究[D]. 上海: 上海社会科学院.

张杰, 李栋梁, 何金梅, 等, 2007. 地形对青藏高原丰枯水年雨季降水量空间分布的影响[J]. 水科学进展, (3): 319-326.

张俊香, 黄崇福, 刘旭拢, 等, 2011. 台风暴雨灾害风险区划更新实证分析[J]. 灾害学, 26(1): 99-103.

张茉楠, 2004. 从有限理性到适应性理性[J]. 经济社会体制比较, (6): 79-84.

张文纲, 李述训, 庞强强, 2009. 青藏高原 40 年来降水量时空变化趋势[J]. 水科学进展, (2): 168-176.

张夏莲, 2012. 可持续发展下的防灾减灾[C]//2012 年全国环境资源法学研讨会（年会）论文集, 1291.

张新主, 章新平, 张剑民, 等, 2011. 1999——2008年湖南省暴雨特征分析[J]. 自然灾害学报, 20(1): 19-25.

张学军, 2008. 决策者有限理性的心理根源探析[J]. 电子科技大学学报(社科版), 3: 64-67.

张志华, 章锦河, 刘泽华, 等, 2016. 旅游研究中的问卷调查法应用规范[J]. 地理科学进展, 35(3): 368-375.

赵阿兴, 马宗晋, 1993. 自然灾害损失评估指标体系的研究[J]. 自然灾害学报, 2(3): 1-6.

赵凡, 赵常军, 苏筠, 2014. 北京 "7·21" 暴雨灾害前后公众的风险认知变化[J]. 自然灾害学报, 23(4): 38-45.

赵强, 严华生, 程路, 2013. ENSO 发展和衰减阶段的陕西夏季降水异常特征[J]. 应用气象学报, 24(4): 495-503.

赵霞, 姜秋爽, 2013. 体验经济时代休闲旅游的多元发展趋势[J]. 财经问题研究, 6(355): 140-145.

赵玉宗, 李东和, 黄明丽, 2005. 国外旅游地居民旅游感知和态度研究综述[J]. 旅游学刊, 20(4): 85-92.

赵子红, 杜育宏, 2000. 西蒙管理学研究方法论探微[J]. 乐山师范高等专科学校学报, (2): 17-21.

郑国, 薛建军, 范广洲, 等, 2011. 暴雨灾害评估方法研究进展[J]. 安徽农业科学, 39(3): 1419-1420.

郑生民, 井涌, 2006. 秦岭山地水文生态功能的战略地位[J]. 中国水利, (15): 56-58.

曾光, 1994. 现代流行病学方法与应用[M]. 北京: 北京医科大学, 中国协和医科大学联合出版社.

钟栎娜, 吴必虎, 徐小波, 等, 2013. 国外旅游地感知研究综述[J]. 人文地理, (2): 13-19.

钟林生, 马向远, 曾瑜皙, 2016. 中国生态旅游研究进展与展望[J]. 地理科学进展, 35(6): 679-690.

周成虎, 万庆, 黄诗峰, 等, 2000. 基于 GIS 的洪水灾害风险区划研究[J]. 地理学报, 55(1): 15-24.

周恩超, 2014. 高职师资创新管理的有限理性思考[J]. 赤子(上中旬), (23): 212.

周菲, 1996. 有限理性说对决策行为学的贡献[J].管理世界, (3): 216-217.

周丽君, 2012. 山地景区旅游安全风险评价与管理研究——以长白山景区为例[D]. 吉林: 东北师范大学.

周旗, 郁耀闯, 2008. 山区乡村居民的自然灾害感知研究——以陕西省太白县咀头镇上白云村为例[J]. 山地学报, 26(5): 571-576.

周旗, 郁耀闯, 2009.乡村与城市社区居民灾害感知比较研究[J]. 西北大学学报(自然科学版), 39(1): 149-154.

周忻, 徐伟, 袁艺, 等, 2012. 灾害风险感知研究方法与应用综述[J]. 灾害学, 27(2): 114-118.

周永博, 魏向东, 梁峰, 2013. 基于 IPA 的旅游目的地意象整合营销传播——两个江南水乡古镇的案例研究[J]. 旅游学刊, 28(9): 53-60.

周游, 2013. 股市泡沫、制度回应与人的有限理性——以南海公司与轮船招商局股价波动之比对为视角[J]. 西南政法大学学报, 15(6): 22-28.

朱朝晖, 2014. 股票误定价:基于双向有限理性的思考[J]. 会计之友, (5): 4-9.

朱晓平, 2009. 有限理性的根源探究[J]. 中南财经政法大学研究生学报, 2: 50-58.

朱政, 郑伯红, 贺清云, 2011. 城市暴雨灾害的影响程度及对策研究——以长沙市为例[J]. 自然灾害学报, 20(3): 105-112.

庄天慧, 刘人瑜, 2013. 贫困地区村级组织防灾减灾能力评价及影响因素研究——基于西南地区 28 个村的调查[J]. 干旱区资源与环境, 27(5): 27-32.

卓志, 周志刚, 2013. 巨灾冲击、风险感知与保险需求——基于汶川地震的研究[J]. 保险研究, 12: 74-86.

子青, 2006. 忠告创业者: 选择不是越多越好[J]. 科技致富向导, (1): 34-35.

宗文举, 石风妍, 詹启生, 2005. 现代心理学理论与实践[M]. 天津: 天津大学出版社.

邹统钎, 陈芸, 胡晓晨, 2009. 探险旅游安全管理研究进展[J]. 旅游学刊, (1): 86-92.

GB/T 28921－2012, 自然灾害分类与代码[S]. 北京: 中国标准出版社.

AAGJA J P, GARG R, 2010. Measuring perceived service quality for public hospitals (PubHosQual) in the Indian context [J]. International Journal of Pharmaceutical and Healthcare Marketing, 4(1): 60-83.

ADA L, CHENG P H, 2011. The perceived risks of traveling to mainland china: evidence from university students in Hong Kong [J]. Journal of China Tourism Research, 7(1): 62-84.

ALLEN L R, LONG P T, PERDUE R R, et al, 1988. The impacts of tourism development on residents' perceptions of community life [J]. Journal of Travel research, 27: 16-21.

AP J, 1992. Residents perceptions on tourism impacts [J]. Annals of Tourism Research, (9): 665-690.

BIRKHOLZ S, MURO M, JEFFREY P, et al, 2014. Rethinking the relationship between flood risk perception and flood management [J]. Science of Total Environment, 478: 12-20.

BIRKMAN J, 2006. Measuring Vulnerability to Hazards of Natural Origin-Towords Disaster-Resilient Societies[M]. Tokyo and New York: UNU Press.

BROOKS H E, STENSRUD D J, 1917. Climatology of heavy rain events in the United States from hourly precipitation observations [J]. Monthly Weather Review, 128(4): 1194.

BUTLER R W, 1980. The concept of a tourist area cycle of evolution: implications for management of resources [J]. Canadian Geographer, 24(1): 5-12.

CURTIS R, 1996. Outdoor Action Guide to Developing a Safety Management Program for an Outdoor Organization[Z]. Princeton University Outdoor Action Program.

CUTTER S L, 2003. The science of vulnerability and vulnerability of science [J]. Annals of the Association of American Geographers, 93(1): 1-12.

DAYE M, 2005. Framing tourist risk in UK Press accounts of Hurricane Ivan[J]. Managing Risk and Crisis for Sustainable Tourism Research and Innovation. Kingston, Jamaica.

DILLEY M, CHEN R S, DEICHMANN U, et al, 2005. Natural Disaster Hotspots: A Global Risk Analysis Synthesis Report [R]. Washington DC: Hazard Management Unit, World Bank, 1-132.

DOMBROWSKY W R. 2003. Again and again: is a disaster what we call: "Disaster"? Some conceptual notes on conceptualizing the object of disaster sociology [J]. International Journal of Mass Emergencies and Disasters, (13): 241-254.

DOXEY G V. 1975. A Causation Theory of Visitor Resident Irritants, Methodology and Research Inferences [C]// Conference Proceedings: Sixth Annual Conference of Travel Research Association, San Diego, 195-198.

FREDLINE E, FAULKNER B, 2000. Host community reactions: A cluster analysis [J]. Annals of Tourism Research, 27(3): 763-784.

FURUZAWA F A, NAKAMURA K, 2005. Differences of rainfall estimates over land by tropical rainfall measuring mission (TRMM) precipitation radar (PR) and TRMM microwave imager (TMI) dependence on storm height [J]. Journal of Applied Meteorology, 44(3): 367-383.

GRIMM L G, YARNOLD P R, 2002. Reading and Understanding More Multivariate statistics [M]. John Wiley & Sons Inc.

HUFFMAN G J, BOLVIN D T, NELKIN E J, et al, 2009. The TRMM Multisatellite Precipitation Analysis (TMPA): Quasi-Global, Multiyear, Combined-Sensor Precipitation Estimates at Fine Scales [J]. Journal of Hydrometeorology, 8(3): 237-247.

ISLAM M M, SADO K, ANDERSON M G, et al, 2000. Flood hazard assessment in Bangladesh using NOAA AVHRR data with geographical information system [J]. Hydrological Processes, 14(3): 605-620.

ISLAM M N, UYEDA H, 2007. Use of TRMM in determining the climatic characteristics of rainfall over Bangladesh[J]. Remote Sensing of Environment, 108(3): 264-276.

ISLAM M S, ULLAH M S, PAUL A, 2004. Community response to broadcast media for cyclone warning and disaster mitigation: a perception study of coastal people with special reference to Meghna Estuary in Bangladesh [J]. Asian Journal of Water, Environment and Pollution, (1-2): 55-64.

JACKSON E L. 1981. Response to earthquake hazard the west coast of North America [J]. Environment and Behavior, 13(4): 387-416.

JOYCE R J, JANOWIAK J E, ARKIN P A, et al, 2004. Cmorph: a method that produces global precipitation estimates from passive microwave and infrared data at high spatial and temporal resolution [J]. Journal of Hydrometeorology, 5(3): 287-296.

KURITA T, NAKAMURA A, KODAMA M, et al, 2006. Tsunami public awareness and the disaster management system of Sri Lanka [J]. Disaster Prevention and Management, 15(1): 92-110.

KURTZMAN D, NAVON S, MORIN E, 2009. Improving interpolation of daily precipitation for hydrologic modelling: spatial patterns of preferred interpolators [J]. Hydrological Processes, 23(23): 3281-3291.

LANDETA J, 2005. Current validity of the Delphi method in social sciences [J]. Technological Forecasting & Social Change, 73(5): 467-482.

LARSEN S, BRUN W, OGAARD T, 2009. What tourists worry about-Construction of a scale measuring tourist worries[J]. Tourism Management, 30(2): 260-265.

LEPP A, GIBSON H, 2003. Tourist roles, perceived risk and international tourism [J]. Annals of Tourism Research, 30(3): 606-624.

LIU M X, XU X L, SUN A Y, et al, 2015. Evaluation of high-resolution satellite rainfall products using rain gauge data over complex terrain in southwest China [J]. Theoretical and Applied Climatology, 119: 203-219.

LOEWENSTEIN G, MATHER J, 1990. Dynamic processes in risk perception [J]. Journal of Risk and Uncertainty, 3(2):

155-175.

LONG P T, PERDUE R R, ALLEN L, 1990. Rural resident tourism perceptions and attitudes by community level of tourism [J]. Journal of Travel Research, 28(3): 3-9.

LUCE R D, 1959. Individual choice behavior: a theoretical analysis [J]. American Journal of Sociology, 67(3): 1-15.

MUKHOPADHYAY B, CORNELIUS J, ZEHNER W, 2003. Application of kinematic wave theory for predicting flash flood hazards on coupled alluvial fan-piedmont plain landforms [J]. Hydrological Processes, 17(4): 839-868.

NAYAK P C, SUDHEER K P, RAMASASTRI K S, 2005. Fuzzy computing based rainfall-runoff model for real time flood forecasting [J]. Hydrological Processes, 19(4): 955-968.

NEWELL B, CRUMLEY C L, HASSAN N, ET AL, 2005. A conceptual template for integrative human-environment research [J]. Global Environmental Change, 15(4): 299-307.

NINOMIYA K, 1999. Moisture balance over China and the South China Sea during the summer monsoon in 1991 in relation to the intense rainfalls over China [J]. Journal of the Meteorological Society of Japan, 77(3): 737-751.

OKADA N, 2003. Urban Diagnosis and Integrated Disaster Risk Management [C]//Proceedings of the China-Japan EQTAP Symposium on Police and Methodology for Urban Earthquake Disaster Management. Xiamen, China.

OKADA N, AMENDOLA A, 2001. Research Challenges for Integrated Disaster Risk Management[R]. Presentation to the First Annual IIASA-DPR 1M meeting on Integrated Disaster Risk Management: Reducing Social Economic Vulnerability, IIASA, Laxenburg, Australia.

OLCZYK, MICHAEL E, 1993. Flood risk perception in the Red River Basin, Manitoba: implications for hazard and disaster management [DB/OL]. http://hdl.handle.net/1993/7909 .

OLOGUNORISA T E, ADEYEMO A, 2005. Public perception of flood hazard in the Niger Delta, Nigeria [J]. Environment Systems and Decisions, 25(1): 39-45.

PATRO S, CHATTERJEE C, MOHANTY S, et al, 2009. Flood inundation modeling using MIKE FLOOD and Remote Sensing Data [J]. Journal of the Indian Society of Remote Sensing, 37(1): 107-118.

PELLING M, 2011. Urban governance and disaster risk reduction in the Caribbean: the experiences of Oxfam GB [J]. Environment and Urbanisation, 23(2): 1-56.

PROPASTIN P, KAPPAS M, ERASMI S, 2008. Application of geographically weighted regression to investigate the impact of scale on prediction uncertainty by modeling relationship between vegetation and climate[J]. International Journal of Spatial Data Infrastructures Research, 3: 73-94.

RUBINSTEIN A, 1998. Modelling Bounded Rationality[M]. Cambridge: MIT Press.

SAEED G, BAHRAM S, REZA M, 2010. Derivation of probabilistic thresholds of spatially distributed rainfall for flood forecasting [J].Water Resources Management, 24(13): 3547-3559.

SHI P J, ZHANG S Y, 2005. Ecological capital and regional sustainable development [J]. Journal of Beijing Normal University, (2): 131-137.

SHIDAWARA M, 1999. Flood hazard map distribution [J]. Urban Water, 1(1): 125-129.

SMITH V L, 1980. Anthropology and tourism: a science-industry evaluation [J]. Annals of Tourism Research, 1: 13-33.

SMITH V L. 1977. Host and Guests: The Anthropology of Tourism [M]. Philadelphia: University of Pennsylvania Press.

SOROOSHIAN S, HSU K L, GAO X, et al, 2010. Evaluation of PERSIANN system satellite-based estimates of tropical rainfall [J]. Bulletin of the American Meteorological Society, 81(9): 2035-2046.

TRENBERTH K E, 1996. The 1990-1995 El Nino-Southern Event: Longest on record [J]. Geophysical Research Letters, 23(1): 57-60.

TRENBERTH K E, HURRELL J W, 1994. Decadal atmosphere-ocean variations in the Pacific [J]. Climate Dynamics, 9(6): 303-319.

VERONIQUE S, SANDER K, DIETER D, 2004. Flame retardants-European Union risk assessments update [J]. Plastics, Additives and Compounding, 6(2): 26-29.

WHITE G F, 1974. Natural Hazards [M]. Oxford: Oxford University Press.

WILHITE D A, HAYES M J, KNUTSON C, et al, 2000. Planning for drought: moving from crisis to risk management 1[J]. Jawra Journal of the American Water Resources Association, 36(4): 697-710.

ZHU M L, FU J M, 1994. Comparison between fuzzy reasoning and neural network method to forecast runoff discharge [J]. Journal of Hydroscience and Hydraulic Engineering, 12(2): 131-141.